U0062785

现在

时间的物理学

The Physics of time

[美] 理查德 · A. 穆勒 著 徐彬 译

Richard A. Muller

CTSK 湖南科学技术出版社

引言

“现在”——这一神秘而短暂的时刻，每一瞬间其意义都在变化，长期以来让无数的牧师、哲学家和物理学家感到迷惑，而且他们之所以迷惑，都有各自的理由。要想理解“现在”，需要了解相对论、熵、量子物理学、反物质、时间反向旅行、量子纠缠、宇宙大爆炸和暗能量。只有“现在”，我们手头有了所有的物理知识，才能让我们了解“现在”。

“现在”的难以捉摸的意义一直是物理学发展的绊脚石。我们从速度和引力理解了时间膨胀，甚至在相对论中理解了时间倒转，但是对于解释时间最令人惊异的方面，其流动以及“现在”的意义，我们毫无进展。被称为时空图的物理学的基本蓝图忽略了这些问题，物理学家有时会将这种缺失视为一种力量，并得出结论：时间流动是一种错觉。这是后退。只要我们仍然无法把握“现在”的意义，理解时间的进一步发展——现实的关键方面——将继续被搁置。

本书的目标是把基本的物理学像拼图一样把它们拼起来，直到出现有关“现在”的清晰图片。为了完成这个工作，我们还必须找到并移除错误放置的拼图。

与"现在"相关的物理学范围非常广泛，这也解释了这一难题为何至今仍让人感到难以捉摸。物理学不是简单和线性的，必然地，这本书涵盖的巨量的材料可能远非这一本书所能容纳。诸位可以随意跳过某些章节，或是利用索引，回到你可能错过的一些关键问题。这个故事也可以被看作是一个谜题，随着线索逐渐积累，渐渐引向一个让人惊讶的答案。

我的研究背景主要是实验物理学，这门学科是通过建立和使用新的设备来衡量并偶尔发现以前隐匿的物理真理。我有两个项目与我们对时间的理解直接相关：对大爆炸产生的微波余烬的测量，以及对宇宙过去产生的膨胀的精确确定，包括发现了正在使膨胀加速的暗能量。我承认，我写了一些纯粹的理论论文，但我之所以这么做，主要是因为当时进行实验的资金不够，或者是我认为理论偏离了轨道。据我所知，这是目前唯一一本由深入参与实验工作的物理学家撰写的专门有关时间的书，而我，也将尝试对这些工作所带来的挑战和挫折提出一些自己的见解。

通往理解"现在"的道路需要五个部分。

在第一部分"令人惊异的时间"中，我从一些有关时间的已经确立，但是仍然令人惊讶的一些方面开始讨论，这些主要是由爱因斯坦发现的。时间不仅会伸展、弯曲和倒转，而且这种行为会影响我们的日常生活。GPS 这种使我们不会迷路的卫星系统，完全依赖于爱因斯坦的相对论方程中有关时间的这些奇怪性质的描述。相对论让我们以四维时空进行思考。第一部分要传递的最重要的信息是，对于时间我们确实理解颇多，时间的行为不简单，但是已经由理论所确立。时间行进的速度取决于局部的速度和引力条件，甚至事件的顺序——哪个事件首先发生——并不是一个普遍的真理。此外，爱因斯坦的相对论给我们提供了了解“现在”的意义所需的大部分结构。

在第二部分“折断的时间之箭”中，我拿掉了一个放置在错误位置的拼图模块。这个理论对理解“现在”造成了最大的阻碍。这个拼错的模块是物理学家阿瑟·爱丁顿（Arthur Eddington）的理论，他提出这一理论意在解释时间之箭，即过去决定了未来这一事实。我先是提出了支持他的理论的最好的案例，但之后，我会揭示其致命的缺陷。

爱丁顿将时间的流动归因于熵的增加——熵是对于宇宙中无序的量度。相比于爱丁顿在1928年提出这个“熵”的理论，我们现在对于宇宙中的熵更了解了，因此我认为爱丁顿搞反了。时间的流动导致熵增加，而不是相反。熵的产生并没有施加那些人们常常归因于它的“暴政”。控制熵的路径其实对我们理解“现在”至关重要。

第三部分“怪诞物理学”引入了理解“现在”的另一个重要元素——量子物理学这一神秘科学。量子物理学或许是有史以来最为成功的理论——其预测与观测之间的一致性达到了小数点后十位——但这个理论既令人不安又令人痛苦。量子波鬼魂一般的行为及其测量公然违反爱因斯坦的相对论，但又不能以任何方式被人直接观察或利用。量子波的这种行为对我们的现实感造成了挑战，同时又拓展了它，我们将证明，这种现实感对于阐明“现在”是必要的。量子物理学最令人不安的，或者说具有解放意义的是过去不再决定未来，至少不能完全决定。量子物理学中一些最不直观的方面，特别是称为“纠缠”的奇怪的特征，已经被实验结果所证明，而且那些实验结果表明（好惊人！），预测未来的有限能力将永远是物理学的根本弱点。

在第四部分“物理和现实”中，我将探讨物理学的局限性。不要担心——时间和“现在”不会落入这个区域；它们起源于物理学，但我们对它们的感知取决于我们的现实感，这种感觉超越物理学。数学代表的实在性不能通过物理实验验证，甚至连像 2 的平方根的无理性这么简单的实在性都不能。但是还有一些其他问题，它们既是真实的，同时又不在物理学的范畴内，比如，蓝色看起来是什么样子的？对非物理学、非数学的事物予以否定被哲学家们称为物理主义。物理主义是以信仰为基础的，拥有宗教具有的所有特征。唉，与爱因斯坦的热切希望相反，我们所获得的证据表明，物理学是不完整的，它永远不能够描述所有的现实。

在第五部分“现在”，我把所有的线索编织起来，并提供了一个统一的图景，说明时间流动的原因和我们称为“现在”的短暂时刻的意义。这个答案是在四维大爆炸方法中找到的。宇宙的爆炸不仅不断创造新的空间，而且创造新的时间。时间扩展的前沿是我们所指的“现在”，时间的流动就是新的“现在”不断创造出来。我们经历的新时刻不同于前面的时刻，因为它是唯一一个我们可以对其施加选择和我们的自由意志，从而影响和改变未来的时刻。不管古典哲学家的论点如何，我们现在知道，自由意志与物理学是相容的；那些试图证明其他解释的人是基于物理主义的宗教来进行论辩。我们不仅可以利用科学知识，甚至还可以利用非物理学知识（同情、美德、伦理、公平、正义）来引导熵的流动，以强化或破坏我们的文明，从而影响未来。

我探索了对这种四维时间进程的三种可能的测试。观察到的与暗能量相关的宇宙膨胀的加速应当伴随着时间速率的加速。这个理论预测，当前时间比过去时间流动更快，这导致了我们预测新的和（可能的）可观察的时间膨胀，这是一种新的红移。在我们对大爆炸的早期时刻，即暴涨（宇宙大爆炸后的极速膨胀）阶段的研究也可以看到这一效果（对于暴涨的研究是通过检测当时发射的引力波来进行的，我们可以通过研究微波辐射的极化模式间接观察到这种引力波）。

第三个测试是当 LIGO（激光干涉仪引力波天文台）在 2016 年报告探测到了两个大型黑洞的融合时没想的。这样的事件创造了新的空间，并且根据四维理论，也创造了新的时间。如果未来事件更大或更接近，并且有更强的信号能够被检测到的话，这将导致脉冲的后面部分出现延迟。

对于那些想看到更多数学解释的读者，我把相对论和数学结果的细节放在书后的一组附录中，此外还有一些关于非物理实在的幻想诗歌和想法。

我们开始拼图吧。

目录

1

令人惊异的时间

第1章
难解之谜

伟大的哲学家们向来深受时间的困扰，但我们已经有望通过物理学来解读时间。

光阴如风逝，果蝇爱香蕉。(Time flies like the wind — Fruit flies like bananas.)

—— 儿歌[1]

有一个关于你的、鲜为人知的事实，也许除了你自己，没人知道，那就是：你现在正在阅读这本书。其实我可以表达得更精确：你现在正在阅读"现在"这个词。

此外，虽然我做出了你认为正确的陈述，但就我个人而言，我过去对"现在"不了解，目前仍是如此。你现在正在阅读"现在"这个词，但我对此一无所知 —— 当然，除非我正站在你身后，而你正指着书本阅读。

"现在"是一个非常简单、迷人而又神秘的概念。你知道它的含义，但你会发现，除非通过循环论证，否则很难去定义它。"'现在'是把过去同未来分开的时刻。"好吧，但要试着不使用"现在"一词定

1. 英语原文的双关语利用了 fly，like 两个词的多义特点。—— 译者注

义过去和未来。你所说的过去和未来的含义是不断变化的。片刻之前，当你读到这段话的时候，正处在未来。但现在，这基本已经属于过去。

现在整段话都已经属于过去（除非你跳到前面重读）。“现在”指的是一个特定的时间，但它所指的时间是不断变化的。这就是我们使用时钟的原因。它们所显示的数字同“现在”有关，我们称之为当前时间。时钟不断更新，通常是每秒更新一次。时间的推移永不停歇。我们可以在空间中静止，但却不能在时间中静止。我们在时间中运动，但却不能控制时间的运动——当然，除非时间旅行成为可能。

时间这个奇特的现象有着众多的谜团，“现在”的含义只是诸多谜团中的一个。值得注意的是，我们对时间，特别是对与爱因斯坦相对论有关的时间的古怪与反常，有着深刻的理解。然而，关于时间的基本原理，我们却知之甚少——它是什么，又如何同实在相关联——这也同样值得关注。这是一本关于时间的书，一本关于我们知道什么、不知道什么的书。

时间会“流动”吗？1906 年 4 月 18 日上午 5 时 12 分，旧金山发生了一场大地震。发生该事件的时间不会发生移动，你可以在维基百科中找到它。能够运动、流动的，是“现在”的含义。“现在”在时间之中前进、改变和推移。

或许更确切的说法是，时间流动并经过了“现在”。我们很难描述所有关于“运动”的问题。当我们说一辆汽车正在运动时，我们分两次记录其位置。汽车的速度是用它运动的距离除以运动所耗的时间，例如用每小时多少千米来表示。但用这种方法描述“现在”完全行不通。“现在”就是此时此刻；即便停顿片刻，“现在”仍是此时此刻。时间会运动吗？是的，“现在”的含义不断变化的事实，印证了时间的运动。时间运动的速率是多少？每秒钟一秒。

还有第三种观点——每时每刻都会产生新的时间，而这种新的时间构成了“现在”。这些观点是在哲学上还是物理学上存在差异？在两个学科之间，这是一个选择问题，还是其中一个学科呈现了更多的真理、更深的含义？该问题是本书将要探讨的一部分。

假设时间停止，你会注意到吗？怎样注意到？假设它停停走走，或者以完全不同的速率前进，你能发觉这种差异吗？即便你理解在电影中，例如在《移魂都市》《人生遥控器》《星际穿越》和《古墓丽影》中通常使用的时间叙述方法，这对你来说也绝非易事。人类对“现在”的运动、时间的流动的认知，似乎是由从眼睛、耳朵或指尖发送信号至大脑，大脑进行记录、注意和记忆的过程所用的毫秒数决定的。对于人类而言，整个过程需要几十分之一秒；对于苍蝇而言，只需要几千分之一秒。这就是人为什么很难捉住苍蝇。对于苍蝇来说，你用具有威胁性的手接近它的动作是一个慢动作，就如同在《时光骇客》中那样。

时间的速率不单使科幻电影陷入窘境。相对论，特别是在双生子佯谬中，给了我们具体的例子。双胞胎中的一个做接近光速的旅行，他比留在地球的兄弟度过了更少的时间，但在感觉上没有区别；兄弟俩以相同的方式度过了时间，但是对二人而言，时间的流动是完全不同的。本书中我们将详细讨论这一奇特的属性。

我们之所以有望理解“现在”，是因为20世纪物理学取得了巨大进步。但让我们先简单回顾一下前人所遭遇的挫折。

不可名状的“现在”

从古代到文艺复兴，亚里士多德的《物理学》（*Physics*）主宰着科学。它是中世纪天主教会的科学圣经。伽利略否认了这本书中的一些主张，致使他遭到了审判。亚里士多德在其著作《物理学》中，用了四个章节努力阐释时间和“现在”的概念，但还是完全陷入了混乱。他写道：

> “现在”不是一个部分概念：部分是整体的度量单位，因为整体必须由部分组成。另一方面，时间不是由一个个“现在”组成的。此外，“现在”似乎连接了过去和未来——它总是保持不变，还是总在变化之中？这很难说。如果它总在变化之中，没有一个部分在时间上与其他部分重合（除非一部分包含另一部分，像较长的时间包含较短的时间那样），并且“现在”不是现在（即便以前是），且在某些时候已然停止前进，那么一个又一个“现在”也不能与其他部分重合，先前的“现在”必定已经停下。[1]

是这些想法过于深刻，还是它们纠缠不清了？亚里士多德试图准确地描述“现在”，但是自己把自己说糊涂了。我们倒是可以从中得

1. 亚里士多德，《物理学》，哈迪（R.P.Hardie）和盖伊（R.K.Gaye）译，由互联网古籍档案（Internet Classics Archive）提供，http://classics.mit.edu/7Aristotle/physics.html。

到些许安慰，毕竟如此德高望重的思想家也发现这个问题十分棘手。

奥古斯丁在其著作《忏悔录》（*Confessions*）中为自己无法理解时间的流动发出了感叹。他写道："什么是时间？如果没人问我，我就很明白；当我想去解释的时候，自己却不明白了。"这句写于 5 世纪的悲叹引起了来自 21 世纪的我们的共鸣。没错，我们知道什么是时间。那我们为什么不能描述它呢？我们对时间都有怎样的认识？

奥古斯丁的难题在一定程度上源于他的信仰，即上帝是全知全能的。他又创造性地提出了一个惊人的概念：上帝必定是永恒的。这一著名的思想限定了现代物理学的研究范畴——描述时空图中物体在时间层面上的特性，但这些时空图却将时间的流动或"现在"存在的事实排除在外。

奥古斯丁称，对于人类，没有过去或未来，只有三种"现实"："对过去的事物的记忆，对现存事物的视觉感知以及对未来事物的展望。"（狄更斯的《圣诞颂歌》是从中获得的灵感吗？）但奥古斯丁对这种解释并不满意。他说："我的灵魂渴望解开这最棘手的谜题。"

爱因斯坦对现在的概念感到困扰。哲学家鲁道夫·卡尔纳普（Rudolf Carnap）在他的《思想自述》（*Intellectual Autobiography*）中写道：

> 爱因斯坦称"现在"这个难题对他造成了很大的困扰。他解释说，经历"现在"对人而言有着特殊的意义，它

> 是本质上不同于过去和未来的东西，但这种重要的区别不会且不能在物理学领域进行探究。对他来说，不能用科学来解释这一问题令人感到痛苦，但他不得不去接受。因此，他总结道，“关乎‘现在’的重要认识不在科学研究的范畴之内。”

卡尔纳普不同意爱因斯坦的结论，“既然科学在原则上可以研究所有问题，那么就不存在不能回答的问题。”但是，任何人在与爱因斯坦持不同意见时，都必须非常谨慎。相比承认他的结论比你的想法更有深度，人们更容易批评他是感情用事。爱因斯坦简单陈述的结论绝不应该被视为简单的思想。哲学家有时会觉得，自己发明了诸如“时间几何宿命论”（对光速恒定的假设）的复杂表达，就能达到非常有深度的境界。相反，爱因斯坦的表达连孩童都能够理解——这个本事使他成为世人最爱引用其金句的科学家。

对于物理学中缺乏对时间流动的解释这一现象，有些理论学家并不把这当作缺陷（像爱因斯坦那样），反而认为它指向了更为深奥的真理。例如，布莱恩·格林（Brian Greene）在他的《宇宙的构造》（*The Fabric of the Cosmos*）中写道，相对论“宣告我们所处的是一个平等的宇宙，每个时刻都是真实的”。他说，我们“长期以来都对过去、现在和未来持有错误的观点”，这种说法让我们想起了奥古斯丁。格林的结论是，相对论没有讨论时间的流动，因此这种流动必定是幻觉，而非现实的一部分。对我而言，他的逻辑是一种倒退，因为他没有坚持用理论解释我们所观察到的现象，反而认为我们为了向理论靠拢，就需要扭曲观察到的现象。

无神论者嘲笑爱因斯坦在晚年传播宗教信仰，偏离了物理学。但他们从未提及他的担忧之处，即科学甚至不能解决世界上最基本的问题：时间的流动和“现在”的含义。许多科学家认为，物理学不能探究的问题就不是实在的一部分。这句话是能够得到验证的结论，还是宗教信仰本身？哲学家将该信条命名为物理主义（physicalism）。有没有办法来验证物理学能够涵盖万物的思想？或者所有物理学家都应当如是认为，就像信奉基督教是对美国总统候选人不成文的规定一样？如果是你在挑战物理主义，你能否像爱因斯坦一样，冒着被人嘲笑你是在向宗教靠拢的风险？

亚瑟·爱丁顿爵士在物理实验和理论方面都有着诸多贡献，受到众多物理学家推崇，他尤其是以解释时间之箭的重大突破而闻名。时间之箭非常神秘（对思考这些事情的人来说），因为我们记住的是过去，而不是未来。然而，即便给出了对时间方向性的解释，在时间的流动方面，爱丁顿依然十分困惑。在 1928 年出版的《物理世界的本质》（*The Nature of the Physical World*）中，他写道：“时间的伟大之处在于它不断前进。”之后他又哀叹道：“但物理学家有时似乎倾向于忽视这个方面。”

史蒂芬·霍金在他的《时间简史》中甚至没有提及“现在”这一难解之谜。他的书关注的是我们确定能够理解的部分和当前理论研究的领域。霍金谈论了时间之箭，但不涉及时间的流动；探讨了时间的相对性，而不是“现在”的奥秘。事实上，近年来的所有书籍都是如此。它们更关注有助于“统一”物理学方程的潜在理论，却不注重解答“现在”的含义和时间流动的理论。

但是，我们还有希望。

破碎的对称性

想要掌握“现在”这一概念，我们就要开启一段旅程，探索抽象和惊人的物理学、时间的物理学和实在的含义，还要对自由意志进行新的审视。让我们先从讨论时间奇妙而怪异的特性开始，探寻令人难以置信却真实存在的谜底。我们所取得的最大突破可以追溯到 20 世纪初，爱因斯坦发现时间的速率取决于速度和引力。时间是有弹性的，它可以拉伸，甚至可以逆转。这些效应极具价值，因而被应用到当前的 GPS 卫星中。GPS 如果不与爱因斯坦的发现保持一致，就会将我们定位到错误的位置。大家都有手机吧？你口袋里的这个电子设备就用到了相对论。

目前，我们发现黑洞是遍布全宇宙的神秘天体。通过黑洞，我们又发现了时间最为奇特的地方。落入黑洞，你就会变成碎片（根据当前的理论），不仅能在无限时空中旅行，还会超越无限（接下来我们会谈到这一点）。从新的视角审视黑洞，你所看到的就不仅是黑暗。要挑战自己的实在感，你也不需要掉进黑洞。黑洞也与时间之箭有关。当前的理论（尚未得到验证）认为它们（以及在无限远处的“事件视界”）拥有宇宙中绝大部分的熵。

之后，我们将探索相对论提出之后的世界。爱丁顿对时间的方向进行思考，得出结论，认为时间的方向受一条特定的物理学定律——热力学第二定律的限定。该定律认为，世界上的无序程度是用熵来度量的，这种无序程度会持续不断地增强。真是一条奇怪的定律，它不是建立在物理学的基础之上，而是建立在某些事实和理论之上：我们的宇宙尤为有序，概率论却称宇宙唯一的方向就是更加无序和随机，最终会走向冰冷的死亡。这是我们的未来吗？不一定。宇宙中的无序程度正在加剧。矛盾的是，有序程度也在提升，与之相关的是行星、生命和文明的形成。

我会跟大家说明，熵不是时间之箭的唯一解释，除了熵之外，还有其他更严肃的解释，其中也包括量子物理中人们尚不了解的部分。我们常常引用和参考“测量论”（theory of measurement，谷歌搜索量达 2.39 亿次），其实这个理论并不存在。在测量方面最伟大的发现就是通过实验证实了量子纠缠中一些奇怪性质的存在，这种隐秘的现象以大于光速的速度传播。尚未发现的测量论中也有可能隐藏着解开时间谜题的答案。量子物理将在我们解开“现在”的含义中发挥关键作用。

有人认为时间是我们意识的一部分，它永远不会，也不能被简化为物理问题。大多数物理学家相信真相尽在他们的掌控之中，但我要证明事实并非如此——有些知识如同科学观察所得一般真实，却不能通过实验来发现，也不能通过测量来验证。举个简单的例子，2 的平方根不能用两整数之比表示。另一个例子是，蓝色看起来是什么样的。

时间之箭能从心理上感知吗？假如时光正在倒流，我们能否有所察觉？伟大的物理学家理查德·费曼（Richard Feynman）提出，可以把正电子看作在时间中逆行的电子。这里提到的正电子是在科幻小说中被用作飞船燃料，在现实生活中被用于医疗诊断的反物质粒子。那么，“现在”是否也能在时间中逆行？我们呢？

最后，我会证明时间流动的原因和难以琢磨的“现在”的含义都能在科学范围内找到解释——不需要借助“熵”的概念，而是在宇宙物理学（physics of cosmology）中找到答案。为了理解什么是“现在”，我们不仅要整合相对论和宇宙大爆炸的知识，还要明白熵的作用范围是有限的。我们将探索量子物理对该问题的解释，特别（或许令人惊讶）是它对自由意志的解释。虽然重新认识自由意志对理解“现在”来说不是必要的环节，但它对理解“现在”为什么对我们如此重要而言意义重大。

时间和空间一起构成了我们经历生老病死的世界，而经典物理学的预测正是基于这个时空交织的世界。但直至 20 世纪初，人们才开始审视这个世界。我们应该认识那段往事，认识其中的角色和曲折的情节，而不是事情发生的背景。这时，爱因斯坦出现了。他的伟大之处在于认识到世界仍在物理学研究的范畴之内，且时间和空间有着惊人的特性，通过对这些特性的分析可以做出预测。即便他后来对理解“现在”的含义丧失了信心，但他所做的工作对我们理解“现在”而言至关重要，因为是他将时间纳入物理学的研究范畴。

第 2 章
爱因斯坦的至简之问

关于时间，最关键的问题就是最简单的问题……

我实在地告诉你们，你们若不回转，变成小孩子的样式，断不会明白什么是时间。

——戏仿《马太福音》18:3[1]

下文中描述时间的句子虽然简单，但并非出自儿童读物。

比如我说“火车 7 点到站”，我的意思是：“我手表上的时针正好指向数字‘7’，该事件与火车到站同时发生。”

这一看似简单的句子出现在了当时主要的物理学期刊——1905 年 6 月 30 日发行的《物理学纪事》（*Annalen der Physik*）上。1687 年，艾萨克·牛顿的《自然哲学的数学原理》（*Mathematical Principles of Nature Philosophy*）出版，成功开创了物理学研究的新领域，而爱因斯坦的这篇文章称得上是自那时起对物理学影响最为深远的文章。爱因斯坦后来成了天才和科学界生产力的代名词，95 年后又被《时代周刊》（原名 *Time*，本义为“时间”，真是个好名字！）评为“20 世纪风

1.《马太福音》18：3 的内容是“我实在告诉你们，你们若不回转，变成小孩子的样式，断不得进天国。”——译者注

图 2.1　相对论诞生的前一年，即 1904 年时的阿尔伯特 · 爱因斯坦。

云人物”，可谓名副其实。关于手表时针的这句话引自阿尔伯特 · 爱因斯坦所写的论文。

爱因斯坦论文的题目是“论动体的电动力学”（On the Electrodynamics of Moving Bodies）。手表时针、火车到站与研究电学和磁学的电动力学有什么关系呢？事实证明，有关系，而且关系很大。爱因斯坦的论文是关于时间和空间的，他写这篇论文的目的是将它们纳入物理学的研究范畴。这篇论文更确切的题目应当是“相对论——有关时间和空间的革命性认识”。在爱因斯坦之前，时间和空间还只是用来提出和解决问题的坐标。“火车什么时候到站？”该问题的答案是一个时间点。但爱因斯坦证明了事情没那么简单。

相对论

什么是时间？这很难定义。牛顿却满不在乎地略过了这个问题。在他的划时代巨著《自然哲学的数学原理》中，他写道："我没有给时间、地点和运动下定义，是因为人们对此早已熟知。"也许人们确实熟知这些概念，但却很难去界定它们。爱因斯坦也没有定义时间，但他深入审视了它，还发现了时间所具备的令人完全意想不到的特性。爱因斯坦继续用看似简单至极，却又时而古板的学究风格进行着最初的相对论论文写作：

> 假设在空间中的 A 点放置一只时钟，那么 A 处的观察者就能够看到附近事件发生时的指针位置，以确定事件发生的时间。

爱因斯坦在说给谁听？一些门外汉吗？他说的这些难道不是很明显吗？为什么要用这种像小孩子的口吻来表达？

他这么做一定有充分的理由。为了取得进步，爱因斯坦不得不推翻同行某些隐性的成见和假设，但他的同行并未意识到自己持有这些成见和假设。首先，他必须让这些成见和假设浮出水面，它们并不明显，更重要的是——并不正确。他不得不回顾一系列最重要的基本原理，例如：小时候第一次学习如何读取钟表时间时学到的原理；时间的普遍性原理；不准确的几个时钟可以通过调整变得同步的原理；以及当你爸爸说"现在"时，"现在"对你和他的含义相同的原理。

爱因斯坦必须要拿掉被拼在错误位置的拼图块。

爱因斯坦已然得出了结论：一些显而易见、无须证明的原理其实是不正确的。电学理论是他论证的基础，也是这篇论文题目的由来。相对论难懂不是因为高等数学（这篇论文只用到了基础的代数），而是因为其读者（世界顶级科学家）对时间和空间的认识是错误的。

你要试着像个小孩儿那样再次认识时间和空间。还记得吗？你曾经认为时间流逝的速度不是恒定的。对我来说，不论是过暑假还是平常玩耍的时候，时间都过得飞快。我在看牙医（不给我打麻醉针）或者在百货公司等着妈妈挑选鞋子的时候，时间就过得很慢。根据1929年《纽约时报》的一篇报道，爱因斯坦说过这样的话："在一位漂亮姑娘身边坐上两个小时，你会觉得只过了一分钟；而坐在火炉上一分钟，你会觉得已经过了两个小时。"

在多篇有关相对论的开创性论文发表后的第十年，爱因斯坦的广义相对论（general theory of relativity）论文发表，该论文对引力做出了详尽阐释。爱因斯坦当时决定把之前未对引力做出阐释的理论更名为"狭义相对论"（special theory of relativity）。这名字改得并不成功，反而让人迷惑。如果爱因斯坦把他先前的理论简单地称为"相对论"，把后来的理论称作"扩展相对论"，就会更清楚了。他希望可以继续扩展相对论，重新描述电学和磁学的基本理论，并将它们纳入一个统一的理论之中，但他没能成功。

"相对论"这个名字的由来是什么？为了弄清这一点，我们先暂停一下，回答下面的问题：你目前的速度是多少？

在回答这个问题之前，先不要往下阅读，也不用费心揣测我的意图，我问这个问题绝对不是设圈套。你只要回答问题就可以了。你目前的速度是多少？

是不是因为正在坐着，你就要回答“速度为零”？即便是乘坐一架距地面一万多米飞行的飞机，你也可能会说“速度为零”。安全带指示灯亮起，你被告知不要走动。既然没有运动，你的速度一定为零。

或者你会回答“每小时 800 千米”，因为这正是飞机的飞行速度。又或者，你正在亚马逊河口一条缓慢前行的小船上读这本书。你的答案是“每小时 1670 千米”，因为这正是赤道处的地球自转速度。也许你对天文学有足够的了解，还考虑了地球绕太阳公转的速度，从而给出“每秒 29 千米”的答案。如果你还考虑了太阳绕银河系的公转速度和银河系在宇宙中的公转速度（由宇宙微波辐射作为参照系定义），你也许要回答“每小时 160 万千米”。

那么哪个回答正确呢？当然全都是正确的。你的回答取决于采用哪个平台作为参考，这在物理学中叫做“参考系”。参考系可以是地面、飞机、地心、太阳、宇宙，或是其间的任何物体。

在乘坐飞机的时候，你看自己的速度和地面上的人看你的速度不同吧？这个分歧多么荒谬！你们都知道，以飞机作参考，你的速度为零；以地面为参考，你的速度约为每小时 800 千米。这两个答案都对。

相对论的惊人新特征是，不仅是速度，时间本身也取决于参考系。你从父母和老师那里学到的举世统一的时间是不存在的。选择不同的参考系——地面、飞机、地球、太阳或宇宙，改变的不仅是时间，还有时间的速率。这就意味着两个事件的时间、两只表上的时间并不是一样的，它们取决于你所选择的参考系。

如果看过其他关于相对论的畅销书，你可能就会读到，以不同速度运动的观察者会“出现分歧”。这话说得毫无意义。某些最伟大的物理学家也这样表达过，但他们知道这是不对的。(在此透露一下：我以前写相对论的论文的时候，也陷入过这种困境。我曾经以为这样表达有助于说明问题，但我错了。)

“观察者的分歧”带来了诸多困惑。在研究相对论的道路上，被这种说法绊倒的人要多于被数学问题难倒的人。相对论观察者的分歧达到了什么程度?他们认为乘坐飞机的人的速度是不同的。他们都知道速度是相对的、速度的快慢取决于参考系，也知道这对时间同样适用(如果学习过相对论)。相对论的伟大之处在于，任何人在任何地点都会同意相对论的表述。

如果我问你速度是多少，你也许会觉得这是个智力圈套，因而拒绝回答。你考虑的是：“拿什么作参考？”这样也不错——你猜中了我的意思。

变慢的时间

爱因斯坦指出，事件发生的时间取决于所选的参考系——地面、飞机、地球、太阳或者宇宙。不同参考系下的时间都是不同的。对于低速运动，即速度小于或等于每小时 160 万千米的运动而言，不同参考系下的时间虽然不同，但差别非常小。在参考系高速运动，也就是以接近光速的速度运动时，不同参考系下的时间差别就会非常大。不同参考系中的时间计算方程并不难，它们只涉及平方和平方根的代数。我会在附录 1 中列举出来。

举个例子，假设你正在一艘宇宙飞船上。以地球为参考，它的速度是光速的 97%。我们先从时间间隔开始，因为相关的公式特别简单。以宇宙飞船作为参考系，你的每个生日之间相隔一年。以地球作为参考系，你的两个生日之间的间隔就不再是一年，而是三个月。稍后我会向你展示计算方法。

在地球上，经过深思熟虑的观察者会说："两次生日（两个事件）的时间间隔以地球为参照是三个月，以宇宙飞船作参照就是一年。"在飞船上的观察者也会说出同样的话。他们对于速度和时间间隔都不存在分歧。

你在哪一个参考系呢？以你自己作参考系吗？这个问题里有个圈套。你只管回答它。

你在所有的参考系里。参考系只是用作参考，你可以从中任选一个。如果你在其中某个参考系内速度为零（假设你静止地坐在飞机上），那么该参考系就是固有参考系。在太阳的固有参考系（太阳处于静止状态）中，你以每秒 29 千米的速度绕太阳旋转一年。

如果读过其他有关时间膨胀（time dilation）的书，里面的某些解释，例如“处于运动状态的时钟，其指针比你手上的走得慢一些”，也许让你感到困惑。的确如此，但这不是事实的全部。

时间似乎变慢了，而且经过测量，在你的固有参考系中时间确实变慢了。但在运动时钟自身的参考系里，指针走得比你的快。这并不矛盾，就像人在飞机中的速度可以是 0，也可以是每小时 800 千米。所有观察者都知道，也都对此表示认同。

马赫数的定义是某点的速度与声速之比，同理，光速的定义是某点的速度与光速之比。光（在真空中）的传播速度为 1 光速。假设你的运动速度是光速的一半，那么你的速度就是 0.5 光速。在比较两个参考系的时间间隔时，发生了拉伸，时间膨胀系数（time dilation factor）叫做伽马（用希腊字母 γ 表示），其公式为 $1/\sqrt{(1-b^2)}$，其中 b 代表光速。

在电子表格中，如果 B1 是光速，那么 $\gamma = 1/\text{SQRT}(1-\text{B}1\text{\^{}}2)$。以宇宙飞船为例，代入 $\text{B}1 = 0.97$（光速），就会得出 γ（时间膨胀系数）约为 4。这表明宇宙飞船上的一年约等于地球上的 4 年。换句话说，宇宙飞船上时间流动的速度大约是地球上的四分之一。你在宇宙飞船上待 1 年，却只老了 3 个月。这让人觉得啼笑皆非，甚至感到惊讶——我们虽然很难定义时间的流动，但却有一个精确的公式来表示其相对流动速率。

我建议大家用电子表格或可编程计算器来验证公式。你会发现在光速为 0 时，$\gamma=1$，因此在你静止的时候时间没有拉伸。如果代入光速 1，你会发现 γ 等于 1 除以 0，即无穷大。这意味着当物体以光速移动时，时间（以地球为参考系）是静止的。在该物体的固有参考系中，一秒钟相当于地球上无限的时间。

至少对于一个实验物理学家来说，时间的相对性是可以测量的。当我在加利福尼亚大学伯克利分校读研时，时间膨胀是我每天研究的内容。那时我接触的粒子有介子、μ 子和超子，它们都有放射性。（单

图 2.2　1976 年作者在劳伦斯伯克利实验室使用回旋加速器进行实验。

个的放射性粒子是无害的；只有当其数量达到几十亿个，才会对人造成巨大伤害。）放射性粒子会自发“衰变”（用“爆炸”会更好一些）。平均而言，特定粒子在一个半衰期中发生衰变的概率是 50%。

铀的半衰期约为 45 亿年，放射性碳的半衰期约为 5700 年，氚的半衰期约为 13 年。我的手表里就有氚磷混合物。（氚的放射性太弱，甚至都穿不透表针）它在夜间会发光，但 13 年后，它的亮度就会减半。放射性会随着时间衰减（这就是我们把单个粒子的爆炸称作“衰变”的原因）。我实验室里的介子半衰期更短，大约只有 26 纳秒。可能它看起来很短，但这里的“短”只是对人类而言的——对苹果手机来说，这个时间就很长。我的苹果手机的内置时钟运行速度是每秒 14 亿个周期。它可以在介子衰减的 26 纳秒内进行 36 次基本运算。

我大部分的实验工作都是在劳伦斯伯克利实验室完成的，在那里我看到了快速运动的介子，其速度为光速的 99.99988%。我们用一束介子碰撞质子，看看碰撞时会发生什么。通过测量，我发现运动介子的半衰期比静止介子的要长 637 倍；在当前的运动速度下，所测得的数值与计算所得的伽马系数相符。当时我还是研究生，在那之前，相对论对我来说只是从课堂和书本中学到的抽象理论。在现实生活中看到它的存在还是让人觉得蛮有戏剧性的。

目前，我们在伯克利物理系建立了一个实验室。本科生（通常是大三的学生）课程的一部分是在实验室中，用 μ 子（宇宙射线创造的粒子）而不是介子测量时间膨胀。相对论是切实存在的，许多物理学家每天都在和相对论打交道。

时间膨胀是否意味着人在高速运动的飞机上寿命更长？没错。这种飞机效应是由约瑟夫·哈菲勒（Joseph Hafele）和理查德·基廷（Richard Keating）在 1971 年测得的。他们的实验很有意思，在讲相对论时，我总是会跟学生谈起它。哈菲勒和基廷用普通商用喷气式飞机作为平台。他们整项实验的预算大约是 8000 美元（不算多），主要用于购买飞往世界各地的飞机票（包括一个钟表的座位）。二人的研究成果得以在《科学》（*Science*）上发表，这是最著名的科学期刊之一。

哈菲勒和基廷需要用非常特别的时钟来验证飞机效应，他们就借来了一个。飞机的飞行速度约为每小时 885.14 千米，是光速的 0.0000821%。把上面的值代入公式，就可以得到时间膨胀系数 γ，但你需要一个 15 位计算器来辅助计算。（Excel 做不到这一点，但苹果手机自带的名为 Calculator 的软件具备这样的功能。要想使用科学计算器，记得把苹果手机横屏。）你会发现，在这种飞行速度下，你的寿命会延长为 1.000000000000337 倍，每天都会乘以这个数，多出的“337”的部分代表每天延长 29 纳秒（十亿分之一秒）。

29 纳秒看似很短，但我苹果手机上的计算机可以完成 41 次运算（运行 41 个周期）。哈菲勒和基廷观察到了这种时间膨胀，从而验证了相对论的真实性。当然，在他们的实验之前，物理学家已经在趋近光速的速度下多次观察到时间膨胀，就如同我在实验室看到的那样。但能在普通飞机的飞行速度下观察到这种效应，也是很有趣的。

对于 GPS 卫星来说，时间膨胀效应更为明显。GPS 卫星的运行速度为每小时 14081.76 千米，相当于每秒约 3.91 千米。通过计算，你就会发现卫星受到时间膨胀的影响，每天计时都会慢 7200 纳秒。GPS 必须考虑到这一点，因为它使用卫星上的时钟来定位。无线电波的传播速度约为每纳秒 0.30 米，因此如果时间误差为 7200 纳秒，那么卫星的定位误差就是约 2.16 千米。

即使爱因斯坦在 1905 年没有发现正确的相对论方程，我们也可能早已对介子的长周期，甚至 GPS 在 20 世纪后期不准确的现象感到困惑。那么我们也可能已经通过实验发现时间膨胀的效应。

在这种效应的作用下，以地球为参考系，如果你搭乘飞机或卫星，你的寿命就会增加，但你感觉不到时间变长了。时间只是在你运动的过程中慢了下来。你的生物钟变慢了，心跳、思维和衰老速度也是如此，所以你没有什么感觉。这就是相对论惊人的地方。变慢的不仅是时钟，还有万物。这就是我们说时间的速度会变化的原因。

固有参考系

爱因斯坦发现，如果把自己限定在匀速运动的参考系中，方程就会比较简单。这些就是我在附录 1 中列出的方程。当然，人们通常不会做匀速运动。固有参考系会随着你的运动而运动，其速度也会随着你的变化而变化。最重要的是，它能决定你的年龄，即你所拥有的生存和思考的时间。

如果你最初在地面，之后乘坐飞机，最后返回地面，那么你的固有参考系是不断加速的。你看看手表就知道所用的时间和自己的年龄。这种现象的确不明显，但它却是所有物理学家的假设。从技术上讲，我们称之为计时假说（chronometric hypothesis）。在一段漫长而复杂的旅程中，存在着不同的加速度，如果想知道自己的年龄如何增长，只需要记录伽马系数，再代入公式运算，就能够得出每种速度下时间变慢的结果。

加速度参考系（例如你的固有参考系）是指在描述比匀速运动参考系中更为复杂的情况时通常采用的参考系。为了避免这些复杂的问题，爱因斯坦使用了一个非常简单的方法。你的固有参考系总会与匀速运动参考系重合，因此，这两个参考系下的即时运算结果是一致的。换句话说，如果你在做加速运动，就把加速度看作固有参考系从一个参考系切换到另一个参考系后速度的连续增加，且下一个参考系的速度总比上一个参考系的稍快一些。爱因斯坦后来用这种方法计算引力，他认为引力就相当于一个加速度参考系。他把这种假设叫做等效原理。

我在本书中提到“参考系”时，指的是没有加速度的参考系。物理学家通常称之为“洛伦兹参考系”（Lorentz frame），这么说是为纪念提出这一概念的人——与爱因斯坦同时代的亨德里克·洛伦兹（Hendrik Lorentz）。相对而言，固有参考系会跟随你的运动而运动——或开始或停止，或跑步或走动，或改变方向，或开车或骑马。

通向未来的时间旅行

时间膨胀提供了一种直接穿越到未来的方法。以足够高的速度运动，你的固有参考系的时间就会减慢，一分钟可能相当于未来的一百年。还有一种方法：冻结自己的身体，期待未来的科学能够找到解冻方法。其实这么做没有必要，利用速度就能够做到。当然，还需要注意一些实际的细节。你要确保在运动过程中不碰撞任何东西，否则结果将是灾难性的。你要确保自己能够回到预期地点，确保那时的地球符合你的预期。还有一个注意事项：一旦进入未来，就没有相似的返回机制了。

时间反向旅行或许能够实现。已经有人提出，如果运动速度大于光速，或者穿过所谓的“虫洞”，就有可能开启时间反向旅行。我将探讨这两种方法，但它们都存在着严重的问题，因此我认为两者都不会成功。

爱因斯坦假设参考系的相对速度小于光速，之后推导出了他的方程。如果它等于光速，伽马就会无穷大，他的方程也会无效。那么，能在速度大于光速的情况下使用该公式吗？我就是随口一问，但当然，每个人都想看看会发生什么。你可能会提到虚质量，但那不一定是非物理假设。我们在谈到快子，即超光速粒子的时候，会继续讨论这个问题。

第 3 章
跃动的现在

变更参考系会使将来的时间不连贯。

“我们生活的这个时代，有理由感到畏惧。什么速度和新发明，还有第四维空间。

然而对于爱因斯坦先生的理论，我们有些厌倦……”

你一定还记得这些，“一吻心中留，一叹过时休。任时光流逝，基本法则万事循。”

——摘自电影《卡萨布兰卡》的插曲《任时光流逝》

（还包括几句在电影中没有出现的歌词）

即便你认为时间膨胀没什么大不了，但是爱因斯坦关于“时间”和“现在”的理论也能引发苦恼。“量子跃迁”这一术语最初用于指代量子物理中的变化活动。但是，量子意味着“离散、突变”。根据相对论，如果突然变换参考系，未来的事件也会发生突变。时间跳跃可以是非常大的。

我们会给事件取一个名字“我的新年聚会”，来描述它的位置和时间。我的新年聚会的举办时间是 2015 年 12 月 31 日的午夜（或任何时候），它的位置是我家——由三个维度确定，例如纬度、经度和高度。时间就是发生的时间。如果两个事件发生的时间相同，我们就称之为“同时”。你的新年聚会和你朋友的是同时进行的。(想想上一章开头爱因斯坦关于时钟指针和火车到站的引文。)道理很简单。但是，如果两个事件在一个参考系(例如我家)中同时发生，那么它们在另一个参考系中也必定同时发生吗?比如在航行的飞机上?显而易见的答案是肯定的，但正确答案却是否定的。

除非研习了爱因斯坦的成果，你有可能会发现也许“否”才是正确答案吗?爱因斯坦能提出这样的问题，说明他是个真正的天才。事实上，如果不摒弃事件在不同参考系中同时发生的观念，他就不能解决相对论的难题。

在爱因斯坦的理论中，他认为，如果两个事件发生在不同的地点，那么同时发生的事件(假设它们现在同时发生)在另一个参考系中就不会同时发生，而是有先后之分。哪个先发生呢?这取决于参考系，哪个都可以先发生。这就是我想表达的意思——在相对论中，时间可以翻转。

假设你去往一个遥远的星球，地球上会发生什么?上述问题隐含了一个词，“现在”。我们知道问题中包含“现在”的意思，但这两个字没有出现在问题当中：现在地球上会发生什么?一旦你停下来，到达了那个星球，你在那个星球上的固有参考系就会由运动变为静止，这就意味着普遍意义上的“现在”在那个参考系中发生了变化，因为你停止运动之后，固有参考系就发生了变化。固有参考系发生了变化，未来事件发生的时间也就发生了变化。计算时间跳跃的公式变得非常简单：$\gamma Dv/c^2$，其中 γ 是伽马系数，D 是事件发生的距离，v 是速度变化，c 是光速。我在附录 1 中对这个公式做了推导。

下面举个例子。假设你在家举办新年派对，而我在月球上举办。上述两个事件在我家这个固有参考系中是同时发生的。我们现在以我实验室的介子作为固有参考系，观察相同的两个事件。距离 D/c 为 1.3 光秒，我实验室的介子速度 v/c 接近 1 光速，而伽马因子我之前计算过，是 637。因此，时间跳跃就是 1.3 和 637 的乘积，即 828 秒。所以，“同时”举办的新年派对之间的时间差约有 14 分钟！哪个事件率先发生，取决于介子参考系是做朝着接近月亮还是远离月亮的方向的运动。

你发现了吗？这个例子比延长生命周期更令人困惑。大多数人都这么认为，但它的确是真实的。因为很难被接受，这种时间跳跃是相对论悖论中最令人费解的地方，我们会在下一章探讨相关的问题。对于我们研究“现在”而言，它也具有重要的意义。

再次申明，注意不要把时间跳跃看作“观察者之间的分歧”，这种说法常被用来解释相对论。某些作者会这样说服你：位于不同固有参考系的观察者对于现实实在的认识不存在“不同概念”。这一结论基于的是未经陈述的（也是不正确的）假设——观察者只能从一个参考系，也就是自身的固有参考系来描述现实。如果这确实是日常生活中的情况，那么我就不能说“我去巴黎”，而要说“巴黎来到我面前”。既然我们在日常生活中没有受到固有参考系的限制，那么在谈论相对论时也没有理由限制自己。

受到挤压的空间与可丽饼般的质子

爱因斯坦不仅改变了我们对时间的理解，也改变了我们对空间的思维方式。他在自己的相对论论文中得出结论，不仅两个事件的时间间隔取决于参考系（地面、飞机、卫星），物体的长度也是如此。

说到长度，让我们再次回归童年。要测量公交车的长度，我们就要测量车辆一端的位置和另一端的位置，然后取两者之差。但假设公交车正在运动。公交车的前端恰好位于我们身边，不一会儿，车的尾部又来到我们旁边，因此我们得出错误的结论——公交车的长度为零。好吧，我们显然犯了一个错误。我们必须"同时"测量公交车前后端的位置。

同时？没错，这就是问题所在。"同时"这个概念是相对的。在一个参考系中同时发生的事件，在另一个参考系中却不是同时的。直接结果就是，在不同的参考系中长度是不同的。如果某物体在其固有参考系（与之一起运动）中长度为 L，该长度在另一参考系（例如地面）中以相对速度 v 运动，那么根据爱因斯坦的观点，长度会因伽马系数而缩短。如果你对此感兴趣，请参看我在附录 1 中推导的这个方程。

这种缩短的现象有几种命名方式：菲茨杰拉德收缩（Fitzgerald contraction），洛伦兹收缩，长度收缩。上述说法表明，在爱因斯坦之前已经有人提出了这种假设。乔治 · 菲茨杰拉德（George Fitzgerald）以及他那个时代（19 世纪末）的所有物理学家都认为，空间中充满了一种看不见的流体——以太 [aether，这是英式拼写；我年轻时把它和化学中的乙醚（ether）经常搞混]。以太就是光波和无线电波产生波动时波动的东西。我们现在称之为真空或空间。菲茨杰拉德假设一个物体从以太中穿过，这种流体的阻力就会对物体进行挤压，这就是他所说的“以太风”（aether wind）。新长度等于旧长度（固有参考系中的长度）除以伽马系数。

由于某些科学作者用词不当，长度收缩也变得令人费解。那些作者称，正在运动的棍子“似乎更短”。是这样，但这不是真相的全部。在我们的参考系中，米尺比在它的固有参考系中更短。无论自身速度如何，所有观察者都同意这一点。米尺看起来更短，是因为它的长度确实缩短了。

我在实验室里也能检测到长度收缩，虽然不能像观察时间膨胀一样观察得那么清晰。当我们用一个介子碰撞一个质子时，在介子的参考系中，质子根本不是球形的。它像一张非常薄的薄饼，厚度是其直径的1/637，更像是可丽饼。这种形状变化极大地改变了介子从质子上反弹的方式，也就是我所观察到的散射现象。

以地球为参考系，介子是两个粒子中较短的那个。那么，究竟哪个粒子更短？介子，还是质子？答案当然取决于参考系。在介子的固有参考系中，质子在运动，因此质子更短；而在质子的固有参考系中，介子正在运动，所以介子更短。不论在哪个参考系，所有观察者都同意上述事实。相对论认为，不同观察者对长度和速度的认识都是相对的。速度是相对的，时间间隔是相对的，形状也是如此。

迈克耳孙-莫雷实验

阿尔伯特·迈克耳孙（Albert Michelson）和爱德华·莫雷（Edward Morley）在1887年做了一个实验，他们对该实验的描述开启了相对论方面最为热烈的探讨。然而，他们的实验结果究竟对爱因斯坦产生了何种程度的影响，我们不得而知。爱因斯坦只是在后来的论文中提到过这一实验。很多人认为他的相对论主要是基于麦克斯韦（Maxwell）的电磁学和洛伦兹变换。

迈克耳孙和莫雷对两个垂直方向（地球绕太阳运动的方向和与之垂直的方向）的光速进行了非常精密的测量，试图检测以太风的存在。他们发现，虽然地球在运动，但两个方向的光速是相同的。他们观察到的速度与之前所预期的相差不足1/40，也就是说基本没有差别。

现代物理实验已经证实，光速在高于0.01微米/秒的精度下是恒定的，与地球运动方向无关。事实上，这种极其高的精度表明我们需要对米进行更精准的定义。为了解决这个问题，光速如今被精准定义为299792458米/秒，而米的长度也被公认为是光在1/299792458秒内传播的距离。这就意味着我们已经无法改进已知的光速的值，而只能提高米的大小的精度。我们需要记住一个重要的数值：光1纳秒（十亿分之一秒）传播约1英尺（约0.30米），精度为1.5%。

相对论已经对光速恒定进行了解释，我在附录1中对此进行了证明。但是也存在颠倒的情况。老师们在讲初级课程时，有时会先从光速恒定入手，推导出相对论方程，然后证得相对论方程是在时间和空间中得出该结果的唯一线性方程。作为学生，我一直不喜欢这种推导，因为我认为线性的假设是不真实的。事实并非如此，但作为物理系的大二学生，我很难接受“线性”的重要地位，所以对我而言，整个推导显得非常勉强。

$$E = mc^2$$

20 世纪最著名的方程是爱因斯坦将能量与质量相结合的公式：$E = mc^2$。现在大家对这个方程已经非常熟悉，已经很难意识到，当初爱因斯坦提出这个方程时，人们觉得它是多么的荒谬。1905 年 9 月，爱因斯坦在自己的第二篇相对论论文中提出了该方程，这距他发表第一篇相对论论文有三个月的时间。

这个方程在当时显然是很荒谬的。它表明任何物质，甚至像岩石和水这些不可燃的物质，其质量都蕴含着巨大的能量。而这巨大的能量值来源于方程中包含的 c^2。光速 c 为 300000000 米 / 秒。将它平方后，得到的值为 90000000000000000，也就是九万万亿。更糟糕的是，爱因斯坦没有给出提取这种能量并将其投入使用的方法。他只告诉我们，这种能量是存在的。除非能有某种方法摆脱质量的影响，否则这种能量毫无价值。当时，人们普遍认为质量是不变的。质量“很保守”；它既不能被创造，也不能被破坏。因此，这个方程似乎是荒谬而无意义的。

爱因斯坦认为，所有能量原则上都等同于质量。你可以把质量看作绑在一起的能量。在汽车通过燃烧汽油和气体提取热能时，由于能量的损失（使汽车移动的能量），烟雾的质量（主要是二氧化碳和水蒸气的质量）会比燃烧的汽油和气体的质量稍轻一些。损失的能量使空气和地面升温（通过摩擦），这就意味着空气和地面会稍重一些，因为它们包含更多的能量。

公式 $E=mc^2$ 是使用物理单位（焦耳、千克、米 / 秒）来计量的。让我用日常生活中人们常用的单位重写一下这个方程。1 千克的质量约是 2.2 磅，1 千瓦时（kWh）的能量为 360 万焦耳。因此我可以得到下面这个方程：

$$每磅能量 E=mc^2=110 亿千瓦时$$

在美国，电力的平均价格是每千瓦时 10 美分。如果将重达 1 磅的任何物体转换成电能，其价值会超过 10 亿美元。

另一种重写方程的办法是以每加仑汽油的能量来计量。那么，我们会用 1 加仑汽油的质量来衡量质量。因此，方程就会变为：

$$能量 E=mc^2=20 亿加仑汽油的能量$$

这就表明，1 加仑汽油质量中所蕴含的能量比它燃烧时产生的能量大 20 亿倍。在美国，汽油的价格近期一直在波动，但为了更好地说明这个例子，我们把油价定为每加仑 3 美元。那么，1 加仑汽油的总能量价格为 60 亿美元，在欧洲还会更多。

爱因斯坦能够发表如此荒谬的结论，难道不需要勇气吗？今天，人类已经发明了核能与核弹，所以这种能量值看起来没有那么惊人；但在 20 世纪初，几乎没有证据能够证明这种巨大能量的存在，这种情况只存在于放射性衰变中——原子释放的能量比其本身蕴含的化学能大 100 万倍。在那个时代肯定存在尚未发现的巨大能量来源，后来爱因斯坦发现了它：质量。爱因斯坦要么是十分大胆，要么就是有足够的把握，才会提出这个有关质量的基本原理。现在看起来似乎是因为后面这个因素。

爱因斯坦是如何从关于时间和空间的方程中，得出有关能量含量的结论呢？对他来说，方法很简单。他问道：我们对于时间和空间的理解发生变化，会对力学定律产生什么影响？牛顿认为，根据公式 $F = ma$，粒子受到力 F 后，会产生加速度 a。我们将其称为牛顿的"第二定律"（他的第一定律称，任何运动的物体都会保持其运动状态，但这只是第二定律在合力为零条件下的一个特例）。

爱因斯坦意识到牛顿的方程并非在所有参考系中都成立，因此他设计了新的方程。一个关键的结论是，粒子在运动中会表现出质量更大的特征。在许多方程中，爱因斯坦开始用 γm 代替 m，这种组合在物理学史上被称为相对论质量（relativistic mass）。能量 $E = \gamma mc^2$ 引导爱因斯坦认识到相对论质量和能量之间的等价关系。（目前有些物理学家更喜欢将"质量"一词仅用于描述静止质量，但这就忽略了质量和能量的等价关系；此外，相对论质量的概念被劳伦斯等科学家广泛使用，且已被证实是一个十分重要的概念。）

再想想我实验室里的介子。不仅是它的时间比我的慢了 637 倍，它还被挤压成比其直径薄 637 倍的可丽饼，它的质量也是物理学粒子质量表中列出的值的 637 倍。此外，通过在实验中用介子以最小偏转穿过强磁场的方式，我可以很轻松地测量出介子质量的增加。相对论的确是真实的；我每天都能在实验室看到这种效应。

我也可以直接观察到质量转化为能量的过程。我使用的是液氢气泡室，它是我的导师路易斯·阿尔瓦雷茨（Luis Alvarez）发明的装置。这种仪器能够产生一道微小气泡留下的痕迹——沿粒子所经路径留下的痕迹。名为 μ 子的粒子发生的衰变最引人注目。μ 子在经历了放射性爆炸之后，它的轨道会突然消失，取而代之的是由更轻、更快的电子形成的新轨道。μ 子的质量已经直接转换为电子的动能。

我在自己的实验室里也经常观察反物质。我会在后面的内容中详细讨论反物质，但从我们当前讨论的问题来看，其中最有趣的就是反物质在减速并撞击普通物质时就会消失，这表明它将自身质量和目标物质的质量都转化成了能量，通常是伽马射线，这些能量之后会被吸收并转换为热能。我每天都能看到质量转换为热能的过程。物质和反物质的混合物能够释放高于任何燃料的能量，甚至是核聚变产生的能量的一千倍，汽油中的能量的十亿倍。这就是《星际迷航》中，进取号星舰将此混合物作为燃料的原因。

在医院中，物质和反物质的湮灭也是医疗成像的原理基础。反物质电子最常见的名称是正电子，这也是 PET 扫描中字母“P”的来源。PET 扫描利用了一些放射性化学物质，如碘 -121 可以发射正电子的特性。在人体内，碘积聚在甲状腺中。正电子被发射出来后，会发现附近的电子并消灭它们，同时释放出伽马射线。相机可以对伽马射线进行捕捉，生成甲状腺显像。这类显像具备医学价值，因为如果腺体的一部分不活跃，即不存在碘聚集，它就会以空白点的形式在显像中呈现。

有些人错误地认为，爱因斯坦的方程在原子弹的研发中产生了重要作用，但事实并非如此。在爱因斯坦之前，人们已经知道放射性爆炸会释放巨大的能量。这种认识加上链式反应的可能性，就已经足够用来制造原子弹了。

1936 年，匈牙利物理学家利奥·西拉德（Leo Szilard）凭借这些概念获得了原子弹保密专利（这是英国的专利；那时，西拉德逃离了纳粹德国，在伦敦定居；1937 年，他又搬到了纽约）。1939 年，一封由西拉德起草、爱因斯坦联署的信件说服了罗斯福总统进行原子弹研制，推动了曼哈顿计划的产生。我们从爱因斯坦的方程了解到，巨大能量的释放会导致裂变原子质量的小幅下降，但设计原子弹不需要这种认识。

时间、能量与美[1]

有些人认为能量与时间一样，都很神秘。能量最显著、最有用却最不明显的特征就是能量守恒。这意味着什么？如果能量是守恒的，

1. 本节部分改编自我的书《未来总统的能源课》（湖南科学技术出版社）。

我们对此没有选择，那么为什么主张生态保护的领导人还要呼吁我们节约能源？其实领导人真正希望的是我们能把熵最小化——避免产生太多的熵，这个问题我们将在第二部分详细讨论。我们不必费尽力气去节约能量，因为它本身就是守恒的。

时间和能量之间的关系十分深奥，首次认识到这种关系的是艾米·诺特（Emmy Noether）。爱因斯坦称她是有史以来贡献最大、最具创意的数学家之一。诺特认为，在常规的物理学研究中，没有必要假设能量守恒，因为对于任何一组方程（力学、电学、量子物理）而言，都存在可以用来证明能量守恒的原理。这就是时间不变性原理。

简单地说，时间不变性原理是指物理定律不随时间的变化而变化。在经典物理学中，$F = ma$，这个公式是固定不变的。诺特定理表明，假设存在时间不变性，那么用理论中涉及的要素（质量、速度、位置、场等）进行计算时，总有一个量是永恒不变的。在经典物理学中，时间不变性对应了牛顿的能量是守恒的，即总能量是动能与势能之和。诺特的方法能够明确地定义能量，适用于任何一组新方程，例如相对论的方程。我在附录 2 中更加详细地介绍了艾米·诺特和她惊人的推论。

时间和能量之间的联系其实更为深远。根据诺特的研究成果，我们明白了量子物理中时间和能量为何总是成对出现。正如我在第三部分中写的，理查德·费曼因此受到启发，把反物质解释为在时间上向后运动的普通物质。

如此深刻的关联看似涉及的是两个完全不相关的概念（时间和能量），却是物理学家眼中的物理学之“美”，你不必非得认可这种“美”。也许你会觉得，这种关联远不及彩虹或者孩童的眼睛让你振奋，但至少这个例子可以帮助你理解物理学家所指的美是什么。

图 3.1　艾米·诺特，她发现了时间和能量之间的联系。

光速究竟有何特殊之处？

在少年时代，我读过一些关于相对论的内容（是在乔治·伽莫夫所著的《从一到无穷大》中，十分精彩），我想知道，是什么让光如此特殊，甚至连光速都能出现在相对论的基本方程中？光是不是一种更基本的物质？比电子还基本？

我从高中开始学习物理，本科和研究生阶段也学习物理，现在仍旧从事物理学相关的工作。我发现这个问题的答案是，光恰好是我们所知的第一个静止质量为 0 的物质，这是一种特殊的属性。它在方程中写作 m（相对论质量是 γm）。目前，我们了解到还有其他类似的粒子。引力波的粒子形式称为引力子（graviton），其静止质量也为 0，因此，用引力子代替光也可以写出相对论方程，而方程中的 c 指的是引力子的速度。世界上还存在静止质量为 0 的中微子，叫做无质量中微子（massless neutrino）。那么，c 也可以代指无质量中微子的速度。

如果 c 被称为“爱因斯坦速”就好了。它也可以被称为“极限速度”，用来指代运动质量可获得的最大速度。不管是否存在运动速度如此之快的粒子（如光子），这种速度都是存在的。根据现有理论，所有无质量粒子都以“爱因斯坦速”运动，“爱因斯坦速”才是根本。光子、引力子和无质量中微子（如果它们存在）都以这个速度运动。我们还认为在宇宙初期，在所谓的希格斯场产生之前，所有粒子（包括构成电子和质子的夸克）都是无质量的，且都是按照“爱因斯坦速”，即光速运动。

讽刺的是，任何静止质量为 0 的光子或其他粒子都不可能静止。它的能量为 0（伽马系数为 1，质量 m 为 0，因此 $E=\gamma mc^2=0$），因此该粒子不会“存在”。如果试图停止光的运动，例如，用黑色表面吸收光，那么光释放出的所有能量基本都会对其表面进行加热，这时就没有光留下。

黑洞

黑洞是巨大的天体，一旦进入就永远无法返回。这个神秘的特性似乎指明了时间的方向。此外，对于黑洞的研究将引领我们探索时间更为奇特的属性。

黑洞的提出可以追溯到 1763 年，当时英国科学家约翰·米歇尔（John Mitchell）意识到一颗恒星上的逃逸速度[1]可以超越光速。他推断，如果光不能逃逸，那么恒星应当是黑色的，他甚至推导出了正确的方程。他的猜想并没有引起关注，因为当时光已经被视为一种波，而大多数人错误地认为波不会受到引力的拖拽。如今我们通过相对论得知，波能够携带能量，也能够携带质量，因此确实会受到引力的拖拽。

黑洞是一种逃逸速度极高的天体，想要制造黑洞，就必须把极大的质量放入极小的体积中。假设我们将太阳的质量填充到半径 1 千米的球体中，根据大学新生掌握的物理知识，可以计算出此时逃逸速度为 5 亿米每秒，[2] 大约是光速的 1.7 倍。光不能从其表面逃逸，被压缩后的太阳完全是黑色的。

相对论让我们能够通过另一种方式，即从相对论质量的增加入手，来推导出黑洞的特性。将卫星发射进太空所需的能量取决于卫星的质

---

1. 逃逸速度（escape velocity）：在星球表面垂直向上射出一物体，若初速度小于星球逃逸速度，该物体将仅上升一段距离，之后由星球引力产生的加速度将最终使其下落。若初速度达到星球逃逸速度，该物体将完全逃脱星球的引力束缚而飞出该星球。——译者注

2. 逃逸速度的计算公式为 $GMm/r = \frac{1}{2}mv^2$，其中 G 是引力常量，M 是质量，r 是半径。因此，$v = \sqrt{V(2GM/r)} = \sqrt{2 \times (6.7 \times 10^{-11}) \times (2 \times 10^{30})/1000} = 5 \times 10^8$ 米 / 秒。

量，但发射卫星的速度越快，卫星的质量就越大（相对论质量增加），因此运动速度过快也会加大引力的拖拽效应。如果一颗星球的质量足够大，或半径足够小，我们就无法提供大于附加的束缚能的动能。

用物理学的术语来说，这颗星球的动能（运动的能量）总是小于束缚能（势能）。不论发射速度多大，卫星都会回落。这是星球质量 M 被填充到半径为 R 的空间时发生的情况。使用科学记数法，[1] 公式是

$$R = 1.5 \times 10^{-27} M$$

R 的值被称为史瓦西半径（Schwarzschild radius）。

地球的质量是 6×10^{24} 千克。将该值代入方程，可得地球的史瓦西半径约为 0.01 米（1 厘米）。我的体重约 190 磅（83 千克），如果将我塞进一个半径为 $R = (1.5 \times 10^{-27})(83) = 1.3 \times 10^{-25}$ 米的球中，我就会成为一个黑洞。这可比原子核小 10 亿倍。

我们认为有种机制是真实存在的，它能够使比太阳重几倍的天体成为一个黑洞，这需要超新星爆发这样的过程，在这个过程中，恒星的外层会向外抛散，内核则会坍缩。目前广泛被认为是黑洞的某些天体就是以这种方式形成的，例如天鹅座 X-1，它能够发射极强的 X 射线。

---

1. 该表达式为 $10^{-27} = 0.000000000000000000000000001$。1 出现在小数点后第二十七位上，相当于 10 的倒数的 27 次方。根据电子表格的记数法（用于 Excel 和科学计算器），这个值会被表示为 1E-27。另外地球的质量是 10^{24}，即 10 的 24 次方，1 后面有 24 个零。电子表格记数法将其表示为 1E+24。

就该问题而言，物理学界有过一次十分有名的赌局，就是 1975 年基普·索恩（Kip Thorne）和史蒂芬·霍金之间打的赌。索恩打赌认为，天鹅座 X-1 实际上是一个黑洞，但霍金赌它不是。15 年后的 1990 年，霍金承认自己输了。为了履行赌约，他为索恩订阅了一年的《阁楼》（*Penthouse*）杂志[1]。当然，霍金也从这次认输中受益。他说，如果黑洞确实不存在，那么自己过去十年研究的大部分成果都将是毫无意义的。讽刺的是，我在下文中会根据相对论说明，天鹅座 X-1 虽然十分接近于一座黑洞，却并不是一个真正的黑洞。

我们尚未发现任何能把地球或我变成黑洞的机制。

就相对论而言，最令人困扰的不是神秘的黑洞，而是由时间膨胀产生的显著矛盾。运动的人比静止的人衰老得慢，好吧，但所有的运动不都是相对吗？究竟哪一个人是运动的，哪一个人又是静止的？这两个人似乎都更年轻了。

事实证明，在适当的参考系中，两个人都可能是更年轻的那个。但是如果其中一人往回走，那么二人相遇时会发生什么？他们面对面的时候，两个人就不可能同时更年轻。如果能够明确地解释这个和其他悖论，那么我们理解时间就更加容易了。

1.《阁楼》（*Penthouse*，又称《藏春阁》），美国男性成人杂志。——译者注

第 4 章 矛盾和悖论

相对论在逻辑上看似不融洽，除非你对其展开深入细致的研究……

所有的真理都要经过三个阶段：首先，受到嘲笑；然后，遭到激烈的反对；最后，被接受并视作理所当然。

——亚瑟·叔本华

悖论，悖论，
一个最巧妙的悖论。

——《潘赞斯的海盗》

爱因斯坦有一项惊人的发现，那就是运动物体的时间流动会减慢。他发现事件顺序的相对性有时会令人困扰，而他对能量的进一步推论在当时似乎更令人难以置信。无论如何，爱因斯坦关于时间的研究告诉我们，时间充满了令人惊奇之处，他的结论不仅影响着我们对宇宙的理解，也影响着我们的日常生活。

即便你认为自己已经接受了爱因斯坦的结论，一些结果仍旧会令你感到惊讶。在某些方面，由这些结论产生的显著矛盾可以让学生（和某些教授）发疯。两个最著名、最令人费解的悖论是双生子佯谬和杆子与谷仓悖论。我在这里再给大家介绍第三个，快子谋杀。

相对论是非常完善的理论，但是，特别对于刚接触相对论的人而言，似乎并不是这样。显著的矛盾和悖论都是基于简单的错误，就像证明 1 = 2 一样[1]。你可能会认为，这些悖论只会迷惑初学者，但专家也会意识不到自己持有某些偏见和假设。因此，许多教授在向学生解释这些悖论时也会感到困惑。

为了便于理解，我先讲一个最简单的悖论。

杆子与谷仓悖论

一位农夫有一个长 20 英尺（约 6.10 米）的谷仓，谷仓有一个前门。他想把长 40 英尺（约 12.19 米）的杆子放到这个谷仓里（图 4.1，上）。他学过相对论，所以打算利用长度收缩原理把杆子放进去。他拿着杆子以足够快的速度奔跑，将杆子缩短到 20 英尺长，此时 γ 值是 2（图 4.1，中）。他打算等杆子一放进去，就立刻关上身后的门。这理应行得通。

但当农夫拿着杆子开始跑时，他就意识到，以新的固有参考系来看（处于加速状态），伽马系数 $\gamma = 2$，杆子没变短，谷仓却变短了，只有 10 英尺（约 3.05 米）长。加速中的参考系也是杆子的固有参考系，因此杆子的长度没变，还是 40 英尺（约 12.19 米）。所以根本没办法

1. 有一种证明所有数字都相等的方法。令 $A = 13$，$B = 13$；C 和 D 可以是任意两个数字。则 $A = B$，等号两边都乘以（$C - D$）可得 $A(C - D) = B(C - D)$。将等式展开：$AC - AD = BC - BD$。调整等式：$AC - BC = AD - BD$。提取公因子：$C(A - B) = D(A - B)$。等式两边都除以（$A - B$）可得 $C = D$。既然 C 和 D 都是任意数，那么我就可以证明所有数字都是相等的。错就错在除以（$A - B$）这一点。如果 $A - B = 0$，则（$A - B$）不能作除数。这种方法还有一个更简单（但错误更明显）的版本：$C \times 0 = D \times 0$。等式两边都除以 0。

把一根 40 英尺的杆子放到 10 英尺长的谷仓里（图 4.1，下）。

但参照谷仓的固有参考系，杆子就很容易放进去。那么，到底会发生什么？农夫能把杆子成功放入谷仓吗？

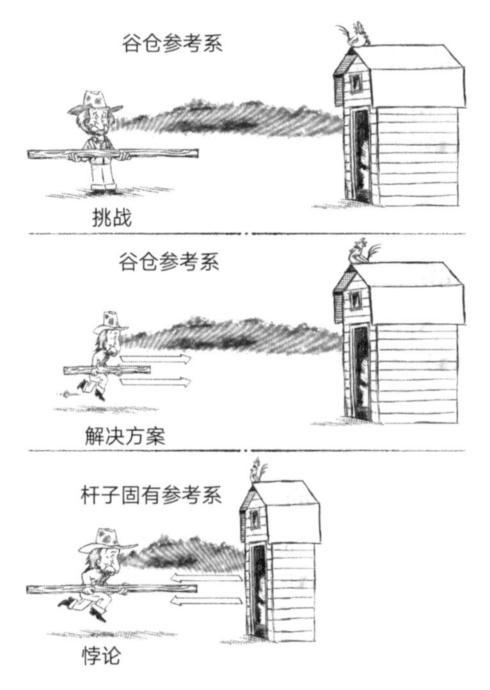

图 4.1　杆与谷仓悖论：（上）农夫在思考如何将 40 英尺的杆子放入 20 英尺的谷仓。（中）他跑得飞快，杆子的长度收缩到了 20 英尺。杆子能放进去了！（下）同样情况下，在农夫的（加速）固有参考系中，杆子仍是 40 英尺长，但谷仓的长度收缩到了 10 英尺。那么杆子显然放不进去。（插图 Joey Manfre）

为什么参考系不同，结果就不同呢？杆子要么能放进去，要么就不能。两种情况不能同时存在。

如果表述严谨，这一悖论就很容易解决。“能放进去”是指杆子两端同时都在谷仓里。在谷仓的固有参考系中，这很容易实现：杆子的前端顶着谷仓壁的同时，其末端也在谷仓内，然后关闭仓门。但在杆子的固有参考系中，这两个事件就不是同时发生的：杆子的前端穿过谷仓壁之后，其末端才进入仓内。

像往常一样，两个观察者都表示同意。他们都说杆子的两端在谷仓内。在谷仓的固有参考系中，两个事件就是同时发生的。但在杆子的固有参考系中，即便杆子的两端都在谷仓内，这两端也不是同时进入谷仓的；杆子两端进入谷仓的事件不是同时发生的。“在谷仓内”这一说法巧妙地规避了事件发生的同时性问题。

如果对计算的细节感兴趣，可以参考附件 1 中解决杆子与谷仓悖论的计算方法。

双生子佯谬

假设约翰和玛丽是双胞胎，他们都是 20 岁。约翰待在家里，而玛丽乘坐高速飞行的太空飞船去往一个遥远的星球。玛丽的速度导致了时间膨胀，此时伽马系数 $\gamma = 2$。对于约翰来说，玛丽更年轻，但玛丽认为，约翰更年轻，这两种情况不可能同时发生。玛丽返回地球之后会发生什么？当然了，一旦他们见面，就能够分辨出谁更年轻。这不是相悖吗！

要想解决这一悖论，我们必须得用词严谨。我们必须注意的是，有关“同时”的隐含假设可能不成立，也要留意人们仅按照自身固有参考系的坐标进行描述时的隐含假设。

就太空之旅而言，约翰和玛丽的意见完全一致。就约翰的固有参考系而言，玛丽在运动；参照玛丽的固有参考系，约翰在运动。以约翰为参考系时，玛丽更年轻；以玛丽为参考系时，约翰更年轻。

但如果玛丽停止旅程，掉头返回地球，那么她和约翰面对面比较年龄时，会有怎样的结果？到那时，固有参考系就是一致的。谁更年轻？他们不可能同时比对方年轻。确实，他们年龄不一样。

该悖论有个令人满意的解决方案，其中涉及同时性的问题。我在附录1中根据速度和距离的具体值进行了计算。在玛丽掉头之前，就她的固有参考系而言，约翰更年轻。也就是说，他们同时过生日时，玛丽先长了一岁。但当玛丽掉头之后，就她的固有参考系而言，这两个事件不是同时发生的。在新的参考系中，他们同时过生日时，约翰先长了一岁。

在玛丽返回途中，根据她的固有参考系，约翰在运动，因此他衰老得更慢。但在二人相遇时，时间的跳跃却非常大，所以约翰还是比玛丽大。如果以约翰的固有参考系进行计算，我们还是会得出同样的结果。相关方程和数字都在附录1中给出，但时间的跳跃、同时性的差别才是关键所在。

所有运动不都是相对的吗？到底是谁掉的头？难道我们不能理解

成是约翰而不是玛丽掉的头吗？

不，我们不能。就谁掉头的问题而言，没有任何分歧。制动火箭点火是玛丽操作的，是她感觉到了加速度。约翰和玛丽都知道，玛丽的固有参考系存在加速度，而约翰的不存在。在相对论中，“所有运动都是相对的”这一说法是不正确的，正确的说法是，你可以在匀速运动的任何参考系中进行所有的计算。如果参考系加速，你就需要将远距离事件的时间跳跃考虑在内。

快子谋杀

奇特的相对论表明，由于参考系不同，事件的顺序可以发生翻转，这将我们引入到有关现实的新视角：因果关系和自由意志的深层次问题。在快子谋杀的故事中，这些问题会戏剧化地表现出来。

快子是一个假设的粒子，其运动速度大于光速。值得注意的是，相对论没有把粒子运动速度如此之快的情况排除在外，它只是说，无质量的粒子一定以光速运动，而静止质量不为 0 的粒子不能以光速运动（伽马系数无穷大，因此粒子将具备无穷大的能量）。方程本身不排除超光速运动的情况。

如何在粒子速度不超过光速时获取超光速粒子呢？答案是，可以在超光速下生成。有何不可？光子不是被加速到光速的，它们一旦生成就以光速运动，因此，我们也许可以生成快子，快子一旦生成就会以大于光速的速度运动。该设想并不违背相对论，这确实是由寻找快子的物理学家做出的假设。

发现快子并证明其存在，就能够创造物理学的历史。然而，虽然这种发现有好的一面，但在多年前我就决定不去寻找快子了，我的理由与信仰有关，我相信我有自由意志，但快子的存在与我的信仰相悖。让我来解释一下。

假设玛丽站在距离约翰 40 英尺（约 12.19 米）的地方。她有一把快子枪，能发射出速度为 $4c$（四倍光速）的子弹，她开了枪。光以每纳秒（十亿分之一秒）1 英尺（约 0.30 米）的速度传播，因此她的快子子弹的运动速度是每纳秒 4 英尺（约 1.22 米）。只需 10 纳秒，子弹便能射进约翰的心脏，导致其死亡。我们假设他中弹的同一瞬间死亡。

玛丽会被带去审讯。她对我刚才描述的事实供认不讳，但罕见的是，她坚持要求更改我对犯罪现场的描述，她说自己有权选择任何参考系进行辩护。法官明白玛丽的要求是正当的，因此他允许她继续。她选择了以 0.5 倍光速（用$\frac{1}{2}c$表示）运动的物体为参考系。由于该参考系的运动速度小于光速，那么根据相对论，它能够作为参考系。

以地球为参考系，这两个事件（开枪和子弹射入心脏）的时间间隔为 +10 纳秒。如附录 1 所示，以$\frac{1}{2}c$运动的物体作为参考系时，两个相同事件的时间间隔是 −15.5 纳秒。负号表示两个事件的发生顺序相反，即在玛丽开枪之前，子弹已经射入受害人的心脏。如此一来，玛丽就有了完美的不在场证明。当她扣动扳机时，约翰已经死亡，没有谁能杀死一个死人。她想要逃脱刑罚。

快子谋杀与双生子佯谬和杆与谷仓悖论都是基于相同的相对论原理，也正是这一原理导致人们对后两种悖论产生困惑。如果两个事件的空间距离较远、时间间隔较小，那么就存在能使事件顺序发生颠倒的参考系，这样远距离的事件叫做“类空事件”。两个事件如果空间距离较近，却存在时间间隔，那么就叫做“类时事件”。类空事件的发生顺序取决于参考系；类时事件的发生顺序却并非如此。

再次建议你参考附录 1 中详细的计算过程。

快子谋杀可能真实存在吗？如果参考系运动速度为 c 时存在如此荒谬的内涵，那么我们所做的分析还合理吗？这是否意味着快子并不存在？或者相对论是一派胡言？如果真的发现了快子呢？

自由意志经得起检验

快子谋杀悖论有一个可能的解决办法：在存在快子枪的世界里，玛丽没有自由意志。即便她是在约翰死亡之后扣动扳机，但因为没有自由意志，不存在选择，所以她别无选择，只能开枪。她的所有行为都源于外在的力和影响的驱使。约翰一定会死，因为玛丽必然会扣动扳机；物理学的必然性创造了开枪与死亡的情景，但事件发生的顺序是不相关的。如果由表示因果关系的物理方程统治世界，那么就不会存在悖论。当你认为人类拥有自由意志，相信玛丽本可以选择不开枪时，该情景才会出现问题。如果完全由物理统治世界，那么玛丽的所有行为都是受到各种力和影响的驱使。

正因如此，我才不去寻找快子。我认为自己拥有自由意志。只要快子不存在（且相对论方程站得住脚），物理学就不会否认自由意志。当然，我的自由意志也可能不存在，我也许只是一组复杂的分子，能够对周围的力做出反应罢了。既然如此，假设我找到快子，我就能被载入物理学史册；如果我发现自己不能从中获得赞誉，我也会很不开心的。这就不是我的行事风格。

话又说回来，有趣的是，自由意志的概念至少在科学上是可以证伪的。在讨论时间之箭的时候，我会再详细阐述证伪的意思。此刻我要说的是，科学家普遍认同这样一个观点：要论证一个理论是科学的，就必须能够描述出如何才能证明其是不正确的。像智慧设计论（intelligent design）这样的“理论”就不符合上述标准。值得注意的是，自由意志的存在却符合该标准。至少有一条假设是可以进行证伪的：快子不存在。

这个悖论不适用于速度低于光速的子弹。我在附录1中表明，如果两个事件的空间距离为 D，时间间隔为 T，且 D/T 小于光速（即子弹的运动速度小于光速；两个事件为类时事件），那么这两个事件在所有参考系中发生的顺序都是相同的。如果你用货真价实的子弹去射杀别人，那么改变参考系对你不会有任何帮助。在所有参考系中，你开枪后，受害者就会死亡。

有时会有那么一两个研究团队认为自己找到了快子，还发布了新闻稿。2011 年就发生了这种事情：位于日内瓦附近的大型国际研究中心，欧洲核子研究组织（CERN）声称他们的物理学家观测到了一些（不是全部）称为中微子的粒子，这种粒子的运动速度大于光速。新闻的标题是“快子中微子或会成为世纪发现”。我一点儿也不激动。这种实验做起来很困难，而且容易产生细微的系统误差。事实上，不到一年的时间，CERN 就再次发布公告撤回了之前的说法，并将失误归咎于电子元件故障。

假设快子确实存在（我们没有自由意志），它的某些特性会非常有趣。伽马系数 γ 是虚数（它是负数的平方根）。我们知道能量是真实存在的（根据诺特定理；见第 3 章）。在计算快子实际能量的方程 $E = \gamma mc^2$ 中，质量也必定是虚数。快子有虚质量，这没有问题。我会在第 6 章中解释，虚数并不是虚构的；它们的确真实存在。但更奇怪的是，当快子的速度越来越快，甚至接近于无穷大时，它的能量却减少了！能量为 0 的快子以无穷大的速度运动。其速度接近于光速时，其能量就接近于无穷大，这种特性恰好与普通粒子相反。

顺便补充一句，在快子谋杀案中，玛丽被判有罪。在宣判她有罪时，法官解释称自己别无选择；法官没有自由意志，因此他只能受外界力量的驱使。

每个悖论的核心都在于同时性，但同时性并不直观。与理解我们所说的“现在”一词不具备普遍意义相比，我们更容易接受的是时间减慢或运动物体变短。

现在我们来处理另一个悖论。它描述了一种方法，能把相距很远的物体在很短的时间内拉近。如果用距离除以所用的时间，得到的结果就是速度（相距很远的物体被拉近的速率），它会远大于光速。然而，这种特性并不违反相对论。

第 5 章
光速限制，光速漏洞

物体之间距离的变化速度实际上会比光速更快……

这就是那艘用不到 12 秒差距走完科舍尔航线的飞船！

——汉 · 索洛，《星球大战》

即便所有普通物体（你能够使其停止运动）的运动速度都比光速慢，你也能以任意快的速率改变自己与远处物体的距离，这种速率远大于光速且不会违反相对论。在讨论宇宙膨胀及其与时间流动之间的关系时，运动速度与距离变化的速率之间的反常差异就会极为重要。我先从加速度和引力之间的紧密联系开始讲起。

爱因斯坦的等效原理

在科幻电影中，有种场景令一些观众困惑不已：宇航员在宇宙飞船周围走动，如同引力存在一般。还有一些电影，例如《2001：太空漫游》和《星际穿越》，其中出现了旋转的轮状部件，为宇航员提供模拟引力（这两部电影都正确描述了模拟地球引力所需的旋转速率）。但《星际迷航》中的进取号星舰在不具备类似部件的情况下受到了引力作用。这又让一些人感到迷惑，但其中不包括我。柯克船长以反物质为燃料，似乎有着充足的能量供给，因此我认为，在太空深处他会

让飞船保持加速度 $1g$，即与地球表面的加速度相同，这使他获得与地球引力相同的人造引力。加速度可以位于运动路径的垂直或水平方向，这取决于船长站在星舰的哪个表面，或者从它的哪个窗户眺望。

有人会好奇什么是 $1g$ 的加速度。假设经典物理学是正确的，保持 $1g$ 加速度一年，年末时你的速度就会超过光速。因此，$1g$ 的加速度可以让你运动得非常快。这让科幻小说中的太空旅行变得更加合理。

实际上，由于相对论效应，保持一年 $1g$ 的加速度并不会让你达到光速。我们假设地球参考系中存在恒定的加速度 $1g$。要获得和地球相同的引力，就要对与火箭的固有参考系相适应的参考系进行规定——其加速度为 $1g$。如果我们使用相对论公式，假设固有参考系的加速度为 a，那么地球参考系的加速度就是 a 除以伽马的立方，即 a/γ^3。

这个公式很简单，你也不需要进行复杂的计算，用电子表格就可以算出太空旅行的条件。制作一个电子表格，其列数包括时间、位置、固有加速度 $1g$（$a=9.75\mathrm{m/s^2}$）、伽马、固有时间间隔（时间间隔除以伽马）和地球参考系的加速度（a 除以伽马的立方）等。将时间划分为较短的时间间隔，再将各个固有时间间隔相加，得到总的固有时间。你会得到一些有趣的结果：在加速度为 $1g$ 的星舰上停留一年（固有时间），你的速度会是光速的 76%；两年后，是 97%；三年后，是 99.5%。当然，你永远不会达到光速。

假设柯克船长决定前往天狼星（Sirius）。他不使用任何特殊的超光速驱动器，只是保持固有加速度为 $1g$。抵达天狼星需要 9.6 年，但他的年龄只会增加 2.9 年（我就是用电子表格计算出以上和以下数据的）。当船长抵达天狼星时，以他为参考系，天狼星的速度会达到光速的 99.5%。地球会被他甩在身后，但由于空间的收缩，他们之间的距离只有 0.9 光年，而不是 8.6 光年。这与柯克 2.9 年的旅程相一致。如果他想登上天狼星，那么旅程前半部分的加速度应当为 $1g$，后半部分的减速度为 $1g$。

柯克的年龄只增加了 2.9 年，与天狼星之间的距离却改变了 7.7 光年。这就是距离变化的速率，即 $7.7/2.9 \approx 2.6$ 光年 / 年，或者说是光速的 2.6 倍。这就是我所说的光速漏洞（light speed loophole）。在存在加速度的参考系中测量距离，其变化的速度可以是任意的。原因在于，每当你的固有参考系加速，你距远处物体的距离就能以任意速度变化。考虑到伽马系数的作用，固有参考系速度的改变会导致距离的骤然缩短。

达到光速

你能真正达到光速吗？如果你做到了，时间会发生什么变化？光速 v/c 会变成 1。时间膨胀或长度收缩的伽马系数会变得无穷大，这似乎意味着当你达到光速，你的时间就会停止，你的身材（在地球参考系中）会收缩为 0。此外，由于伽马无穷大，你的能量 γmc^2 也会变得无穷大，没错，如果你拥有无穷大的能量，并以无穷多的时间加速，就会达到光速。但无穷大的能量比宇宙中的所有能量都大，因此这并不是一个可行的解决方案。

现在让我们了解一下真正实现高速加速度的案例。BELLA 是由劳伦斯伯克利国家实验室（我大部分的研究都是在这里完成的）发明的。BELLA 是“伯克利实验室激光加速器”（Berkeley Lab Laser Accelerator）的缩写，该设备用激光来加速电子。它的长度只有 3.5 英寸（9 厘米），但它可以在几十亿分之一秒内为电子加速，赋予电子 4.25 GeV 的能量。GeV 代表十亿电子伏特，而电子的静止质量所具备的能量 mc^2 为 0.000511 GeV。

因为 gamma $= \gamma = E/mc^2$，用电子的最终能量除以其静止时的能量，就可以很容易地得出 BELLA 中电子的长度收缩因子。所以，伽马为 4.25 GeV/ 0.000511 GeV = 8317。BELLA 是个非常伟大的发明，它能在狭小空间中实现高速加速。为了研发这种“简便”的设备，研究人员投入了大量时间，克服了重重困难。

将 BELLA 瞄准距其 8.6 光年的天狼星。对于刚刚放入 BELLA 的电子的固有参考系而言，这就是电子与天狼星的实际距离。几十亿分之一秒后，电子运动时，伽马 = 8317。也就是说，电子的速度是光速乘以 0.9999999927。在电子的固有参考系中，它与天狼星的距离缩短了 8317 倍，仅为 0.001 光年——这段距离在约十亿分之一秒内就缩短了近 8.6 光年。该距离变化的速率是光速的 86 亿倍。

上述例子表明，加速参考系中测出的距离能够以任意快的速率变化，其值可达光速的 80 亿倍甚至更多。广义相对论将引力视为加速度，因此这种距离变化的速率是很重要的。这种超光速现象将对宇宙学产生重大影响，特别是在宇宙大爆炸理论的基本构想中，星系并

图 5.1　BELLA 是劳伦斯伯克利实验室制造的一台设备，它可以在 9 厘米距离内将一个电子加速到光速的 99.99999927%。

没有运动，但它们之间的距离却在增大。距离变化的速率不受光速的限制。在讨论暴涨理论，即关于宇宙快速膨胀的理论时，这种特性将是非常重要的。我们会假设（在第五部分）空间膨胀伴随着时间膨胀，且空间膨胀能够为时间的流动和“现在”的含义做出解释。

时间在高处流动更快

引力也会影响时间。如果你住在高层，你的时间就会比低楼层的时间运动得快，这种现象不存在争议。正如有关速度的时间膨胀一样，有关高度的时间加速也会影响 GPS 卫星（它大于速度的效应），必须要考虑到这一特性，才能保证定位准确。

阿尔伯特·爱因斯坦另一个惊人的预测，是时间与引力之间的联系。这源自他的物理直觉——引力与加速参考系应当密不可分。他把这个假设称为等效原理。

柯克船长在人造引力的作用下体验过等效原理。加速度是引力的伟大仿真器。你在老旧电梯内就能体会到等效原理——电梯开始下降时速度很快，一时间你感觉自己的体重变轻了。在迪士尼乐园的星战之旅中，你也能感受到等效原理。坐在封闭的房间中，透过窗户你可以看到“空间站”，当然，窗户就是屏幕。之后房间突然加速；窗外的场景快速向后倒退，你也被推回到座位上。

这完全是令人信服的错觉。你感觉自己正在加速，就像飞机在跑道上加速，或者汽车司机猛踩油门一样。但是，你当然没有在加速。视频当中，外面的场景正在飞逝，此时控制房间位置的液压升降机向后倾斜约 30 度，将你推回靠背的就是引力。但因为你在窗户中看到场景的飞逝，所以这种错觉很有说服力。迪士尼乐园运用了爱因斯坦的等效原理——引力和加速度密不可分。

引力就是加速度，所以爱因斯坦能够用他的加速参考系方程计算引力的效应。他这么做了，除此之外还建立了一般方程，来解决更为复杂的引力效应，例如恒星和黑洞的引力效应。但他的研究完全基于等效原理：引力与加速度是区分不出来的。

我提到过一个由他的理论得出的结果，即高处的时间流动更快。爱因斯坦的方程依然非常简单。我在附录 1 中推导了这个公式。时间

间隔是 $1-gh/c^2$。数字 1 代表正常的时间间隔；gh/c^2 才是使时间运动得更快的项。这里的 h 是高度，g 是重力加速度（约为 9.75 m/s^2），c 是光速。

我们来代入一些数字。单位是英尺和秒。假设 h 是一段阶梯的高度，约 10 英尺；g 是 32，所以 gh 就是 320。光速是 1 英尺 / 纳秒，等于每秒 10 亿英尺；那么 c^2 就是 10^{18}。所以，gh/c^2 就是 3.2×10^{-16}。一天有 86400 秒，等于一天变快 0.028 纳秒。

1915 年，爱因斯坦发表了关于引力时间效应的论文，但这种效应太微弱，在当时还无法检测到，这个问题困扰了人们几十年。之后，在 1959 年，罗伯特 · 庞德（Robert Pound）和他的学生格伦 · 雷布卡（Glen Rebka）真正观察和测量到了这个极小的变化，震惊了全世界。他们能够将伽马射线向下发射 22.56 米，并运用最近发现的穆斯堡尔效应（Mossbauer effect）来检测射线频率的变化。

假设方程中的项 gh/c^2 为引力常数。引力的强度随着高度变化，比如在你远离地球表面时，方程就会变得稍复杂一些。但对于特殊情况来说，如果想知道时间在地球表面或其他行星上比它在遥远的空间中慢多少，只需使用公式 gR/c^2（R 是行星半径，g 是其表面引力），而不是 gh/c^2。

正如我在上文中提到的那样，这种时间效应对于 GPS 卫星的影响非常大。这些卫星的轨道高度约为 12500 英里（20116.8 千米），它们远离地球表面，因此我们其实是将地球表面上的时钟与遥远空间中的进行比较。所以，适当的公式是 gR/c^2。代入数字后你就会发现，地球上的时间比遥远空间中的慢了百亿分之七秒。也就是说，地球上的时间每天会慢 60 微秒，这会导致 60000 英尺的距离误差，约 18.28 千米[1]。如果不考虑引力效应对时钟的影响，这个误差会在第二天翻倍，变为约 36.56 千米。

你可以查找各个行星和恒星的半径和表面引力，代入公式 gR/c^2 进行计算。与太空中的时钟相比，太阳表面的时间慢了百万分之六秒，白矮星的慢了千分之一秒。时间在黑洞的表面（史瓦西半径）完全静止。最后这个结果让很多人着迷，在本书后面讨论黑洞的性质时，这一结果也相当重要。

电影《星际穿越》用一种有趣的方式刻画了黑洞附近的时间膨胀。一群宇航员朝着黑洞行进，虽然没有完全进入其中，但已经相当深入了。（只要没有进入史瓦西半径，原则上都是可以返航的。）同时，一名宇航员仍沿着轨道在黑洞上方飞行。短短几天过后，前往黑洞的宇航员返航了，但沿轨道飞行的宇航员已经度过了 22 年。他们试图拯救地球，但他们明白，自己所处的时间比外界慢得多，并且（电影中）地球上的生态灾难愈演愈烈，其扩张速度远远快于他们所经历的时间。时间膨胀是他们的敌人，致使他们的工作刻不容缓。这也意味着当宇航员们返回地球时（如果能够返回），他们的孩子会比他们更老。（我不是特别推崇电影里面的故事情节，但其中对时间膨胀效应的描述是准确而生动的，令人印象深刻。）

---

1. 如果考虑到卫星的位置并非无穷远，那么每天的里程误差会稍小一些 —— 不是 18.28 千米，而是约 13.84 千米。

爱因斯坦认为，事件发生的时间会影响事件的位置，事件的位置也会影响事件发生的时间。爱因斯坦以前的一位数学老师率先认识到自己学生的研究能够将时间和空间统一起来，得出时间和空间不再是两个割裂的维度，而是时空的一部分——而爱因斯坦本人当时并没有意识到这一点。

第 6 章
虚时间

时间和空间的概念得到了统一……

在人们的认知之上，出现了第五维度。

—— 罗德 · 塞林，《阴阳魔界》

在爱因斯坦发表最初的相对论论文之后，他以前的数学老师赫尔曼 · 闵可夫斯基大为震惊。在他的印象中，爱因斯坦不是一个特别出色的学生（有人认为爱因斯坦数学“很差”，这一点搞错了；闵可夫斯基教的可是尖子班）。但爱因斯坦的相对论论文是革命性的，有理有据，令人惊叹。这些论文改变了闵可夫斯基的人生。

闵可夫斯基随后取得了惊人的发现 —— 这个发现反过来对爱因斯坦产生了重大影响，使得爱因斯坦的广义相对论不可避免地成为现代宇宙学的基础。

爱因斯坦最初的相对论方程已经连接了时间和空间。根据他的计算，某一事件的时间不仅取决于另一参考系的时间，还取决于事件发生的位置。闵可夫斯基用爱因斯坦的方程进行了一些看似眼花缭乱的计算，但其中却有着深刻的含义。他用一种巧妙的方式表述相对论 —— 时间和空间都是四维“时空”内的坐标。为了做到这一点，他不得不让时间坐标成为虚数。

时间是虚数?我的意思是，一个事件由四个数字 x、y、z 和 $\mathrm{i}t$ 来标明，其中 i 是$\sqrt{-1}$，t 是时间。为什么要做这么疯狂的事呢?闵可夫斯基的理由是，这样可以把上述的坐标组合转化为数学对象，我们称之为向量，它具备非常有用的属性。

有些人可能会认为，为了便于计算而把时间视作虚数，就如同给孩子洗完了澡把孩子和洗澡水一起倒掉。我们知道，时间是真实的。把时间看作虚数听起来很疯狂，但对于物理学家和数学家而言，虚数并不是虚构的，至少不像牙仙子那般虚。

虚数的问题值得探究，因为它不仅出现在相对论中，也会出现在量子物理中——量子波就是实数值与虚数值的结合。就明确具备能量的状态而言，在量子物理中，时间再次同$\sqrt{-1}$相结合，其媒介是一个赋予时间依赖性的指数。下面我们来谈谈虚数。

零、无理数和虚数

理解虚时间，有助于领会“虚数”这个名词在物理学和数学中的含义不同于文学和心理学的事实。讽刺的是，在数学中使用“虚数”一词直接反映出数学家真是缺乏想象力。数学家和物理学家一样，倾向于用普通的词来描述非凡的事物。他们没有足够的想象力来创造一个新词，因此就借用普通的词，赋予它新的具体含义。许多科学家也是这样做的。

请原谅我下面对“科学家说”的抨击。我想问，科学家有什么权利告诉我们，美洲野牛（American buffalo）不是水牛，蜘蛛也不是昆虫，冥王星也不是一颗行星？科学家试图强占这些词，然后再告诉我们，这些词什么时候能用，什么时候不能用。他们没有创造这些词，因此也无权缩小这些词的词义范围。在我看来，美洲野牛就是美洲水牛。在 17 世纪，不仅是蜘蛛，甚至连蚯蚓和蜗牛也都被称为昆虫。曾经有位数学家告诉我，我不可能在自己的鞋带上打结，因为根据数学定义，任何能被解开的东西都不是结。

没有人赋予科学家和数学家权利，让他们改变常用词的含义。基于这个逻辑得出的最佳结论就是，冥王星依然是行星！我在班里组织了一次投票，结果是 451 票赞成，0 票反对——所有人都认为冥王星是行星。既然我们的投票人数多于国际天文学联合会（International Astronomical Union，简称 IAU），所以我认为，我们的投票结果更有说服力。没有人赋予 IAU 决定权（我也是 IAU 的成员）。冥王星仍然是行星。好了，我抨击完了。回到虚数上来。

在我的教学生涯中，我见过许多聪明的学生在遇到虚数时，对数学就实在是忍无可忍了。他们如何计算不存在的东西呢？一遇到虚数，他们似乎就觉得数学太抽象、太远离现实，甚至到了自己无法理解的程度。

本着反对“科学家说”的精神，我想说，虚数不是虚构的。事实上，$\sqrt{-1}$是真实存在的。为了理解其奥秘，我们先谈谈其他抽象的数字。数字 0 是否存在？古罗马人认为 0 不存在。他们认为“无”显然是不存在的。结果就是，罗马数字中没有 0 的写法。古罗马人用 IV 减 IV，只会留下空白。但是，留空白是否意味着不能给出答案？使用符号表示"无"的概念是古罗马人未曾实现的想象飞跃（除非你认为托勒密是古罗马人）。我怀疑，当时的一些数学家（或者会计）主张使用这种符号，只是因为它很有用，但从概念上讲，很难用符号表示"无"。零不存在，对不对？它只存在于你的想象之中，对不对？它是虚构的，对不对？

古希腊人的数学能力十分惊人，阿基米德证明了球的体积为 $4/3\pi R^3$。你可以推导一下试试！不能用微积分哦！然而，他们也没有创造表示"零"的符号，至少是到公元 130 年，亚历山大城的托勒密才开始使用符号来表示"零"。和古罗马人一样，古希腊人也是用空白表示"零"。

在女儿 5 岁的时候，我会经常逗她玩儿。我会问她："谁坐在后座上？"她答道："没人。""'没人'的窗户开着吗？""没有。""可我的窗户是开着的！所以你怎么能说'没人'的窗户开着呢？""爸爸！！！"她生气的时候，就会立刻用文字游戏反击我。她喜欢玩这种游戏，但她从来没有意识到，我是在为她学习抽象的数学做准备。

那么负数呢？我记得一位七年级的数学老师（我遇到过的最糟糕的老师）告诉我们，负数是不存在的。她说："假装它们存在就行了。"幸运的是，我的思维成熟得早，那时我就认为她是错的。我记得自己当时是这么想的：负数就好像欠了别人什么一样。但我觉得，她的教学方法让班上一半的同学对数学失去了兴趣。他们在计算不存在的事物时，就会感到不舒服。对我来说，负数的确存在。

所以我七年级就明白数字不是事物，而是用于计算的概念。数字存在吗？或者，数字只是我们用来组织想法的抽象概念？这实际上是关于存在意义的哲学问题，该问题存在于大量的文章和书籍之中。（现在我桌子上就有一本名为《圣诞老人存在吗？》的书，里面的内容很严肃，探讨了“存在”这个词的含义。）在讨论物理学中某些新概念时，我们会回到这个问题上，因为这些概念可能存在，也可能不存在。其中的一个概念就是波函数，另一个是黑洞的史瓦西表面。

古希腊人相信（这个词很恰当），对于数字来说，只有整数是存在的，他们觉得这是不证自明的真理，他们认为，其他所有数字都能被写成分数，即整数之比，如 22/7。毕达哥拉斯发现了音乐中不同音调之间存在一定比例，为世人所称赞；一个“八度”意味着振动的琴弦长度之比恰好为 2。它之所以被称为八度，是因为它跨越了八个音符。五度跨越五个音符，弦长比为 3/2。四度的弦长比为 4/3。

之后就发生了惊人的事情，不仅对数学史造成了冲击，还刷新了人类对于实在的理解。约公元前 600 年，毕达哥拉斯学派发现$\sqrt{2}$不能被写成整数之比。结果，他们就把$\sqrt{2}$称为“无理数”，不合乎理性，太疯狂了。

这听起来可能像个晦涩的数学问题，但是让我们想想。怎么能肯定这种说法是正确的？毕竟，$\sqrt{2}$不是什么特别奇怪的数字，它是两条直角边为 1 的直角三角形斜边的长度。物理测量不可能得出该数字是无理数的结论。你也绝不可能试遍所有可能的整数组合。假设我告诉你，$\sqrt{2} = 1607521/1136689$。其实它不是，但这个分数已经非常接近了。试一试：用计算器做个除法，然后再平方；或者使用电子表格进行计算。

毕达哥拉斯学派发现了 $\sqrt{2}$ 的无理数性质，他们在认识非物理学知识方面迈出了重要的一步。我在附录 3 中给出了 $\sqrt{2}$ 无理数性质的证明。这不难懂，大家可以了解一下。后面我们再讨论 $\sqrt{2}$，现在还是继续研究虚数的意义吧。

至少 $\sqrt{2}$ 可以用直尺和圆规画出来。正如上文所说，它就是两条直角边为单位长度的直角三角形的斜边长。但圆的周长与直径之比，即我们称之为 π 的数，却不能像 $\sqrt{2}$ 一样被画出来。事实证明，它比 $\sqrt{2}$ 更奇特；我们称 π 为超越数，“超”就是“超验冥想”中的“超”。

还有一个关于 $\sqrt{2}$ 无理数性质的真相更为惊人，那就是它在文明史上只被发现过一次——可以看出这个真相多么不一般了。世上任何有关 $\sqrt{2}$ 无理数性质的表述都可以追溯到古希腊数学家的身上。

那 $\sqrt{-1}$ 呢？它不是整数，不是有理数，不是无理数，也不是超越数。这是否意味着它不存在？某种程度上，它不存在，前提是所有数字都不是真实存在的。数字都是我们在头脑中用来计算的工具。如果工具（如 0、-7 或 $\sqrt{2}$）有用，那就去用。$\sqrt{-1}$ 的确不属于奇特的非整数，但这并不代表它不存在。我认为，对于数学家和物理学家来说，它和数字 1 一样真实。

虚数的主要问题在于它的名字。如果$\sqrt{-1}$不叫虚数，而是“扩展数”，或许就不会给一代又一代的学生带来这么多困扰。既然伟大的数学家莱昂哈德·欧拉（Leonhard Euler）证明了$e^{\pi\sqrt{-1}}+1=0$，或许我们应该将虚数称为“E 数”。理查德·费曼称欧拉公式为“最卓越的数学公式”。它用最意想不到的方式，把五个重要的数字 e（自然对数的底）、π、$\sqrt{-1}$、1 和 0 联系在一起，这对电气工程和量子物理来说意义重大。对了，自然对数的底 e 就是取自欧拉的名字 Euler。

现在我们回到虚时间上来。时钟不会显示$\sqrt{-1}$；表面上只有一堆整数，外加两根规格不同的指针。时间怎么能是虚数，甚至是扩展数呢？

答案是，在闵可夫斯基的理论中，时间依然是用时、分和秒来衡量——都是实数，“虚”的部分其实是闵可夫斯基创造的抽象时空。时间是真实的，但作为坐标，它是时空的一部分，是实数 t 乘以虚数$\sqrt{-1}$。尽管如此，在提到闵可夫斯基构想的四维时空时，物理学家把 it 称为“虚时间”（imaginary time）。

虚时间和四维时空

闵可夫斯基最伟大的贡献不是提出虚时间，而是引入了时空这个概念。他认为，相对论用于计算新参考系中位置坐标和时间坐标的方程，可以看作时空中的旋转。对于理论物理学家来说，这种观点极具吸引力。他们不用只盯着一个公式看了，而是可以借助图像来理解相对论。没错，他们必须想象出四维的图像，有些人可以做到，但大多数物理学家试图简化问题，所以他们只有一个空间维度（如玛丽在地球和恒星之间所走的直线路线）和一个时间维度。之后就可以在纸上绘制时空图，从一个参考系到另一个参考系的坐标系变换就相当于图像的旋转。

时空最初是将相对论从代数问题转化为几何问题，它对爱因斯坦产生了巨大影响。是否所有的物理公式都只是复杂的几何问题？爱因斯坦对此展开探究。他从引力着手，因为他已经得出同一引力场中加速度相同的结论。由此他推断，时间在高处的流动更快。那么所有引力，不仅是均匀的引力场，都可以转化成几何问题吗？那电磁学呢？

我生命中最伟大的成果

爱因斯坦花了十年时间，用几何知识解释了引力，这是人类思想史上最美妙的一部分。完成探究之际，他已经接纳了时空概念，承认其具备任意的几何形状，包括弯曲和拉伸。正如地球表面存在山脉和山谷一样，时空的四个维度也会存在扭曲、转动、压缩和扩张，但却依然保持着连续和平稳。基于这种观点，虽然我们看到行星和卫星似乎在围绕大质量天体运动，其实在它们看来，自己只是向前做“直线”（测地线，曲面上两点之间的最短弧线）运动。牛顿的旧引力场已经是旧的说法了，取而代之的是由附近能量（包括质能）密度决定的任意几何形状。

爱因斯坦成功地得出一个公式，其中时空的几何形状取决于其蕴含的能量大小。如此一来，万有引力就是不存在的。质量的存在意味着能量的存在，能量的存在扭曲了空间和时间，空间和时间的扭曲又意味着物体要对引力做出反应，实际上它们只是在复杂的弯曲时空中沿直线向前运动。因此，围绕恒星运动的行星实际上是在做直线运动——这条直线穿过的不是空间，而是时空。

到了1915年，爱因斯坦得出了最终的公式，他自己也确信这条公式是正确的（很快就得到了全世界的认同）。公式看起来很简单：

$$\boldsymbol{G} = k\boldsymbol{T}$$

其中，根据标准的物理单位（米、千克和秒），$k = 2.08 \times 10^{-43}$。

这就是传说中的广义相对论公式！所有奥妙都隐藏在 $\boldsymbol{G}$ 和 $\boldsymbol{T}$ 这两个术语的定义之中。我们现在把物理量 $\boldsymbol{G}$ 称为爱因斯坦张量，它是描述时空局部曲率和密度的数学架构。这说明了什么？空间不再像以前那样简单——它可以扩展和收缩，比如，你可以把大的空间挤压到小的区域里，时间同样如此；公式就是这样处理时间膨胀问题的。假设附近存在一个黑洞，你可能就会发现，想要从一侧穿行到另一侧，需要跨越无限的距离。这就像翻越山峰时，直线距离不仅包括向前运动，还包括许多向上和向下的运动。但在爱因斯坦的理论中，不存在类似于上山下山的运动；相反，只会有更多的空间和更大的距离挤压到该区域。

在公式中，物理量 $\boldsymbol{T}$ 描述了空间的能量和动量密度。[1] 该公式简

1. 在这个公式中，空间和能量都有四个分量，包括能量以及动量的三个分量。$\boldsymbol{T}$ 是“能量动量张量”，但对于简单的弱场来说，它代表能量/质量密度。

洁地表明，空间和时间的局部几何形状取决于局部所蕴含的能量，也就是 $\boldsymbol{T}$ 描述的内容。

作为常量，$\boldsymbol{G}$ 和 $\boldsymbol{T}$ 其实是相等的。我们用 $\boldsymbol{G} = 0$ 来描述真空，尽管这个表达式并不意味着真空的几何形状总是十分简单，它只是表明空间的曲率具备相对简单的特性。爱因斯坦的公式不但能够解释地球和太阳的引力，还涉及了黑洞和宇宙的引力。公式的解中蕴藏着以下可能性：整个宇宙的范围可能是有限的，也可能是无限的；空间是可以扩展和收缩的；黑洞内部的时间相当于无限的外部时间（参见下一章）。

或许最值得注意的是，通过拉伸和挤压空间与时间，爱因斯坦可以在不改变物体位置的情况下赋予其加速度。想象一下，坐在地球表面的你（在这个几何形状中）没有运动，却不断向上加速。这个向上的加速度就是我们所说的地球引力，而这种加速度被认为是导致引力时间效应的原因。

许多人错误地认为，挤压物体之间的额外空间需要一个第五维度，因为这种挤压超出了我们所知的四维空间。他们错误地认为，额外的空间是由一个类似山峰的结构弯曲至第五维度、拉伸了原本更短的路径而形成的。这样的第五维度或许存在，但我们不需要它参与计算。空间不是固体，某一区域内的空间不是固定的，没有必要再造出一个维度来描述相对论的复杂“几何形状”。你只需要认识到，距离和时间间隔是可变的，就像 1905 年相对论提出的那样。即便是在那时，40 英尺的杆子也不需要开启隐藏的维度来折叠自己，通过空间收缩，它（至少是在理论上）就可以挤进 20 英尺的谷仓。

广义相对论公式显然没有$\sqrt{-1}$。最后，爱因斯坦发现了（还自己建立了）一种接近时空的计算方法，其中却不涉及虚数。他没有排除$\sqrt{-1}$，因为它不存在（事实并非如此）；他得出了不同的方法，所用的是一种叫做“非欧黎曼几何”的东西，这种东西能让计算更优雅，更强大，更适用于新情境，也更便于理解。

图 6.1　阿尔伯特·爱因斯坦，1921 年。

而对于弱引力场，例如太阳周围的那些（黑洞附近的是强引力场），我们往往无法将爱因斯坦的方程同牛顿的引力公式区分开来。牛顿认为，对于质量为 M 的物体，其引力产生的加速度为 $a = GM/r^2$。牛顿的公式只是近似于（虽然非常近似）爱因斯坦的广义相对论方程，爱因斯坦的公式更为准确。尼尔斯 · 玻尔（Niels Bohr）是量子物理的创始人之一（另一位是爱因斯坦），他后来称这一特性为对应原理。在旧理论完全成立的领域内，新理论必定会得到与旧理论相同的结果。对于广义相对论来说，这表现为较低的速度和较弱的引力。

但是，新的引力理论和旧的牛顿理论之间存在差异。1915 年，爱因斯坦用新方程计算得出，行星的轨道，例如水星围绕太阳运行的轨道不是简单的椭圆，而是逐渐偏移其轴的椭圆。爱因斯坦的计算为一个公认的难题提供了解释，这个难题困扰了科学家们 50 年之久。通过观测，我们发现水星的轨道存在偏移，这种现象被称为水星进动。在不做调整、不增加数字的情况下，爱因斯坦的方程准确地解答了进动现象。这不是预测，而是后来提供的解释，因为早在 1859 年人们就观测到了水星进动。

我很难想象，爱因斯坦首次计算出水星轨道，发现自己的计算结果能够解释轨道偏移的公认难题时，他是怎样的心情。1913 年，他与米歇尔 · 贝索（Michele Besso）共同得出了该结论。爱因斯坦在写给他的儿子汉斯 · 阿尔伯特（Hans Albert）的一封信中说道："我刚刚完成了我生命中最伟大的成果。"对于一个提出相对论、通过解释布朗运动证明了原子的存在、写出光电效应论文奠定了量子物理的基础的人来说，这种说法意义非凡。

爱因斯坦在 1915 年还做了另外两个预测，这些成果都写在 1916

年那篇意义非凡、举世闻名的论文当中。他认为，途经太阳的星光在传播过程中偏斜约为 1.75 弧秒。几年之后，物理学家亚瑟·爱丁顿克服重重困难，在日全食期间进行观测，最终验证了爱因斯坦的预测。在本书中，我会多次提到爱丁顿。爱丁顿的验证让爱因斯坦一举成名。爱因斯坦还预测，时间在高处流动得更快。该预测的验证花费了更多的时间，但最终在 44 年后，得到了庞德和雷布卡的验证。

图 6.2 卡尔文在描述空间曲率。

时空

自闵可夫斯基和爱因斯坦引入时空概念起，物理学界都倾向于从四个维度解释各类物理问题。能量和动量在过去被视为相关却各自独立的概念，如今成了四维物体的分量，其中，动量的三个分量在 x、y 和 z 轴上，是四维的能量-动量向量的三个分量；第四个分量是能量。爱因斯坦“统一”了动量和能量，其意义之重大，与他（和闵可夫斯基一起）统一了空间和时间相当。

其他物理量都可以代入这“美丽的”数学公式进行计算。电场和磁场也不再是各自独立的物理量，它们只是四维物体中独立的分量，被称为张量。惊人的是，旋转一下坐标就能把电场转变为磁场，反之亦然。其数学原理与洛伦兹 / 爱因斯坦变换基本相同，用业内术语来讲，这种特性被称为相对论“协变性”（covariance）。这种旋转在数学意义上等同于经典的“麦克斯韦方程组”，该方程组将电场和磁场联系起来，被用于设计电动机和发电机。这是迈向物理学统一的关键一步。

爱因斯坦继续施展着他惊人的才能。在完成最初的广义相对论论文后不久，他又写了几篇关于辐射发射的论文，其中预测了一个当时还未知的现象，爱因斯坦把它称为受激辐射。他的成果直接启发查尔斯·汤斯（Charles Townes）在 1954 年发明了激光。“激光”（laser）一词是“受激辐射光放大”（light amplification by stimulated emission of radiation）的缩写。

爱因斯坦认为，最初在 1905 年提出相对论是用几何解释所有物理问题的第一步。凭借等效原理，他还解释了引力，但他认为这还不够。他还想像解释引力一样，把电磁理论转化为几何问题，并将其与广义相对论相结合。1928 年，爱因斯坦尝试写了一系列关于“统一场论”的论文。如今，大多数科学家都认为爱因斯坦终究走错了路，可能是因为他把自己开创的量子物理给排除在外了。

通过结合量子物理，许多理论物理学家认为自己已经接近于实现了爱因斯坦的“统一”理论，不过他们所用的工具并非几何，而是弦理论。弦理论结合了广义相对论和量子物理，将引力、电和磁这三种力结合成一个主题。“弱”相互作用导致放射性衰变，尽管质子之间存在巨大的电荷互斥效应，但“强”核力依然能把它们约束在核子当中。

弦理论激发了人们空前的热情，市面上有许多该理论的畅销书。但我认为，弦理论不是我们要找的答案。虽然弦理论已经做出了许多预测（针对新粒子的存在），但这些预测没有得到验证，其中也没有被证实是正确的预测。一些人声称，弦理论的最有力证据就是数学上的一致性，它没有用任意变化的（和难以证明的）计算技巧来规避量子物理中普遍存在的无穷大问题。有人说，弦理论的最大成就在于“预测了引力的存在”。其实引力早在弦理论出现之前就已被熟知。但上述说法反映了一个事实，那就是弦理论的前提是存在较弱的（与其他力相比）引力场。

即便没有进一步的理论补充，在爱因斯坦发表论文后不久，物理学家们发现，广义相对论能够解释不可思议的现象。该理论可以用于宇宙的研究，也可以用于研究密度非常大的天体。后来曼哈顿计划的负责人、“原子弹之父”罗伯特·奥本海默（Robert Oppenheimer）曾用相对论方程证明大质量恒星坍缩可能会形成黑洞，这震惊了科学界。事实上，距离地球“仅”（这是以天文学家的标准看）6000 光年的地方可能就存在一个黑洞。有关黑洞的理论研究迫使我们用新的方式思考时间，这种新方式对我们头脑中许多固有的看法形成了挑战。

第 7 章
超越无限

黑洞附近的时间比大多数人想象中的更加奇怪……

飞向宇宙，浩瀚无限！

——巴斯光年，《玩具总动员》

物理学家时常对自己的方程感到困惑。发现公式背后的深层含意，即便是最显著的那些，也并不总是件容易的事。他们会对极端情况进行观察，帮助理解自己的计算结果。在这个宇宙中，没有比黑洞的极端现象更为极端的情况了。通过观察黑洞，我们能够得知有关时间的某些特殊属性。

如果从合理的距离，比如 1000 英里（约 1609.34 千米）外，围绕一个小黑洞（相当于太阳的质量）运行，你也不会察觉到什么异样。你正围绕一个巨大的天体运行，却看不到它。就像所有绕轨道运行的宇航员一样，你也会感到失重。你不会被吸入黑洞；黑洞不会（尽管畅销的科幻小说都说会）把你吸进去的。如果以这么近的距离绕太阳飞行，就等于进入了太阳，然后在百万分之一秒内被烧焦，但黑洞是黑暗的（极小的黑洞会产生辐射，但大型黑洞几乎没有辐射）。

你的半径是 1000 英里，轨道周长是半径的 2π 倍。如果你的朋友正在黑洞的另一侧绕其径向反向运行，那么你们各自行进四分之一轨道后就会相遇。但是，假设你的朋友位于和你完全径向相反的方向，你们之间的直线距离就是无限的。黑洞附近存在大量的空间。

如果你点燃制动火箭，停止在轨道运动，那么你必定会被吸入黑洞，就像被拖进其他大质量天体一样。（卫星离轨的方式正是如此：点燃制动火箭，受到引力拖拽。）在你的固有参考系中，十分钟内，也就是在你变老十分钟之前，你就会到达黑洞表面，即史瓦西半径（第3章中有相关讨论）。现在我们来谈谈关于时间的某些惊人结论。一旦你抵达黑洞表面，在开始下落的十分钟后，空间站的参考系中测量出的时间将达到无限。[1]

这是真的。从外部参考系测量发现，落入黑洞需要无限的时间。从你的加速参考系开始下落算起，整个过程只需十分钟。而第十一分钟的时候，外部的时间已经超越了无限。

这太荒谬了！这或许是荒谬的，但在经典相对性原理下是成立的。当然，你不可能亲身体验这种潜在的悖论，因为超越无限指的是外部的时间，而一旦进入黑洞，你就永远出不来了。所以此处不存在可测量的矛盾。这就是被物理学家称为“监督”（censorship）的一个例子。该谬论不可观测，因此不是一个真正的谬论。

---

1. L. 萨斯坎德和 J. 林塞在《黑洞，信息和弦理论革命》（*An Introduction to Black Holes, Information, and the String Theory Revolution*，2005 年）中的第 22 页讨论了掉入黑洞所用时间无限的问题。他们在下落的路径上固定系列基准观测者，能观测物体下落并向外报告。“在基准观测者看来，粒子不会穿过视界，而只是逐渐趋近它。”量子论可以令人信服地改变这个结论。

你对这个“超越无限但被监督”的答案满意吗？我觉得不，我觉得这个回答让人心烦。但是，一切有关时间的问题都让我觉得心烦。我们还会谈到另一个被波函数和量子纠缠监督的例子。这些例子挑战着我们的现实感，让我们觉得不满。正如尼采所言：凝视深渊过久，深渊将回以凝视。

不吞噬的黑洞

回到我之前说的那句话：黑洞不会把你吸进去的，你会绕着黑洞运行，就像绕着其他天体运行一样。假设水星围绕着一个相当于太阳质量的黑洞运行。这种轨道运行有何不同？人们普遍认为黑洞会吞噬小行星。但根据广义相对论，沿这种轨道运行和沿着恒星轨道运行没有任何不同。当然，水星的高温将不复存在，因为太阳的强烈辐射会被黑洞的阴暗所取代。

目前，水星轨道的半径是3600万英里（57936384千米）。假设你在距太阳中心100万英里（1609344千米）的位置绕其运行，正好处于太阳表面的上方。除了温度非常高，太阳大气层也可能产生拖拽效应。你会沿着环形轨道飞行，约10个小时内回到起点。现在，我们把太阳换成与太阳质量相当的黑洞。在10个小时内，你依然会绕着轨道飞行。那个距离的引力与太阳的相同。你必须非常靠近黑洞，才能发现特殊现象。与所有恒星一样，你越是靠近，你的速度就要越快，这样才能保持在环形轨道上运行。一般来说，在你距离黑洞足够近，速度接近于光速之前，你不会发现太大的不同。

对于太阳来说，其表面的引力最大，就像地球的地表引力最大一样。在表面以下，吸引你、让你感受到引力的物质的质量比表面的小。在太阳最中心的位置，引力为零。

然而，黑洞的表面是靠近其中心的。根据我之前给出的方程，可以计算出质量相当于太阳的黑洞的史瓦西半径，约为 2 英里（约 3.22 千米）。假设你距离黑洞 10 英里（约 16.09 千米），想要停留在轨道内，你的速度就必须达到光速的 1/3；你的轨道周期将是 1/1000 秒。这些条件要求我们必须用相对论进行计算。

达到光速和超越无限

当你靠近黑洞，时间会变得非常缓慢。即便轨道周长可能很小，你和黑洞之间依然存在很大的空间。物理系学生往往会通过示意图来认识空间，如图 7.1 所示。将该图想象成二维空间的黑洞（其表面）。黑洞本身就位于中心，在弯曲空间所指的下方。

这是一张有用的示意图，但可能存在误导，因为它表明空间必须弯曲到另一个维度（图中是向下的维度）才能容纳靠近黑洞的这段极长的距离。事实上，我们并不需要这样的维度；根据相对论长度收缩效应，空间可以很轻易地被挤压。热门影片也会使用该示意图来解释黑洞。在电影《超时空接触》中，朱迪 · 福斯特（Jodie Foster）掉入虫洞时，看起来与图 7.1 的示意图非常相似（虫洞看起来像是两个相连的、达到史瓦西半径之前的黑洞；从一端落入，就会从另一端飞出来）。但事实上，黑洞不像示意图所画的那样。除非其他物体和你一

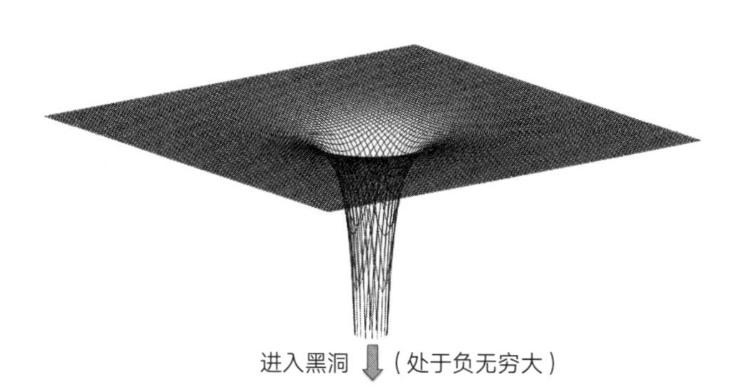

图 7.1　以二维形式描绘的黑洞。到黑洞的距离（以光到达黑洞所需的时间来衡量）是无限的，尽管环绕黑洞的距离与普通空间相同。

起掉入黑洞，否则黑洞看起来就是全黑的球体。

有了这点说明，示意图才是有用的，它解释了黑洞的基本特征，能够用于回答一些简单的问题，比如：外部（相对平坦的区域）距离黑洞表面有多远？答案是无限远。沿着下落的表面进入黑洞测量，你会一直这么走下去。你只能在黑洞底部测得半径，但那是无限远的。

如果外部距离黑洞表面是无限远的，那我说你距它 10 英里又是什么意思呢？我承认自己误导了你们，因为我使用的是常规坐标。就像在常规空间中一样，黑洞外围的距离是 $2\pi r$，径向坐标 r 就是这样被定义的。图 7.1 用网格线表示常规的 x 和 y 坐标。你可以看到它们在黑洞中相隔很远；这种距离的悬殊表明它们之间存在许多空间。在用公式计算时，物理学家采用了这些常规坐标，但他们记得 3 英里和 4 英里标记之间的距离可能确实是 1000 英里。常规几何在这里不适用，因此在计算两点之间距离的时候，我们不能只取坐标的差值。

黑洞其实不存在

你在天体物理学书籍和网络上能够找到许多疑似黑洞的列表，维基百科的“黑洞列表”条目中包含70多个黑洞。这是陷阱：我们有理由认为那些都不是真正的黑洞。

天文学家发现黑洞的方式是找到质量非常大的天体——通常是太阳质量的几倍，却很少发出甚至不发出辐射。某些可能是黑洞的天体会出现X射线爆发，人们认为该现象表明有天体（彗星？或者行星？）正在掉入黑洞，横贯天体巨大的引力差导致天体撕裂升温，足以让其发射X射线。其他可能是黑洞的天体被称为超大质量黑洞，其质量相当于太阳的数亿倍。

银河系的中心就存在这样一个超大质量的天体。我们观察到，多个恒星在距离银河系中心很近的轨道上运行且加速很快，这表明那里存在一个超大质量天体。但那里没有光，所以拖拽这些恒星的天体并不是恒星。物理学理论表明，吸收如此多的辐射却不释放的天体只可能是黑洞。

那么我为什么说列表上没有真正的黑洞呢？回想一下前面提到的计算结果——落入黑洞需要无限的时间。类似的计算结果表明，在我们的时间坐标中进行测量，形成黑洞也需要无限的时间。事实上，所有物质都必须下落无限的距离。因此，除非黑洞在宇宙形成之时就已经存在，除非是原生黑洞（primordial black holes），否则它们就没有达到真正的黑洞状态；物质没有充足的时间（从我们所处的外部固有参考系看）下落无限的距离，也就无法表明黑洞真实存在。并且，我们没有理由认为某些天体是原生的（虽然有人推测可能存在一个或多个原生天体）。

我有点儿太学究气了。落入黑洞需要无限的时间，但只要下落几分钟，你就会非常深入黑洞，而且这几分钟的时间是在你的固有参考系中，与你一起下降的手表测量出的结果。从外部参考系来看，你永远不能到达表面，但你会在相对较短的时间内变成可丽饼般的物体。所以，从某种意义上来说，这几乎没有意义。这可能就解释了史蒂芬·霍金为什么决定在 1990 年兑现自己和基普·索恩于 1975 年打赌的赌注，他承认天鹅座 X-1，也就是天鹅座 X 射线的来源确实是一个黑洞。严格来说，索恩错了，霍金才是对的。天鹅座 X-1 是黑洞的概率为 99.999%，但剩下的 0.001%（就霍金和索恩的参考系而言）需要无限的时间来进行验证。

有个特殊的量子漏洞可以规避我对黑洞存在的质疑。虽然爱因斯坦最初的广义相对论认为，形成黑洞需要无限的时间，但某一天体达到“近似黑洞”的状态并不需要太久。当下落的物质位于史瓦西半径的两倍处，所用的时间不足 1/1000 秒。此时，在极小的距离内，量子效应却十分显著，我们称这段距离为普朗克长度（Planck length，我们在后面会讨论）。在这种情况下，常用的广义相对论似乎解释不通。

那接下来会发生什么呢？事实是，我们不知道。许多人正在研究这个理论，但目前为止没有任何观察和验证的成果。有趣的是，在天鹅座 X-1 是否真的是黑洞这个问题上，霍金打赌输给了索恩。也许霍金认为天鹅座 X-1 和黑洞十分近似，过于较真没有意义；又或许，由于量子物理的介入，他对无限时间的计算结果产生了怀疑。

一种合理的说法是，截至目前，黑洞其实不是真实存在的——从外部参考系来看，至少“截至目前不是”。非专业人士往往不了解这种观点。但是，这个“信不信由你”的事实也许能够帮你赢得赌注。

另一个光速漏洞

我在第 5 章中用了一个例子来说明，当你的固有参考系加速度为 $1g$ 时，你和远距离物体之间的距离（在加速参考系中测量）变化速率是光速的 2.6 倍。借助劳伦斯伯克利实验室的电子加速器 BELLA，你可以在电子的固有参考系中，以相当于 86 亿倍光速的速率改变距天狼星的距离。你甚至可以做得更好，你可以用无限的速率改变距离。我来告诉你怎么做。

想象一下，你我在空间中相距几英尺，我们附近没有其他物体。假设我们的固有参考系完全相同，那么在固有参考系中，我们都是静止的。现在，一个质量只有几磅的原生（已经完全形成了）黑洞被置于你我之间。该黑洞的引力与其他等质量物体的引力相同，因此我们感觉不到任何异样。黑洞被置于你我之间时，你我之间的直线距离就是无限的。你可以借助黑洞示意图进行理解，你我之间的距离已经变了，但我们的位置没有变。

是我们“运动”了吗？不是。那你我之间的距离改变了吗？改变了，变化还很大。空间是流体，是可变的，可压缩也可拉伸。因为质量较小，无限集中的空间也可以轻而易举地移动。这表明物体之间的距离能以任意速率变化，可以达到每秒几光年甚至更快。听起来像超光速运动，事实上你纹丝未动。

在后面的章节讨论现代宇宙学时，我上面提到的这些概念会非常关键。这些概念是暴涨理论的基础，而暴涨理论能够解释令人困惑的悖论——宇宙十分均匀，也十分巨大，我们却无法衡量形成这种均匀状态所用的时间。我们稍后再讨论这些。

虫洞

虫洞像黑洞一样是假想天体，但虫洞不是受大质量天体吸引而下陷的弯曲空间；它的空间向外散开，之后又出现在另一处。最简单的虫洞和两个底部附近相连的不完全黑洞非常相似。（“不完全”表明落入之后能够在有限时间内从另一侧出来。）你可以把空间想象成折叠的，那么从虫洞出来的地方就在折叠处的另一侧（图 7.2）。但这种想象也没必要。记住，从外部参考系来看，黑洞的深度是无限的。因此，即便虫洞本身没那么深，它依然深不可测，能够通向任何地方。

计算结果表明，简单虫洞的问题是它们并不稳定。由于底部没有质量来维持弯曲的空间，虫洞在人类快速穿过之前就会坍塌。我们或许可以让虫洞保持稳定（就像用立柱保持煤矿巷道稳定一样），但就目前的理论来看，要想做到这一点，我们就需要一种尚未发现的、在

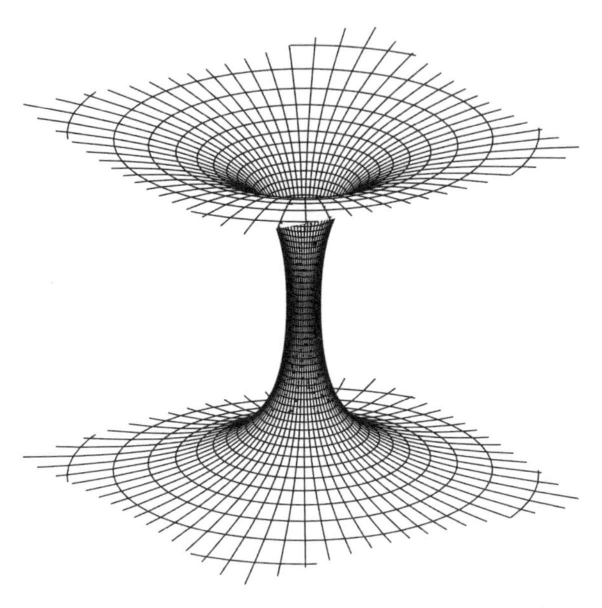

图 7.2 2D 虫洞的概念描述。两个几乎已经成为黑洞的黑洞连接着两个时空区域。从一边掉下去，从另一边冒出来。

场内具备负能量的粒子。这种场有存在的可能——至少我们不能排除它——因此科幻小说可以继续创作下去，设想未来的我们能够建立稳定可用的虫洞。

目前虫洞是科幻小说的常用桥段，因为通过虫洞可以实现光年距离以外的快速旅行。电影《星际迷航》中出现的术语“曲速引擎”（warp drive）在电视剧《神秘博士》中也得到使用，表示四维时空宇宙被弯曲至第五维度，以实现远距离天体之间距离的缩短。电影版的《沙丘》也是如此，其中，公会借助名为“香料”（spice）的特殊物质实现空间弯曲。（小说只是简单提到了他们能以快于光速的速率改变距离，但电影给这种能力增加了相对论内涵。）

虫洞之所以吸引科幻迷，另一个原因是有些物理学家认为通过虫洞有可能实现时间反向旅行。当我们深入探究时间流动、“现在”和时间旅行的含义时，你就会明白我为什么认为通过虫洞不能实现时间反向旅行。

令我惊讶的是，尽管我们不知道时间为什么会流动，我们仍可以精确地描述不同位置的相对时间流动，而这种流动的速率并不相同。时间的拉伸和收缩取决于物理学的解释。物理学的进展也没有对时间的流动速率做出解释，但它确实解决了更为简单的方向性问题：为什么时间只能向前，不能倒退？

2

折断的时间之箭

第 8 章
无序之箭

爱丁顿提出熵的增加可以解释时间为何向前推进。

国王所有的手下都不能把摔碎的矮胖子汉普蒂恢复原样。

——鹅妈妈

尽管爱因斯坦在理解时间方面取得了巨大进步，但他从未考虑过时间最基本的特征——时间的移动性。时间不仅仅是第四度空间，它在本质上是不同的：它是前进的。此外，过去与未来非常不同，我们对过去的了解远多于未来。本书的题目源于“现在”这个特别的时刻；现在通过时间向前推进。为什么会向前推进？它可以向后移动吗？我们可以找到 H.G.威尔斯的时间机器的工作原理，自己也建一个吗？我们可以改变未来，至少父母说我们做得到。为什么我们不能改变过去？我们可以改变过去吗？

探究这个难题，我们就不得不提阿瑟·爱丁顿。爱丁顿是物理学家、天文学家和哲学家，他还致力于普及尖端科学。他设计并开展了一系列复杂的实验，还创立了新理论；他的名字也被用来命名重要的物理学思想。1919 年，有人跟他提起广义相对论，说有人声称这项理论非常难懂，世上也就三个人能够真正理解。据称，他反问道：“第三个人是谁？”

爱丁顿第一次测量了星光经过太阳的偏转程度，这是爱因斯坦提出的弯曲时空的关键测试之一。1919年，爱丁顿完成了这一高难度的测量。他之所以在日食过程中进行测量，是因为这样可以观察到平日里被太阳的光辉掩盖的星体。此举使得他自己和爱因斯坦闻名于世。[1]

爱丁顿对种种物理现象进行了深度思考。每个天文学家和天体物理学生都知道“爱丁顿极限”这一概念。它描述了在恒星内部，星光向外的压力和引力向内的拉力之间的平衡。科学研究表明，爱丁顿极限对当前理解巨星和某些特殊天体，例如类星体而言，十分关键。

爱丁顿知道，尽管爱因斯坦在对时间的研究方面取得了巨大进展，但仍有部分谜题尚未解开。在1928年出版的《物质世界的本质》（*The Nature of the Physical World*）中，爱丁顿写道：

> 时间的伟大之处在于它可以不断推进。但这只是它的其中一个方面，而且物理学家有时似乎更倾向于忽略这一方面。

在这本书中，爱丁顿并没有对“现在”的含义做出任何解释，也没有就时间流动的原因提出自己的见解。但对于时间的方向性，爱丁顿倒是给出了最广为接受的解释。

---

1. 目前有些人认为，爱丁顿的测量与爱因斯坦的预测过于吻合——爱丁顿的仪器不够精密，因此不能做出精确的测量，还认为爱丁顿的结果不完全客观，但最近的分析又给予了爱丁顿充分的肯定。

爱丁顿问道："为什么时间会向前推进？"很多人第一次听到这个问题时，都认为这个问题愚蠢至极，这就好像是在问，为什么我们只能铭记过去，而无法记住未来？这些问题乍一看很愚蠢，但当你静下心来开始思考时就会发现其实并非如此。物理学不怎么区分过去和未来；即使时间倒退，物理学定律也同样有效。如果你了解过去，那你就可以使用经典物理学定律来预测未来。

但事实证明，如果你知道未来怎样，那你同样可以使用这些定律来知晓过去发生了什么事。爱丁顿提出这个看似愚蠢的问题的同时，也给出了一个答案，这个答案刚一出现，就令物理学家非常着迷，直至今日也让人觉得有几分道理。

为了解释他对时间方向这一问题的想法，爱丁顿让我们构想一系列事件的图景，将其视作时间函数。他参照了赫尔曼·闵可夫斯基的说法（详见第 6 章），称之为时空图。但这里我们要使用一个不那么抽象的版本，该版本保留了所有的基本要素：某部电影的一段剪辑。（这里大家要回想一下过去的情形，那时电影是记录在胶片上的，其实就是一组照片集，不像现在的这样，是以比特的形式存储在计算机的存储器里。）如果只看某一张胶片，你能分得清它在电影的前后位置么？要想判断出来是有困难的，除非你能在图片上看到文字，也许是一个路标。如果路标上显示的是"㓟克卧口出一不"，那么你就知道你看反了。大规模的自然景观几乎是左右对称的（山、树和人，在镜子中看起来都和真的差不多），但是文化却不同。生物学领域也打破了这种对称性；大多数人习惯用右手，另外蔗糖的分子具有右旋。

下一个问题：你能说清电影应该怎么播放吗？这些帧的正确顺序是什么？这就是爱丁顿所说的“时间箭头”。如果电影里演的是行星在围绕太阳移动，那你可能说不清正确的顺序。如果电影显示了原子在气体中碰撞的特写的卡通片，你可能还是说不清楚顺序的问题。然而对于大多数电影来说，时间箭头还是很明显的。电影如果放反了，人们就会倒着走；陶器碎片会从地板上跳起来，重新组装成一个完整的茶杯；子弹从受害者身体中飞出来，回到枪里；在表面上滑动的物体将会因摩擦而加速。

这些奇异的行为不都违反物理定律。一个破碎的鸡蛋可以重新拼接起来，然后在桌子上飞起来——如果分子力恰好能以正确方式组织起来的话，这是可以实现的，只不过这种可能性不算大。摩擦会让物体减速，而不是加速；热量的传递方向是从热的物体到冷的物体，而非相反；撞击会让物体支离破碎，而不是把它们黏合在一起。通过这些观察，我们可以得出一个精确的公式，这一公式被称为“*热力学第二定律*”。（热力学第一定律说，能量永远不会凭空创造或毁灭；当然，计算能量的时候，你还得考虑爱因斯坦的质能守恒定律，即 $E=mc^2$。）

热力学第二定律指出，对于一些物体的某个集合来说，存在一种称为*熵*的量，其随时间保持恒定或增加。恒定的是能量，它会一直保持恒定。能量可以从一个物体转移到另一个物体上，但是所有物体的能量总和不变。与第一定律不同，第二定律不是绝对的，而是或然性的。虽然这一定律可以违反，但是大规模例子的集合违反这一定律的可能性可以忽略不计。

熵和时间一起增加。我们已知的是，二者之间存在相关性。爱丁顿的新猜测是，熵造成了时间箭头，即时间一路向前，不会倒流。他认为热力学第二定律解释了为什么我们记住过去而不是未来。

爱丁顿的熵箭联系说深深影响着我们对现实的理解，甚至可能影响我们对意识的理解，有些人认为这是所有受过教育的人都应懂的道理。C. P. 斯诺在他 1959 年的《两种文化和科学革命》（*The Two Cultures and the Scientific Revolution*）这本堪称经典且极具影响力的书中指出，并非所有“受过教育”的人都知道这个伟大的进步。他写道：

> 我出席过很多人的聚会，按照传统文化的标准，他们都算得上是受过高等教育的人，一旦听到说科学家也可能很无知，他们都很热烈地表达自己的怀疑。有一两次，我禁不住问身边的人，看其中有多少人能解释一下热力学第二定律。场面很尴尬：没人能解释。但这个科学问题，其实等同于问一个读书人：你读过莎士比亚的作品吗？

他这么一位严谨的学者，竟然把热力学第二定律比作莎士比亚！虽然他的书对我的生活影响颇深（他的书是哥伦比亚大学大一新生的必读书），但我恐怕并不能同意他的观点。也许斯诺教授所说的那些“受过高等教育”的人从未听说过第二定律，但我猜想他们中大部分人的物理学知识至少足以让他们对 $E = mc^2$ 这个公式发表建设性意见。把相对论比作莎士比亚会更贴切一些。

爱丁顿还把第二定律更提升了一步，将它推到科学领域的神坛。他写道：

> 我认为，热力学第二定律在自然法则中是至高无上的。如果有人跟你说，你所喜欢的宇宙理论与麦克斯韦方程不一致——那么，我们只能对麦克斯韦抱歉了，应该是他不够好。

如果有人发现麦克斯韦方程与观察结果相矛盾，嗯，怎么说呢，那些搞实验的人有时的确会把事情搞砸。但如果有人发现你的理论违反了热力学第二定律，那你就没戏了；没有什么补救的办法，你只有忍受屈辱，承认完蛋。

这种说法听起来更像是宗教或玄学，不像出自杰出科学家之口。然而，爱丁顿对"热力学第二定律"的"无上地位"的夸大的阐述有一个简单的基础。追根究底，这一定律是说，高概率事件比低概率事件发生的可能程度高得多。这么说虽说有点啰嗦冗余，但只能这么说才能强调其正确。我们过会儿谈谈对概率的解释，但在此之前，先让我们一起来熟悉一下第二定律。

热力学第二定律的核心是熵的概念。什么是熵？

第 9 章
揭开熵的神秘面纱

熵听起来神秘，但其实它也不过是一个工程工具，具有一个普通的工程单位，表示为每度的卡路里……

我是否定之神！

而且我绝对正当：万事万物，凭空而来，理应毁灭……

——梅菲斯特，选自歌德《浮士德》[1]

物理学善于对日常量给出一种模糊、抽象的定义。例如，除非你是物理学专业毕业，否则你可能不熟悉能量的定义，这个定义是埃米·诺特教授给出的，高等物理课程才会讲到：

能量是一个正则守恒量，对应于在拉格朗日函数中缺少明确的时间依赖性。

不用说，这与中学教授的知识，甚至与大多数本科院校物理课上所讲解的内容是不同的，但当新的情况出现时，它却非常有用。例如，假如你是爱因斯坦，你刚刚推导出一些方程，你称之为相对论，此时你想知道如何用这些新的方程来重新定义能量守恒，你就可以用诺特定理（更多关于能量的高层次理解，见附录 2）。

---

1. 梅菲斯特（Mephisto）是歌德所创作的《浮士德》中魔鬼的名字，在歌德的作品中，浮士德必须将自己的灵魂抵押在魔鬼梅菲斯特手中，只要一停止对生命的追求便是死期来临。——译者注

其他一些物理量具有同样抽象和神秘的定义，这些定义对专家来说非常有用，但对非物理学家来说却晦涩难懂。其中之一就是对熵的高级定义。其最抽象的定义，可以这样表达：

熵是一个系统能到达量子态数的对数。

理解这个定义的难易程度与诺特对能量的定义一样。熵看起来既神秘又抽象，除了数学能力超强的物理学兼统计学家之外，它超出了所有人的理解范围。

如果大家已经觉得熵很神秘了，那么你可能会惊讶地发现，一杯咖啡的熵大约是每摄氏度 700 卡路里。你的身体的熵大约是每度 10 万卡路里。懂得一点点物理和化学知识，有一本化学手册，你就可以算出普通物体的熵是多少。如果你对这个很好奇，那么可以在网上搜索“水的熵”。

每度多少卡路里是什么东西？这些是与中学物理课教授的和比热容相同的单位，表达的是给物体升温所需要的能量。这听起来不像是量子态数量的对数，是不是？而且这听起来也不像“无序程度”。熵可能有点神秘感，但它却并没有神秘到不可解释。它很平凡，而且是工程领域的一个必要的工具。

火之动力

正如计算机技术推动信息革命一样，蒸汽机推动了工业革命。18

世纪初，蒸汽机体积大，有时能占据整座大楼，效率还低，但利用它从深深的矿井中抽水仍然是一种经济的途径。在激烈的竞争中，蒸汽机也在快速革新。到 1765 年，詹姆斯 · 瓦特发明了能使蒸汽机更小，更加节约能源的方法，造出了以他的名字命名的蒸汽机。在 1809 年，罗伯特 · 富尔顿造的汽船航行在美国的六条大河上以及切萨皮克湾。最后，蒸汽机小到可以安装在火车机车上，交通运输方式得以改变，美国西部也得以开拓。革命还没有停止，如今的燃煤和天然气的电厂是蒸汽机的升级版，核电站也是，只不过它用铀代替煤，但仍用蒸汽来驱动。

大多数早期蒸汽机的开发是基于经验做出的。苏格兰仪器制造商詹姆斯 · 瓦特发现，通过交替加热和冷却来驱动活塞的气缸，会浪费蒸汽机中的能量；他引入了一个独立的冷凝器，极大地提高了效率。但是要想从理论上理解蒸汽原理，找到更深入的优化方法，而不再是通过反复试验来获取经验（即我们如今所使用的方法），还要等到一位年轻的法国军事工程师萨迪 · 卡诺出现才行。他在 19 世纪初建立了蒸汽机物理学，并得出了一些卓越的结论。

卡诺推断，蒸汽机的原理并不是从根本上依赖蒸汽的使用；蒸汽机只是从热气中提取“有用”的机械能的一类发动机中的一种。他的分析如今还应用于汽油和柴油发动机中。理想情况下，你希望*所有*的热能都转化为机械能，但卡诺认为这是不可能的。可以这样转换的那一小部分称为*效率*。卡诺表明，保持发动机的一侧低温与保持另一侧高温同样重要，正是冷热之间的比率决定了效率高低。事实上，与完美效率上的偏离只是取决于低温侧与高温侧的比率（T_{cold}/T_{hot}），其中温度是用绝对温标测量的温度。如果低温侧（T_{cold}）的温度足够低，或高温侧（T_{hot}）温度足够高，你就可以达到100%的效率。

如今的核电站使用铀来提供热量以产生蒸汽，然后用冷却水将蒸汽再变回液体。核电站的标志性建筑就是冷却塔，而不是铀裂变反应堆，如图9.1所示。核裂变在照片右方的小圆顶建筑中发生。与外形别致的冷却塔相比，反应堆车间根本不显眼。这些核电厂仍然是基于卡诺方程的，通过热冷结合以达到最大效率。所以，即使核电厂仍然

图9.1 一座核电站。能量是在右方的小圆顶建筑中产生的。巨大而优雅的塔提供冷却功能，以达到高效率的电力生产。"水雾"中也包括由从湖中产生的（非放射性）水滴组成的雾。

只是用蒸汽机来发电，这看起来似乎很奇怪。同样地，核潜艇也是以蒸汽来运作。

在有了热流体（蒸汽）和冷却室的情况下，你仍然必须仔细地设计蒸汽机，以避免热能的浪费。卡诺找出了做到这一点的最好方法，如今我们称这种最佳装置为*卡诺发动机*（Carnot engine）。对于其他发动机，我们根据其达到卡诺效率的百分比来为其排名。（有时你可能会听到有人说一台热发动机的效率能达到 90%，这意味着它达到了 90%的卡诺效率。）

卡诺发动机通过将产生的过量的熵减至零来实现高效。我会很快给熵下个定义，但蒸汽机的关键特性是，如果你创造了熵，你就会浪费能量。熵这个术语不是源自卡诺，而是源自他的一个徒弟鲁道夫·克劳修斯（Rudolf Clausius）。1865 年，他将“energy”的“en”和“y”提取出来，然后将意为“转换”的“trope”置于两者之间，创造出“entropy”。克劳修斯在 1865 年写道：

> 我建议将系统中 S 这个量用“熵”表示；熵源自希腊单词“τροπη”，含义是“转换”。我特意选择“entropy”这个单词来指代熵，让它尽可能地与单词“energy”相似：由这些单词命名的这两个量在物理意义上联系紧密，让它们的名字有某些相似性也是比较合适的。

所以，如果你将能量和熵混为一谈，要怪就怪克劳修斯吧。

热流中的熵

在其原始公式中，若将所有的热量移除，物体的熵为零。当一个物体处于恒温状态时，要想找到它的熵，可以将它降温到零度，然后从零度（绝对温标）开始，逐渐加热，并一直观察它上升的温度。增加的热量除以温度便是熵的小增量。将熵的所有小增量加起来，你就会得到恒温物体的熵。我们就用这样的办法测量一杯水的熵。如果逐渐给物体降温，那么熵将降低。

一般说来，温度低的物体熵就低，温度高的物体熵就高。从这个意义上看，熵与能量相似，但是与能量不同的是，熵是无限的并且很容易产生。在一个隔离的物体集合中，能量总量不随时间变化而改变，尽管它可以从一个物体转移到另一个物体中或从势能转换为动能或从质量转换为热量。这就是能量的守恒。然而，熵不守恒，它可以无限增加。

从这个意义上讲，它与话语很相似。你可以通过与人交谈，随意创造一些你喜欢的新说法，即话语不守恒。（理查德·费曼小时候，他父亲常常拿这事儿逗他。他那时候常警告小理查德保持安静，否则他可能把脑子里的话说完了，再也没法说话。）熵也是同样的道理。宇宙不断创造越来越多的熵。

熵可以随时间流逝不断增加，即使你什么也不做也一样。熵很容易被创造。将一杯热咖啡，放在一间凉爽的房间。随着咖啡热量消散，咖啡的熵就会降低（负热流），但是房间的熵的增量除了弥补它还绰绰有余。[1] 所以，你只是把咖啡放在一边冷却，却刻意地增加了宇宙的熵，而且这永远无法撤消，你应为此负责。

根据热力学第二定律，在任何孤立的系统内，熵将保持不变或增加。此定律提到了*孤立系统*，这是因为局部的熵可以减少（例如，在正在冷却的咖啡杯中），但是这种情况只能在其他地方（房间）的熵增加的情况下发生。热力学第二定律的确允许熵可以保持不变；物体的熵处于平衡状态，不会改变。一个完美的卡诺发动机在运行中不会增加宇宙的熵，所以它才如此高效。

熵具有各种实际用途。化学家使用普通化学品的熵的数据表来确定物质将会发生什么化学反应，或者不会发生哪些化学反应。除非你计算的原始的化学物质的熵小于反应产物，否则你设想的反应便不会发生。该定律就是这么说的。

当政治和生态领域的领袖人士敦促我们“节约能源”时，他们的真正意思是我们应尽可能减少产生额外的熵。熵的产生意味着能量被“浪费”了，它从热的物体流向冷的物体，而没有产生有用的活塞推动工作。

实际上没有发动机能实际实现卡诺效率，因此节能也意味着使用尽可能少的能量来运行。最终，甚至是有用的运转能量也会变成热，同时，这也增加了宇宙的熵。

---

1. 热咖啡的熵的损失量是-热量 / 杯子温度。而房间的熵的增加量是 + 热量 / 房间温度。它们的热量值是相同的（除了前面的正负符号以外），但是由于房间的温度低于杯子的温度，因此，杯子的熵的损失量小于房间的熵的增加量。

混合熵

让热流动不是创造熵的唯一方法。例如，你可以从燃煤发电厂获取二氧化碳，并将其混入大气中。所得到的“混合熵”可以使用由卡诺、克劳修斯及其继任者们提出的原理计算出来。他们提出的公式是初中物理课程中的标准公式。与此类似的是，你把巧克力糖浆倒入牛奶中，混合这两种液体，然后，在不用额外的能量的情况下，你无法把它们分离开。在我们下一章讨论熵与混合的关系时，这种混合的熵会更有意义。

举个实际的例子，假设你想淡化海水。海水是盐和水的混合物，并且具有混合熵。如果你要淡化海水，你就需要消除混合的熵。根据热力学第二定律，你只能通过增加其他地方的熵来做到这一点——例如，通过使用热流来推动活塞，使活塞对盐水施加压力，让海水通过一个隔膜，来分离这两种成分。计算表明，要想淡化海水，所必须消耗的能量存在一个最小值，这个值实际上就是要想淡化 1 立方米的海水，需消耗 1 千瓦时的能量。

这个数字具有实用价值。我曾经审阅过一个新型的海水淡化法的商业方案；我首先要检查的是，它所声称的非凡功效是否违反了热力学第二定律。它们的确违背了第二定律，所以我建议投资者避开它们。

熵的计算不仅可以告诉我们哪一些宣传是欺诈性的，而且还为我们能够做到什么而设定目标。如果每千瓦时的电能需花费 10 美分，那么淡化一立方米海水所需的 1 千瓦时的成本至少也是 10 美分。这意味着每英亩英尺[1]大约需要 100 美元(大约是五口之家一年的用水量)。目前，海水淡化厂的成本可要比这高多了，它们提供的淡水的价格大约是每英亩英尺 2000 美元。因此，根据热力学第二定律计算，成本有降低 20 倍的空间。在加利福尼亚，传统农场用水价格通常为每英亩 6~40 美元，使用淡化的海水不合算，但是在 2015 年干旱期间，一些农民每英亩的花费高达 2000 美元。这一成本使海水淡化有了竞争力。(当然，投资海水淡化厂仍然是有风险的，因为当干旱结束时，水价就会下降。)

降低海水淡化成本的一种方法是使用比电力更便宜的能量。例如，你可以直接利用阳光的热量来给工厂提供动力。如今，中东已经有了这种工厂。顺便说一句，你也可以利用阳光来制冷。试着猜猜谁拥有该专利！惊人的答案是：美国专利编号为 1781541 的阳光动力冰箱的专利，是由阿尔伯特 · 爱因斯坦和另一位物理学家利奥 · 西拉德(Leo Szilard，他也是原子弹专利的所有者)共同拥有。大家有兴趣的话可以上网查一查相关资料。这则小知识非常冷门，拿它来考考你的朋友吧！

对于关心全球变暖的人来说，熵的计算也对从大气中去除二氧化碳有意义。将一定量的二氧化碳释放到空气中，一千年后，几乎四分之一的二氧化碳仍然存在。虽然从原理上说可以将其去除，但它混入了大量的空气中，因此混合熵的量非常巨大。提取二氧化碳意味着你必须在其他地方(通常以热的形式)制造出熵，而这一过程需要消耗

1. 英亩英尺是美国常用的体积单位，约等于 1233 立方米。谈及大型水资源，如水库、渡槽、运河、下水道流量、灌溉水和河流的时候常用这个单位。—— 译者注

大量能量。在二氧化碳与大气混合之前捕获它要便宜得多，或者我们可以让碳留在地面上。

关于熵计算的实际应用，我们已经说得够多了。使熵与时间联系起来的一点，是对熵的既抽象又神秘的解释。

第 10 章
神秘的熵

熵的更深层次的含义是物理学史上最引人入胜的
发现之一……

但科学的真正荣耀在于我们可以找到一种思维方式，使某条物理定律浅显易懂。

——理查德·费曼

熵最惊人的方面深埋在它的工程外表之下。热流和温度的简单概念隐藏了它在量子世界里的根基。直到 19 世纪初一些科学家基于分子以及未经证实的原子假说，试图建立所谓的统计物理学（statistical physics）这一新学科时，热流和温度与量子的关系才慢慢被揭示出来。统计物理学中的谜团和悖论引领科学家发现了量子物理学，并引领爱丁顿提出了时间的流动是由熵的增加而驱动的学说。

世间万物的物理学

物理学非常擅长预测一个或两个原子的行为，它也可以处理一两颗行星的问题，最难的领域是一大堆对象相互作用之时。事实证明，物理学很难预测三星系统（triple-star system）是否稳定；我们知道相关的方程式，但是数学上一直无法“解”这些方程——即根据常用的科学函数（如指数和余弦）写出方程的解，并对其求值。我们可以在计算机上模拟多颗恒星的运动，而且常常这么做。可是，三星系统的行为往往是混乱的，要想对未来进行哪怕是粗略的估计，也需要精确了解其初始位置和速度。因此，在天文学中，一个特定的三星系统是否稳定，或者在将来的某个时间里，其中的某颗恒星是否会飞出去，这些通常都是不确定的。

可是出奇的是，随着物体数量的增加，相关的物理学又会变得容易。这是因为对于许多重要问题而言，我们真正想知道的是平均值，所以说如果有大量的粒子（在一加仑空气中有 10^{23} 个分子），就可以准确地确定其平均值，我们甚至可以计算出与平均值的平均偏差。

在统计物理学建立之前，人们就已经根据经验实证发现了简单的气体定律。早在 1676 年，英国化学家和神学家罗伯特·波义耳（Robert Boyle）就已经通过一系列实验发现，定量的空气的压力与其体积成反比。体积压缩至一半，压力将加倍（如果保持温度不变）。到了 19 世纪初期，为了解释这一结论，统计物理学假定气体由巨大数量的微小的原子构成，并且通过假定压力仅仅是极大数量的此类原子与容器外壁发生微小碰撞的平均结果。

用原子来解释气体的行为，是物理学早期实现的一个伟大的“统一”。在建立原子理论之前，气体的行为与牛顿定律无关（例如 $F = ma$）。人们认为热量是一种单独的流体，可以与气体混合。但统计物理学家认为，热量仅仅代表了单个原子的能量；快速弹跳的原子是“热的”，而缓慢弹跳的原子是“冷的”，并且温度其实就是每个原子的平均动能（以绝对温度计量）。

这一次，跟很多次物理学革命一样，该领域走进来一个大人物——爱因斯坦，他在其中发挥了重要作用。在 1905 年，也就是他提出质能方程式 $E = mc^2$ 的同一年，他通过计算原子对小尘埃粒子的影响来验证原子理论。他刚一开始研究这个问题，就发现植物学家罗伯特·布朗（Robert Brown）在 1827 年可能就已经发现了这种效应，此效应被称为"布朗运动"（Brownian motion）。布朗通过一个大倍率显微镜观察到，水中的微小的花粉颗粒会扭动、碰撞，仿佛它们试图游泳一样。当时广为接受的猜测是：如此微小的小点具有初期的生命，像原始的草履虫或类似的东西，有着内在的原始生命力。

其实不是。爱因斯坦表明，如果水分子撞击花粉，而某一面的水分子的撞击力与另一面的不相等，未能将其抵消，那么就会出现大家所看到的花粉运动。时不时地，一侧的撞击力会大于另一侧的，于是乎花粉颗粒就会发生跳动。尽管通常来说，某个微粒会保持在原地，但是他计算出了与平均值的偏差。微粒确实会出现净运动，但不是因为它在游动；这是一种随机的行走，说得生动一些的话，类似于"醉汉迈步"。如果你随机朝不同的方向走几步，你将偏离你的起点，并且你偏离起点的距离是步长乘以步数的平方根。最初的一些实验测试的结果，似乎表明爱因斯坦对布朗运动的看法是错误的。然而法国物理学家让·佩兰（Jean Perrin）在 1908 年进行的仔细测量证实了爱因斯坦的预测，并直接导致原子、分子的存在被广泛接受——而且还使统计物理学被广泛接受。

关于物理学，我发现了这样一个不同寻常的历史现象——尽管我们在19世纪的末期就已经掌握了很多关于电、磁、质量和加速度的知识，但是直到1905至1908年间爱因斯坦和佩兰的研究工作之后，整个科学界才接受存在原子和分子的观念。

20世纪50年代，当我还是一个少年的时候，我读到了乔治·伽莫夫所著的《从一到无穷大》(*One Two Three...Infinity*)。书里有一张“六甲基-苯分子”的照片，照片上的正六边形图案里有12个黑点。我认为这些斑点是那些单个的原子(其实它们不是，现在我知道它们是原子团)，那张照片让我激动不已。

原子已经被拍摄下来了！现如今，原子的照片是很常见的。但是在1989年的时候，美国国际商用机器公司(IBM)将35个氙原子排列在物体的表面上，形成了公司的缩写“IBM”，并拍摄了照片，这是通过一台叫做扫描隧道显微镜的新设备来完成的。这成了轰动一时的大新闻。如今原子的存在已不再是假说，但是在爱因斯坦生活的年代，它们只是假说。

爱因斯坦对布朗运动的解释原本会成为那一年中，甚至可以说是进入新世纪后物理学方面取得的最伟大的进展，但是，这一成就的光芒被爱因斯坦后来的成就掩盖了。同一年，爱因斯坦还写了另外三篇伟大的论文：两篇关于相对论，一篇提出了光量子的假说；最后一篇关于“光电效应”的论文，是授予他诺贝尔奖时所援引的成就。爱因斯坦的这个极为多产的一年被物理学家称为“奇迹年”。

究竟什么是熵？

统计物理学表明压力来自弹跳的粒子，并且每个粒子的平均动能就是温度。比爱因斯坦研究布朗运动早将近 40 年，物理学家、哲学家路德维希·玻尔兹曼（Ludwig Boltzmann）就提出了一个关于熵的更微妙、更了不起的解释。玻尔兹曼花费了很多精力捍卫他的统计物理学理论。他患有我们现在所说的躁郁症，1906 年，他在抑郁症发作期间，上吊自杀，而在他去世仅仅两年后，法国物理学家佩兰的一系列实验向物理学界证明了玻尔兹曼之前所作的基本假设是正确的。

玻尔兹曼已经表明某种物质的熵，与这种物质的分子填充满一个体积后并产生可以观察到的宏观状态的不同方式的数量相关，该数值被称为*多重性*（multiplicity）。想象一加仑的空气，有 10^{23} 个分子。在一种状态下，所有分子可能聚集在一个角落。只有一种方法来实现这种安排，所以该状态的多重性的值是 1。在另一种状态下，分子会均匀散开，每立方厘米的数量相等。该状态的多重性数值非常大，因为我们可以将第一个分子置于这一加仑中 3785 个立方厘米空间的任何一个中，将第二个置于任何其他的立方厘米中，以此类推，并确保任何一立方厘米都不多放置。因为一加仑空气中分子的数目很大，有 10^{23} 个之多，所以多重性，即填充那些立方厘米的不同方式的数目是超级巨大的，但也是可计算的（我们稍后会得到一些确切的数值）。

玻尔兹曼提出，某种状态的多重性可以表明该状态的可能性。因此，分子均匀地填充空间的可能性极高。在计算多重性时，玻尔兹曼还包含了另一个数值，即粒子可以分享现有能量的不同方式的数量。

玻尔兹曼发现，这种方法是理解熵的更深层意义的关键。一旦他计算了某个状态的多重性 W，他就发现该数的对数是与熵成正比的！这是一个惊人的发现。以前，熵是一个工程术语，用于将浪费的热量最小化。玻尔兹曼表明，这是一个根植于统计物理学的抽象数学的基本量。以下是他的方程式：

$$熵 = k \log W$$

工程师用这个 k 值，将 $\log W$（一个纯粹的数）转换为工程上的熵，以卡路里 / 度或焦耳 / 度来度量。今天，k 被称为玻尔兹曼常数。（我在爱因斯坦广义相对论的方程式中使用了相同的字母 k，但在这里是一个不同的数值）这个值非常有用，所以每个学物理的学生都要记住它的值。[1] 玻尔兹曼对此成就感到非常自豪，所以他生前表示要把这个方程刻在他的墓碑上，而且后来确实刻上了，如图 10.1 所示。

古戈尔（googol）这个数是由 9 岁的米尔顿 · 西罗蒂（Milton Sirotta）创造的。当时他的数学家叔叔爱德华 · 卡斯纳（Edward Kasner）让他在 1 后面能写多少个 0 就写多少个，并给这个数命名。后来他们决定，由 1 和其后面 100 个零组成的数就叫做“googol”。这个数我们可以用如下写法表达：1 googol $= 10^{100}$（谷歌公司的名字 Google，原本就是要用 googol 这个词，但是其创始人拉里 · 佩奇的朋友肖恩 · 安德森把这个词拼写错了）。宇宙中原子的数量估计有 10^{78} 个，比 1 googol 少的倍数是 1 后面 22 个 0。但是一个容器中气体

1. 使用物理学单位，并使用自然对数，计算出 k 为 1.38×10^{-23} 焦耳 / 开尔文度。用本讨论所使用的单位，并且使用 10 作为对数的底数，$k = 7.9\times10^{-24}$ 卡路里 / 开尔文度。

图 10.1　路德维希 · 玻尔兹曼的墓碑，上面刻着他的熵方程。

的多重性，即填充满该容器的方法的数量，通常是 1 后面跟着 10^{25} 个零。这个数是$10^{10^{25}}$，远远大于 1 googol。然而，它比古戈尔普勒克斯（googolplex）的值要小。

什么是古戈尔普勒克斯（googolplex）?这个超级巨大的数字定义为 1 后面跟着 1 googol 的 0（这也是安德森所提议的谷歌最初的名字）。它可以写为$10^{10^{100}}$。它是如此巨大，许多人都认为它与现实没有关系。它大于已知宇宙以立方毫米计量的数值。但是当我们计算这个宇宙中的熵时，它确实出现在统计物理学中。澳大利亚国立大学天文学研究院的哲学博士切斯 · 埃根（Chas Egan）和查理 · 兰维沃（Charley Lineweaver）估计这个熵的值为 $3\times10^{104}k$。记住，这个巨大的数是多重性 W 的对数，所以 W 要比这个数大得多。在不改变我们当前状态（相同的恒星和其他实体）的情况下，可以重新排列构成宇宙的所有东西的不同方式的数量——即：整个宇宙的 W 量——该值大于"古戈尔普勒克斯"，并且大得多，约是$10^{10^{104}}$。

专横的熵

真实分子在真实的容器中将如何分布？它们将如何分配现有的能量？波尔兹曼的重要洞见是：有着最大多重性值 W 的状态起主导作用。更高的熵会成为赢家，并且大赢特赢。因为相对概率不是由 W 的对数决定，而是由 W 本身决定，并且 W 的值远远大于 $\log W$ 的值。

统计物理学的结果要求做出这样的假设，即假定任何特定状态的概率取决于它可能出现的不同方式的数量——多重性。这个假设并非是不言而喻的，它被称为遍历假设（ergodic hypothesis）。事实上，严格说来这并不是真的。如果你有两个容器，一个充满气体，另一个是空的，那么具有最高熵的状态将是让每个容器中有一半的气体。但是如果容器没有连接，那么气体便无法从一个容器移动到另一个容器，此时最高熵的状态无法达到。

这听起来可能像一个微不足道的警告，但是事实证明它对于理解时间至关重要。它迫使我们像这样重新给熵下定义，即熵不是填满箱子的方式的数量的对数，而是*能够使用*的填满它的方式的数量的对数。当你计数时，不要计入违反一些其他物理定律的填满箱子的方法，例如让分子穿过容器的外壁。在本书的其余部分中，多重性值 W 表示的就是能够使用的填满箱子的方式的数量。

人类可能无法阻止熵增加，但我们可以控制能够使用的（实现的）状态的数量。我将稍后在本书中论证，这种指导是人类自由选择的关键价值所在。我们不能降低宇宙的熵，但我们可以选择是否将两个气体容器连接起来。如果我们不将它们连接起来，宇宙的熵的总值就会低于将它们连起来的情况。

我们也可以操控局部的熵，按照我们的意愿来降低它。空调做的就是这种事情，它可以冷却室内空气，降低房子中的熵，并且从屋后面喷出热量。稍微得到加温的室外的熵的增加量大于室内熵的损失量。因此，运行空调设备会使我们凉爽，降低我们自己的熵，但却会提高整个宇宙的净熵。

生命也代表了熵的局部减少。植物从空气中提取稀有和分散的碳，将其与从土壤中提取出来的水结合，并且利用阳光的能量产生复杂的淀粉分子进而将它们排列成高度组织化的结构。构成植物的分子的熵降低，但是净熵，大部分以释放到大气中的热量的形式表现出来，会增加。

熵即混乱状态

通常用熵来衡量混乱状态或者无序状态。如果一团气体的熵很低，所有分子聚集在一个角落，就是很有序的状态。如果气体的熵很高，所有分子分散开来，则其处于无序状态。高熵指的是极有可能从随机过程发生的状态；低熵意味着一个不大可能的组织形式。从定义上来看，一个高度组织化的状态，是一个几乎不会从随机自然的过程中产生的状态。

原则上，当你对系统做某个事情时，例如运行一个理想的卡诺热机来从热气中提取有用的机械功，总熵可以保持不变。但如此完美的发动机从来没有造出来过。实际上，熵总是在增加，意味着越来越多的无序状态的出现是不可避免的，从热物体到冷物体的热流增加了熵。宇宙就是正在失去其净组织化的状态，并且慢慢地且必然地随机化。

打碎一个茶杯，其分子的熵就增加了。茶杯破碎后，其分子就更接近它们所起源的自然随机状态。彻底粉碎杯子，将其蒸发成单个分子，将分子喷射到空间中，并让它们散开，你将失去所有的有序状态并且实现熵最大化。我们通过制造一个茶杯，并且牺牲宇宙的其余部分，减少了局部的熵。我们所认为的文明的大部分，都是基于熵的局部减少建立的。

熵和量子力学

统计物理学把我们引入了一个非常令人惊讶的方向，使我们发现了量子物理学。将物体加热到几千华氏度，它将发射出炽热的可见光。统计物理学将这种辐射归因于物体中分子的振动，因为振动电荷能发射出光波。问题是使用统计物理学进行计算，表明这种辐射将携带无穷的能量。因为这里的无穷来自短波长的光（紫外线），故而这个问题被称为紫外灾难，并且这成了统计物理学的一个极大的尴尬和失败。

一位名叫马克斯·普朗克的德国物理学家提出了一个奇怪的，看似不符合物质属性的解决方案。他发现了一个可以解释这些实际观察结果的方程式。我们现在把这个方程式称为普朗克公式。该公式开始是纯数学的，而非物理的。然后他提出一个假设，一个新的物理原理，如果证实成立的话，可以用于推导出该方程。他提出一个想法：原子只能以*量子化*的情形发光。这个震惊世人的想法是量子物理学的基本原则。

普朗克必须假设，当一个原子以频率 f 发光时，光的能量必须是一个基本能量单位的倍数，他将此表示为：

$$E = hf$$

他所选择的 h 的值使观察到的热物体的辐射可以和他的公式匹配。我们现在把这个数字称为普朗克常数，它是物理学中最著名的数字之一。物理学家经常说，不包含 h 的任何公式都是一个“经典学物理”方程，任何包含 h 的方程都是一个“量子力学”结果。

普朗克的假设是一种任意的临时凑数的安排，他的方程能和观察数据匹配起来，但是他提出的量子化光发射的假设在物理学中缺乏正当性。他提出该公式的时候是 1901 年，4 年后，爱因斯坦认识到普朗克定律的某种不同的阐释可以用来揭开另一个完全不同的谜，即光电效应。光电效应是当今太阳能电池和数码相机的基础。光电效应由德国物理学家海因里希·赫兹（Heinrich Hertz）于1887年发现。赫兹是无线电波的发现者，单位赫兹就是以他名字命名的，比如我们日常所说的“60赫兹的交流电”。

赫兹发现，光击中物体表面会激发出电子。但他发现，激发出的电子的能量取决于光的颜色（即频率），而非光的强度。这个发现让人感到非常神奇。在增加光的强度时，赫兹没有得到更高能量的电子，而是得到了更多被激发出来的电子。如果光是一种电磁波，这个观察结果就解释不通。

爱因斯坦意识到，如果假设光本身是量子化的，他就可以解释赫兹的光电效应（普朗克提出的假说认为发射光的原子是量子化的）。爱因斯坦称这些光束为光量子；后来，科学家称之为光子。爱因斯坦等于是发现了光子；至少，他是第一个承认其存在的人。每个光子能激发出一颗电子，光子将自己的能量 hf 给了电子，所以电子的能量取决于光的频率。更强的光仅意味着更多的光子，因此也就意味着会发激发出更多的电子。爱因斯坦因对光电效应的解释而获得1921年的诺贝尔物理学奖。

对光电效应的量子化解释也使爱因斯坦成为量子理论的奠基人之一，但是讽刺的是，他从来没有接受过量子力学理论，至少没接受那个后来经过发展，成为物理学的主导思想的量子理论。

熵值增加。时间前进。它们之间是否存在联系？或者它们互为因果？阿瑟·爱丁顿认为它们是有关联的，但联系不明显。熵不是统计物理学家所推断的那样，仅仅随着时间前进而增加。爱丁顿认为实际上是另外一种情形：熵是推动者。熵是时间向前移动的原因。

第 11 章 对时间的解释

爱丁顿解释了熵如何设定时间箭头。

值得攻克（研究）的问题通过回击证明它们的价值。

——皮亚特·海恩

我们的唯一

随机找一位物理学家问他："什么使时间向前运动？"我不知道诸位认识多少物理学家，但我认识很多，而且我已经问了他们中的很多人这个问题。我得到的答案通常是这样的："可能是熵。"然后这些物理学家会对这个答案做进一步的解释："我不知道这对不对，但它似乎是我们能给出的唯一答案。"

也许答案中最有趣的部分，是这些物理学家实际上已经考虑过这个问题。一个世纪前，你得找哲学家询问这样的问题，而不是科学家。看看叔本华、尼采或康德（虽然他们也是科学家）都说什么，你会发现，他们的确都涉及了这个主题。在启蒙运动之前，对于这个问题，你可能得去问一个牧师或神学家，如奥古斯丁或奥坎。但是感谢爱因斯坦，是他让这些问题成为了物理学的一部分。今天，如果不理解相对论，不理解爱因斯坦对于解释时间和空间做出的巨大贡献，我们怎么可能着手讨论这样的问题？

阿瑟·爱丁顿（图 11.1）于 1928 年写了一本名为《物理世界的本质》（*The Nature of the Physical World*）的著作，在这本书中，他认为时间箭头是由熵设定的。尽管这是一本物理学著作，但这本书没有用专业的术语来写作（尽管爱丁顿掌握高等数学），并且这本书似乎也不是写给专家看的——但实际上是的。我相信大家如今读起这本书来仍会觉得它引人入胜（而且因为超出了版权保护期，大家可以从网上免费下载阅读）。这本书并不是像爱因斯坦那样，通过回忆童年来阐明实践问题，但这本书的确反映了一个主题，就是在时间问题上，我们需要极简化的理论。

图 11.1　阿瑟·爱丁顿，1928 年。

爱丁顿认为只有一个物理学定律有时间箭头：热力学第二定律。每一个其他的物理学理论——经典力学、电学和磁学，甚至包括还在不断发展的量子物理学领域，似乎都无法区分过去和未来。行星可以遵循完全相同的规则在它们的轨道上向相反方向移动。用于发射无线电波的天线反过来也可以很容易接收那些电波。原子发射光，但它们也吸收光，一个方程式可以同时描述这两种行为。

倒放电影，你不会违背任何物理定律——更确切地说是除了热力学第二定律之外任何其他的物理学定律。除了指明熵总是随时间增加而增加的热力学第二定律。

今天，令人信服的证据表明，时间箭头还建立在至少另外一个物理学领域的基本行为之上。这就是放射性衰变，在物理学历史上被称为“弱相互作用”，并且现在有证据表明，在某些衰变中“时间反演对称性”会被破坏。但这个事实并没有改变物理学家对时间箭头的想法，他们坚持熵的解释。我将在讨论爱丁顿的熵之箭头后再回来看看。

电影倒放

此前，我曾请诸位想象了一段茶杯从桌子上掉下的电影片段。你可以判断出电影应该按什么顺序播放，因为茶杯不可能从地板跳到桌面，然后重新组装好。如果所有的分子碰巧受到微弱的分子力的影响，重新按同样的方向排列，是可以实现这一点的，但这种事发生的概率微乎其微。所以，即使没有人告诉你如何放映这段电影，时间箭头也是显而易见的。我喜欢摔碎茶杯这个例子，但是毫无疑问，大家还可以想到更多的例子。恒星燃烧殆尽、石油储备耗尽、山峰被侵蚀、人死亡及肉体腐败消失——熵的增加是不可避免的。

假设你忽然如上帝附体，同时知晓两个瞬间的情形，有人问你哪个瞬间是先发生的，你会怎么做？简单的答案便是：计算两个时刻的熵。哪个瞬间的熵更低，哪个瞬间就是先发生的。物理学家发现熵提供了一个非常有说服力的时间方向。

主要和次要物理法则

热力学第二定律，即阐明熵在增加的理论，是个相当奇怪的规律。它只是表明，更具可能性的行为更有可能发生。除此以外，它并未给物理学带来什么。它凭什么可以成为一条物理学定律？上述说法难道不是无足轻重、不言自明的吗？只不过是个同义反复的说法而已？如果力学、电学和磁学——所谓的真正的物理学——并未给时间指出方向的话，那为什么一个基于它们的微不足道的定律能做到这一点呢？

爱丁顿很清楚这其中蕴含的悖论。事实上，他把物理定律分为主要和次要物理定律。熵绝对是一种次级物理定律，它由其他定律推导出来，而且单凭自身无法成立。

让我们把这个悖论说得更透彻一些。假设经典物理学有效，经典物理学是次级定律的基础。在经典物理学中，如果你知道每个粒子的位置与运动趋势（忽略量子物理学中的不确定原理），那么，至少从理论上讲，难道你还不能预测粒子未来的状态吗？对于随机定律，不需要进行概率计算。那么，缺乏时间箭头的基本定律如何推导出确实有时间箭头的次级定律呢？

答案是，出于爱丁顿一开始无法理解的原因，当前的宇宙具有高度的组织性。我们处于低熵状态。当你把一种限制在一个盒子的某个角落的气体扩散至整个盒子，那么熵就会大大增加。宇宙中的物质凑得都很紧密，就像我们说的限制在某个角落的气体一样。大多数可见的物质存在于恒星之中，少量存在于行星，它们绝大多数情况下被空间包围（此刻我忽略了暗物质，这也是爱丁顿当时所不知道的东西）。宇宙存在大量的空间可以将增加的熵填充进去。换句话说，我们目前所观测到的宇宙的组织性，是一种非常不可能的状态。由于宇宙具有令人惊讶的高度的组织性，并且极有可能朝着更加无组织性发展，时间就朝前运动了。

如果你相信宇宙具有无限久远的历史，那么它就有无穷的时间去演化，也就有无穷的时间增加熵，那么，你也许会想到熵的最大值已在很久之前就已经达到了。可是为什么没有达到呢？

为什么我们的宇宙如此的不可能？

一些人认为宇宙当前的状态——高度的组织性和低熵（与其所能达到的熵相对而言），暗示了上帝的存在。但是爱丁顿对这个问题的解释更为优雅，他写道（在他 1928 年的书中）：

> 时间箭头的方向只能通过牵强地糅合神学和已知热力学第二定律的统计来确定；更直白地说，箭头的方向只能由统计法则确定，至于它作为“理解世界”的一个指导性事实的意义，则只能靠目的论的假设来推测了。

如果你的哲学术语没跟上形势，那就来看看《牛津英语词典》对“目的论的”定义：

> 与结果或终极原因有关；特别是针对自然现象中的设计和目的。

时间是向前发展的，那是因为我们目前所处的状态有着高度的不可能性。我们所处的宇宙，物质高度集中，有着大量空间、温度分布不均。因此，热量能够流动，物体能够破裂，质量能散布于空洞的空间。我们无须上帝来使宇宙呈现高度组织化的状态，但宇宙的确是高度组织化的。

当然，如果是上帝创造了一个有着低熵的宇宙，那就很可能像斯宾诺莎说的那样——上帝创世，并任由其演化。这种途径被称为自然神论。这样的上帝是否在意被崇敬，或者是否值得被崇敬，是未可知的。许多神学家认为自然神论不过是无神论的变种而已——这种理论是说，虽然你实际上不信上帝，但是口头上却说信。

的确，爱丁顿在写他那本书的时候，在世界的另一边，美国加州的帕萨迪纳，天文学家埃德温 · 哈勃正在做出另一项奇妙的发现。他的发现导致发现了一个理论，正是这个理论为时间具有方向所需要的宇宙高度的组织性做出了解释。该理论解释说，宇宙之所以有组织性，是因为它相对来说依然年轻。做出解释的这个理论，其名字，也就是我们如今仍在使用的名字，是天文学家弗雷德·霍伊尔（Fred Hoyle）给起的，他当时起这个名字的真实目的其实是想嘲讽这一理论。他将这种理论称为“宇宙大爆炸”（Big Bang）。

第 12 章
不太可能存在的宇宙

正如爱丁顿所说，当前的宇宙的熵必须低，熵才能增加。这是怎么发生的呢？

凝视深渊过久，深渊将回以凝视。

——弗里德里希 · 尼采

1929 年，埃德温 · 哈勃做出了一个发现，这个发现似乎使科学倒退了 400 年。当然，正如哥白尼已经指出的，地球仍然是绕着太阳转的，但是在更大尺度上，托勒密的理论似乎变得正确了。我们所在的星系，由我们周围的恒星所构成的体系，即银河系，似乎位于宇宙的中心。

要想弄明白哈勃发现了什么，我们先去了解一下，他想观察到什么。哈勃当时在研究星系，即类似于我们的银河系的数量庞大的恒星集合。图 12.1 是银河系可能的样子，如果我们能到达银河系之外，大约就是能看到这个样子，这实际上是一幅仙女座附近的一个星系的图像。

在这张照片中，约有 1 万亿颗恒星在近乎圆形的轨道上运行。如果这真是银河系的话，太阳也是其中的一颗恒星，处在距离其中心大约一半的位置上。夜晚我们所看到的几乎所有星星都处于我们的银河

图 12.1 我们的银河系从外面看会是什么样子（这是一张仙女座星系的照片）。

系之中。在晴朗的冬日夜晚，在远离城市灯光的地方，如果你抬头仰望，你会看到头顶正上方有一个约莫满月大小的小光影，这便是照片上所显示的仙女座星系。

但如果我们用最好的天文望远镜，看向附近恒星之间的区域，我们能找到数万亿个此类星系，数量比银河系中恒星的数量还要多。在仙女座星系的照片中看到的独立的恒星，不是在其背景中，而是在前景里。我们是通过它们，看到整个仙女座星系。

图片中心的亮点包含几十亿颗恒星，天文学家认为这些恒星围绕着一个超大质量的黑洞，黑洞本身的质量相当于约 400 万颗恒星。

在哈勃的研究工作之前，大多数天文学家以为这些星系是一些气体，附近的恒星处于其背景中。1926 年，哈勃望远镜发现了令人信服的证据，证明它们是大量恒星的集合，所处的位置比为其命名的星座中的恒星远得多。之后，他做出了令人震惊的发现，他所研究的 24 个星系都以一种不同寻常的模式离我们远去。某个星系距离我们越远，远离的速度越快。就好像是在银河系曾有过一个大爆炸，移动最快的部分就是现在距离我们最远的。

哈勃估计爆炸发生的时间约在 40 亿年前，但是他所判断的距离出现了误差。使用相同的数据，但纠正距离上的误差，我们现在估计爆炸的时间大约是 140 亿年前。此外，我们现在知道，哈勃的发现不仅适用于附近的 24 个星系，而且对于可观测到的数以千亿计的其他星系来说也是如此。而做这一观测的望远镜，就是以天文学家哈勃的名字命名的，即“哈勃空间望远镜”。

这一实验发现，即使不是 20 世纪最重要的发现，也是最重要的发现之一，而且大家要知道，人类在 20 世纪是有着许多伟大发现的。这毫无疑问是继尼古拉斯 · 哥白尼在 400 年前发现地球围绕太阳旋转之后，与目的论最具相关性的发现。哈勃似乎把银河系置于了宇宙中心的位置。

但这种解释是错误的。哈勃自己知道，他的发现并没有把银河系置于宇宙中心。我们试着把自己置于那些正在远离的星系之一的固有参考系中。它们都在互相远离。在我们的固有参考系中，所有的对象都在离我们远去。无论选择身处哪个星系，哈勃定律都一样适用。

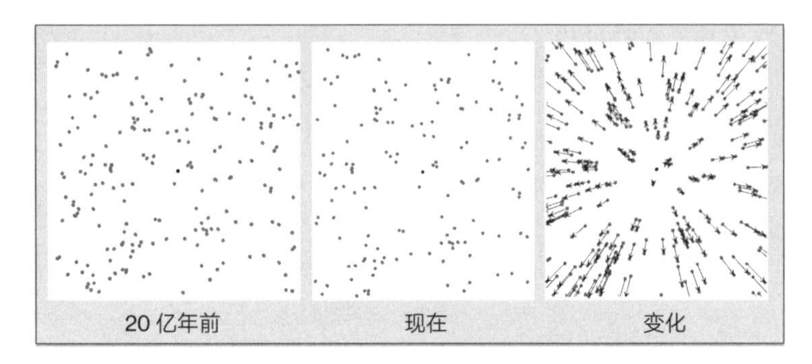

图 12.2 哈勃膨胀，对于过去随机间隔的星系（左），它们现在的状态（中），以及箭头表示了在两个时间点每个星系的位置变化（右）。仔细看一下中间的图，你会发现它和左边的图是一样的，只是稍微扩张了一点。星系似乎在远离中心的星系，但如果我们位于任何星系上，它们似乎都在远离那个星系。

我们可以用葡萄干面包做个比喻，从视觉上理解哈勃定律的这个显著特点。想象一下，你是一粒正在烘焙和膨胀的面包上的葡萄干。你周围的葡萄干距离你都是越来越远。距离你两倍远的葡萄干正以两倍的速度远离你。除非你能看到面包壳，否则你就可能得出一个结论，认为自己位于面包的中心，但实际上你可能并不在中心位置。以任何一颗葡萄干为参考系，你都能得到相同的规律。所以，虽然公众（错误地）认为这个发现将地球置于宇宙的中心，但是哈勃很快做出解释，其实并不是这样的。

无需面包壳的解释

对于这种扩张，另一个解释更加奇妙。这个解释是在哈勃做出发现的两年前提出来的，提出者是乔治 · 勒梅特（George Lemaitre），他是一个比利时牧师，并且是卢浮天主教大学的物理学教授。基于广义相对论，勒梅特提出了一个模型，将早期宇宙描述为“在创造时发生了爆炸的宇宙巨蛋”，他也把它称为“原始原子的假说”。有些人认为，发现宇宙膨胀的人应该是他，而不是哈勃。但是勒梅特的成果是以哈勃早期的一些研究结果为基础的，而且发表在一个比利时期刊上，其他国家很少有人读到。勒梅特被称为“名不见经传的最伟大的科学家”。

勒梅特学习过广义相对论，并将之应用于整个宇宙。哈勃的发现让他得出结论：宇宙确实在膨胀。然而，勒梅特认识到，发生爆炸的不是某个固定的空间内的物质，而是空间本身。这个想法和爱因斯坦的方程非常融洽。

图 12.3　乔治·勒梅特，提出宇宙膨胀的理论家。

爱因斯坦早先假设宇宙是静态的，而且被迫给自己的方程增加了一个项，称为宇宙学常数，这个常数提供了一个斥力来克服物质相互间的引力，否则宇宙会收缩坍塌。他认为勒梅特关于宇宙膨胀的想法荒谬可笑。他告诉勒梅特："你的计算是正确的，但你的物理学糟糕透顶。"

哈勃的发现公布后，勒梅特一夜成名。1931 年 1 月 19 日，《纽约时报》的大标题写道："勒梅特提出一个单一的巨大的原子，包含一切能量，启动了宇宙。"爱因斯坦不仅去掉了他的宇宙学常数项，而且很后悔曾将它加到方程里去。乔治·伽莫夫（George Gamow）说爱因斯坦将增加宇宙学常数这一做法描述为"我生命中最大的失误"（吊诡的是，今天我们相信宇宙学常数是存在的，而且在宇宙学中非常重要。谈论暗能量时，我会对此做更多的说明）。

1933 年的一份报纸报道说，勒梅特在普林斯顿的一次演讲结束后，爱因斯坦站起来说："这是我听过的，对于创世最优美、最让我满意的解释。"显然，他改变了对勒梅特的看法，不再觉得他的物理学"糟糕"了。勒梅特还提出，在 1912 年发现的宇宙射线，即宇宙空间中的辐射，可能是大爆炸留下的。在这个问题上，勒梅特判断错了。大爆炸确实有残余物，但这种残余是微波，而不是宇宙射线。对于理论专家，人们往往会忘记他们的错误理论，而只记得他们的正确理论。唉，可是人们对待实验物理学家却不是这样。

在勒梅特的计算中，每个星系在空间中的位置是固定的。哈勃定律不是来自星系运动，而是来自星系之间的空间膨胀。这是爱因斯坦方程允许空间具有可伸缩性的另一个例子。我们已经在相对论的几个方面（第 2 章），包括在杆子和谷仓悖论（第 4 章）和两个光速的漏洞（第 5 章）中见识到了空间的灵活性。

我们今天使用的是勒梅特模型，有时也被称为弗里德曼 - 勒梅特 - 罗伯逊 - 沃尔克模型（Friedman-Lemaitre-Robertson-Walker，FLRW），这是以其他提出了类似观点的宇宙学家命名的。这个模型对遥远宇宙的性质做出了预测。宇宙学家很快创造了一个术语——宇宙学原理（cosmological principle）——来总结这个预测：宇宙在其他地方和在此地是一样的。

大约 140 亿年前，物质紧紧压缩在一起，然后空间发生了爆炸。在固定的空间坐标上，物质开始长途跋涉——不是移动，而是相距越来越远。在局部，物质自我吸引并形成块状，我们现在称之为群集。然后，在这些团块内，物质自我吸引形成星系，而在星系内，物质再次自我吸引，形成分子云、恒星、行星和我们（有一首诗描述了这段历史，见附录 4）。

为什么勒梅特不如哈勃出名呢？部分原因是勒梅特没有以他名字命名的重要的太空望远镜（我在纽约长大，从来没有听说过意大利探险家维拉萨诺的名字，直到纽约市最大的桥以他的名字命名）。不过，所有的天文学家和宇宙学家都知道勒梅特的大名。我们之所以将宇宙膨胀称为哈勃膨胀而不是勒梅特膨胀，部分原因是勒梅特的分析是基于哈勃的早期的数据，而这些数据似乎并不能强有力地支持勒梅特的结论。

在勒梅特使用的星系的早期样本中，38 个星系中有 36 个正在后退（仙女座星系实际上是越来越近的），但是它们的退行速度与模型中所要求的距离不成正比；事实上，这些点与平均值对比几乎都是随机的。勒梅特似乎认为这些不一致不是他的理论的弱点，而只是实验误差，他需要等到有了更好的数据再来修正。此外，也许是考虑到如果事实证明他是错误的，为了不让人注意到，他选择将自己的理论发表在一个不出名的期刊上。

事实上，初步数据可以解读为驳斥了勒梅特的预测。如果他发表的论文中大胆地宣布诸如“我预测，当有了更准确的测量结果时，我们会发现星系的排列呈现出一条直线，它们的退行速度跟它们到我们的距离成正比”，如果他大胆而明确地做出了这样的论断，那么也许我们现在会称之为勒梅特膨胀。而且勒梅特也可能会有一个以他名字命名的望远镜。

太初之时……

在勒梅特模型中，有一个现在被大多数专家接受的关键特征：空间膨胀。当然，膨胀的概念是出于爱因斯坦的“橡胶空间”思想，更直接地是来自于广义相对论的方程。但是我们可以暂时在更广泛的思想中游荡一下，会发现它有着令人着迷的哲学含义。

大爆炸不是空间中物质的膨胀，而是空间本身的膨胀。空间可以创造出来，而且正在创生，一直以来就随着宇宙的膨胀而形成。在大爆炸的“瞬间”发生了什么？大爆炸之前空间是否已经存在？

对于这个问题，我最赞成的答案（基于推测，而不是科学知识）是“没有”，空间在大爆炸的那一时刻之前是不存在的。它从哪里来？显然，这个问题是无法回答的，因为任何答案都要假设，在“那之前已经有某个地方”（借用格特鲁德·斯坦的说法）。但是没有空间，就没有任何地方可以让事物形成。我们可以假设（此处引用罗德·塞林的话）有一个“人类不知道的五维空间”。也许空间就源自那里，但这只是一种避重就轻的说辞。所以，让我们再换一种方式来解释一下，通过忽略该问题，并另外提出其他的问题。

物理学家倾向于认为空间不是完全的虚空，而是一种实体。它不是一种由物质组成的实体，而是一种更基本的东西。它可以以许多不同的方式振动，振动的空间表现为物质和能量。一种振动模式表现为光波，另一种振动模式就是我们所说的电子。如果在大爆炸之前没有空间，那么没有什么能够振动，因此物质和能量都是不可能存在的。空间的形成使物质的存在成为可能。在创造空间之前，我们如今视作“实在”的东西没有一样是存在的，我们没有办法描述它们。

我在此强调一下，这些想法不是科学的一部分，而只是一个科学家的一些想法。我相信我不是第一个有这些想法的科学家。它们不适合出现在科学文献里，但是，它们是科学家在严谨的工作之余所做的一些思维游戏。也许它们会带给我们某些结果，但目前而言它们只是遐想。

空间和时间由相对性联系在一起。我们不是生活在空间和时间中，而是生活在“时空”（space-time）当中。现在大家想一想这个陈述的哲学含义。如果空间开始于大爆炸，如果空间是被创造的，也许时间也是一样的。空间和时间在“大爆炸”之前都是不存在的；事实上，在这一图景中，所谓“之前”是没有任何意义的。询问在时间开始之前发生了什么毫无意义——因为“之前”根本不存在。

这就好像是问，如果你把两个物体紧密地放在一起，使它们的距离小于零会发生什么？如果你将一个经典物体冷却到绝对零度以下，使得它的运动比没有运动还慢，又会发生什么？这些问题是无法回答的，因为它们没有意义。

奥古斯丁当初要是有过这些想法，就会感到心满意足了。他认为上帝的存在超越了时间，神在时间之外而存在。我觉得，如果奥古斯丁今天还活着，他会布道说是上帝创造了空间和时间。

在图 12.4 中，卡尔文（这里不是指那个宗教领袖，而是卡通人物）落入一个虫洞时苦苦思索时间的含义，霍布斯似乎更关心“现在”。

图 12.4 卡尔文和霍布斯掉进了虫洞。

谜题之解

随着哈勃膨胀被发现，对于宇宙为何如此有序我们找到了一个解释——这是爱丁顿援引解释时间箭头的条件。对于早期的宇宙，无论你认为它是一大块漂浮于一个无限的空间中的致密的岩石，或如勒梅特模型中一样，整个宇宙都充满了物质，它都处于极为致密的状态。随着空间在物质周围产生，有了更多的空间，这就意味着有了更多可能的分布物质和能量的方式。

空间的膨胀意味着，与其可能处于的状态相比，物质处于熵相对低的状态。空间的创建意味着有了更多的空间，可以有更多的熵以及物质可以存在的状态。而宇宙只有 140 亿年的历史，尚未有机会占据大部分可能的高熵状态。虽然熵在继续增加，但是宇宙中允许的熵的最大值增加得更快——这一想法可能最早是由哈佛大学的物理学家大卫·拉泽（David Lazer）提出的。

以下示例说明了膨胀如何为更多的熵创造空间。拿一个气瓶，填充一端，用一个活塞将它与另一端的真空隔开。假设该气瓶已经放置一段时间，内部气体已经达到最大熵的状态。突然，就在一瞬间，移走活塞，气体有了双倍可占据的空间。只要做得足够快，有一刹那，气体仍在气瓶的一侧，而另一侧是真空。现在气体不再处于最大熵状态。它不会停留在一端，而是会流动，填充真空的部分，并膨胀，直到达到新的更高的熵值，气体填充整个新扩大的气瓶。

在某种意义上，大爆炸时就发生了这样的事。有了更多的空间，本可能在旧的小空间中处于最高熵的物质在新的更大的空间里不再处于最高熵状态。所以发生改变的不是物质，而是物质有了更多可以填充宇宙的方式。该解释提供了对当前宇宙低熵奥秘的答案，并且——根据爱丁顿的理论——给时间箭头确定了方向。当然，在科学领域当你回答一个问题时，你经常会带来更多的问题。我们不再需要问为什么我们处于低熵状态。现在我们需要问，宇宙膨胀为什么会发生？是什么原因造成的？它会停止吗？

我们能得到最终的答案吗？我想不能。我们不断有新发现，而新发现影响着相关的回答。暗能量是最近的一项发现（我随后将谈到它），它极大地改变了有关宇宙未来膨胀方式的方程式。我们熟知各种物理定律，然而对宇宙及其组成却知之甚少，相关的知识都是最近才获得的，而且还不确定。或许几十年或几百年之后，我们会发现一些其他的有关宇宙膨胀方式的全新内容，而那些新发现有可能完全改变我们现有的一些结论。我想，认识到我们还有重要的新东西可供发现，这一点会让我们兴奋不已。

在古希腊神话中，希腊古城科林斯的国王西西弗斯被惩罚将一块巨石推上山顶，每每未上山顶就又滚下山去，就这样一直不断重复。他的努力永无止境。伟大的存在主义哲学家阿尔贝·加缪（Albert Camus）[1] 认为芸芸众生也面临同样的西西弗斯困境：人的生老病死循环往复——这些究竟是为了什么目的？加缪声称生命的生存过程就是目的，并且由此认为西西弗斯是幸福的。

对于科学家我们也可以这么说。科学家不可能解决所有问题；解

1. 阿尔贝·加缪（Albert Camus，1913 年 11 月 7 日—1960 年 1 月 4 日），法国作家、哲学家，存在主义文学、“荒诞哲学”的代表人物。他一直被看作是存在主义者，但是他自己多次否认。——译者注

决了一个，一些新的更难的问题又会冒出来。对此，一个经典的类比就是九头蛇的九个头：每砍掉其中的一个头，就会长出两个来。科学家喜欢这一点，我们永远不会无事可做，正是这一点使我们感到幸福。

第 13 章
宇宙爆炸

创世的物理学——宇宙大爆炸的本质……

微弱的火花后冒出巨大的火焰。

——但丁·亚利基利

这是本初的信号。
远古的伊伦
在三度空间投下嗞嗞作响的
微波辐射背景
模糊不清的星光。[1]

——戏仿亨利·沃兹沃斯·朗费罗的诗句

勒梅特提出的大爆炸宇宙模型能够给我们带来一个非凡的结果，就是我们可以沿着时间回溯到很久很久以前。我个人就往回看了 140 亿年前的情形。

大家其实一直都是在看过去。当你看着 1.5 米外站着的人时，你看的并不是现在的他们，而是十亿分之五秒前的他们；光走 1.5 米需

1. 在天体物理中，伊伦是乔治·伽莫夫使用的术语，指的是一种假设的原始物质或物质的浓缩状态，它们后来成了我们今天的亚原子粒子和元素。——译者注

要这么长的时间。当你注视月亮时，你看到的月亮并非它现在的形态，而是 1.3 秒前的样子。当你看太阳时，你看到的只是 8.3 分钟前的太阳的样子。如果太阳 7 分钟前爆炸了，我们不会知道，甚至一点征兆也看不到，暂时看不到。

目前为止我们观察到的距离最远也最古老的信号是宇宙微波背景辐射，可以称之为太初之信号。我们相信这些宇宙微波 140 亿年前就开始踏上旅途了，当我们观察它们时（用微波相机），我们看到的是宇宙在 140 亿年前的情形。当然，这种光（微波是低频的光）展示给我们的是时间非常久远、距离非常遥远的情形，它穿越了 140 亿光年的距离才到达我们这里。

要说我们正在沿时间回溯观察，就必须假设 140 亿年前遥远的宇宙与距我们相近的宇宙在那时的情况是十分相似的。就像我之前所说的，这一假设有一个奇特的名字：宇宙学原理。具体说来，这一原理假设宇宙是均匀的（像均质牛乳一样，组成成分相同，没有团块物质），并具有各向同性（没有特殊的方向，没有大规模有组织的运动，比如，不会进行旋转等）。如果你不想让别人意识到你是正在做一个大胆的假设的话，那就把它叫做原理吧。*宇宙学原理*是一个使人心生敬畏的名字，如果把它称为“葡萄干面包模型”的话，应该就不会那么惹人注目了吧。*完美宇宙学原理*是一个更加令人敬畏的称呼，因为它是对“普通”宇宙学原理的一种延伸，然而事实证明这是错误的，我稍后会谈到这一点。

有相当充分的证据表明宇宙学原理大体上是对的，至少对于我们的目的来说是足够对的。当我们环顾宇宙，尤其是距我们较近的宇宙时，我们发现那些地方存在的物质跟我们周围是非常相似的。我们身处银河系（所有能用肉眼看到的单颗恒星都处在这数亿亿颗恒星构成的旋转团块中），然而在宇宙中似乎存在着数量庞大的与此类似的星系，蔓延并扩散于整个空间。选择天空中的一小块区域，用最先进的望远镜进行观察计算，然后再推断出未经观察区域的情况，这样就可以得出结论：宇宙中有超过千亿个可见星系，大多数星系包含的恒星都比银河系少。

图 13.1 是用哈勃太空望远镜在最大倍率情况下拍摄到的情景。在这张图片中大约有两千多颗恒星，但实际上所有这些小点都是星系，每个星系通常包含数十亿颗恒星。这个图像是透过我们所属的银河系里的恒星之间的缝隙，拍摄宇宙深空得到的。图片中至少包含了两颗较近的恒星，你可以从其点状大小产生的交叉衍射图样中找到它们。图片中距离我们最遥远的星系大约在 120 亿光年以外，这就意味着我

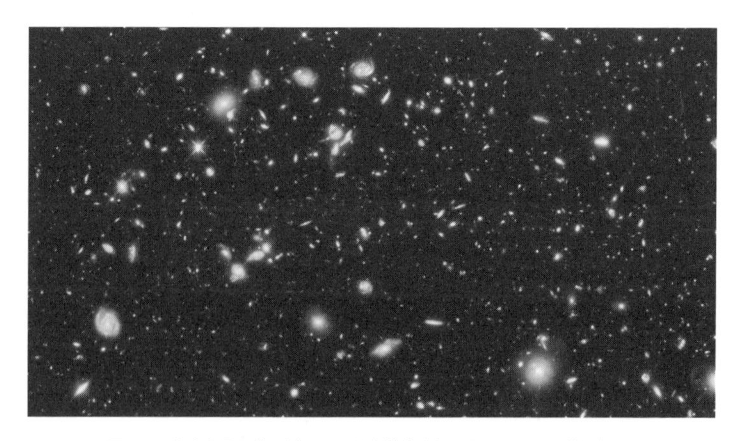

图 13.1　宇宙中最远的区域。几乎所有的亮点都是星系，而不是单个恒星。

们现在看到的情景是这个星系 120 亿年前的形态。如果宇宙原理正确无误，那么研究一下这些星系，我们就能得知银河系在 120 亿年前的情况了。

虽然宇宙空间存在星系团，但它们似乎无处不在，分布的密度大致相同。20 世纪 70 年代，我在伯克利的团队进行的微波测量显示，在极大的尺度内，宇宙的均匀性差异不大于 0.1%。最近由威尔金森微波各向异性探测卫星（WMAP）进行的测量显示，宇宙的均匀性差异不大于 0.01%，当然了，在测量灵敏度提高的情况下，我们也的确观察到了不均匀性。

大爆炸火球

证实宇宙大爆炸这一事件最令人信服的证据就是发现了爆炸时留下的微波残留。如果这种信号没有被发现，宇宙大爆炸学说有可能就被证伪了，可能被认为是一个错误的学说。普林斯顿的物理学家罗伯特 · 迪克（Robert Dicke）和詹姆斯 · 皮伯斯（James Peebles）在 20 世纪 60 年代初建立了微波背景的理论，如果宇宙大爆炸假说是正确的，那么就应该可以观察到这些微波。如果他们发现这些微波的话，那么这一发现就堪称是 20 世纪最伟大的发现之一了，其惊人成就甚至可以与哈勃发现的宇宙膨胀现象相提并论。他们组成了一个包括戴夫 · 威尔金森（Dave Wilkinson）和皮特 · 罗尔（Peter Roll）在内的团队，准备建造一个适合找到大爆炸证据的装置。

宇宙大爆炸的学说简明易懂——嗯，我是说，和基于广义相对论得到的宇宙学理论一样简明易懂。这是通过对最初由乔治·伽莫夫与拉尔夫·阿尔菲（Ralph Alpher）提出的大爆炸理论做进一步系统拓展而形成的。在早期宇宙中，空间比现在要压缩 30 万亿倍，而其中充满的物质——跟我们今天在恒星和星系中看到的物质是一样的——超级致密而炽热。整个宇宙充满了等离子体，像现在的太阳表面一样炽热，并且，也像太阳一样充满了强光。伽莫夫和阿尔菲将这种炽热的等离子体称为"伊伦"（ylem）。

伽莫夫解释说"伊伦"是一个意第绪语词，意思是"汤"，但是我查了意第绪语词典，并没有找到这个词，或许它是一种方言变体吧。阿尔菲则说"伊伦"是个罕用的旧词，《韦氏新国际词典》收录了它，是指"形成元素的原始物质"。然而，无论是在 1913 年还是 1828 年版的《韦氏大辞典》（修订版）中，我都没有找到这个词。《牛津英语词典》提供了一条参考，提到约翰·高尔（John Gower）于 1390 年写的英文诗《一个情人的忏悔》（*Confession amantis*）中，第三章的 91 页中引用了一句中世纪英语："那个成熟的宇宙中，有着奇特的伊伦。"

这两个物理学家或许赋予了伊伦这个词一个新的含义，但是"宇宙大爆炸"这个名称却不是他俩起的。这个词是由著名的天文学家弗雷德·霍伊尔提出来的，他当时不相信这个学说，所以就将其称作"大爆炸学说"来取笑它。然而伽莫夫乐呵呵地接受了这个名词，并且亲力亲为使用它，这或许会令霍伊尔有些懊恼。另一个能反映出伽莫夫的幽默感的轶事，是在他和阿尔菲联合撰写的论文上，他加上了他朋友——著名的物理学家汉斯·贝特的名字，而实际上汉斯没有参与写作，没有授权伽莫夫署名，甚至直到论文发表他才知道自己成了合著者。之后伽莫夫解释说这是一个玩笑，他不能错过这个在论文上由阿尔菲、贝特和伽莫夫共同署名的机会，因为他们三人姓氏的组合很容易让人想起希腊字母表中的前三个字母：α，β，γ。因而提到这篇文章时有时也以这些字母来代替，即“αβγ 论文”。

伽莫夫也致力于科普工作。当我写作本书回顾过去时，意识到在青少年时期所钟爱的伽莫夫的《物理：从一到无穷大》是我写这本书的灵感来源。我也拜读过弗雷德 · 霍伊尔于 1955 年出版的《物理天文学前沿》，在这本书中他为“稳恒态”理论辩护，那是他所提出的用于替代大爆炸理论的一个学说。霍伊尔声称宇宙的膨胀只是一种幻觉，宇宙中的物质在持续不断地被创造和毁灭，而宇宙并没有改变（我那时还是个孩子，不知道谁对谁错）。

霍伊尔提出一个他称之为“完美宇宙学原理”的学说，该学说认为宇宙不仅是均匀的，而且也不会随着时间而改变。回想起来，特别有趣的是霍伊尔引用了“奥卡姆剃刀”（Occam's Razor）原理，这个科学原理说最简单的理论往往是正确的，以此辩称他的学说优于宇宙大爆炸学说。从这段历史中我们能够汲取的一个重要教训是：小心“原理”。它们只是假说，并不都是基于事实。另一个教训就是“奥卡姆剃刀”其实往往无法引领我们认清事实，得到真相。

当阿尔菲和伽莫夫最早提出宇宙大爆炸学说时，还没有办法来检验它、证伪它——但是迪克和他的团队找到了解决这一难题的方法。据他们计算，在大爆炸 50 万年之后，宇宙经历了关键的一刻，那时的空间冷却到一定程度，等离子体开始变得透明。在那一刻，如太阳光一般炽烈的光忽然可以自由运动，不再被电子来回弹射，这些光从那以后就自由运动，没有发生偏转。普林斯顿的研究者们想要找到的就是从早期的火球射出的那束光。他们预计从各个方向都能观察到这些光发射过来，因为宇宙大爆炸是完全一致的，这是宇宙学原理所预言的。这些光经过了 140 亿光年的距离，花了 140 亿年的时间到达我们这里。

当然，140 亿年前，我们所处的位置同样炽热明亮，充满了这样的光，而且那束光从那以后一直向外飞去。现在，从我们的位置发出的光线正在到达距我们非常遥远的物质，而它们发出的光也正在到达我们这里。

由于宇宙迅速膨胀，140 亿光年外发出的明亮的辐射经历了颜色偏移。另外，光的来源，那个遥远的发热物质，在迅速远离我们当前的位置（这是哈勃观测到的宇宙膨胀导致的），并且光线也经历了多普勒频移（多普勒雷达是通过观测频率偏移来检测你的驾驶速度的，此处的原理与之类似）。因此，在我们的固有参考系中，这一辐射应该不是处于可见光的频率范围内，而是在微波的频率内，类似于在微波炉中产生的那些，只不过没有那么强烈。

当迪克、皮伯斯、罗尔和威尔金森为探测这一原始的信号准备仪器时，阿诺·彭齐亚斯（Arno Penzias）和贝尔电话实验室的罗伯特·威尔逊（Robert Wilson）正在调试一个巨大而灵敏的微波天线，朝向太空。他们倒不是在寻找宇宙大爆炸的痕迹，而是期望通过把天线对准空无一物的太空，这样可以保证没有信号传来；这样的话，从接收器传来任何的东西都会是他们的装置本身发出的固有的电子噪声。他们的目标是尽可能地消除这种噪声。

结果消除噪声的努力碰到了一个极限值，这个极限就是大约为 3 开氏度（它们通过温度的增加来测量噪声）的噪声无论如何也无法消除。无论他们把天线指向哪个方向，都显示有 3 开氏度的噪声。他们得出的结论是，这个噪声一定来自太空，但是他们并不知道这一噪声是什么，来自哪里，为什么宇宙空间会发射出这种噪声，以及它是由什么导致的。

的确，从宇宙空间竟然能传来信号，并且是在各个方向均匀分布，这种情况简直是太荒谬了。至少，在那时看来是荒谬的。彭齐亚斯和威尔逊肯定是十分了解并且信任他们的仪器，才会得出如此荒谬的结论，认为辐射信号来自宇宙空间。几乎任何别的实验者遇到这种情况都会认为，这些任意方向都存在的辐射一定是来自于装置的内部。

当皮伯斯团队正在准备试验仪器时，皮伯斯做了一个讲座，谈了他们的预测。当时在场的有一个叫肯 · 特纳（Ken Turner）的人，他告诉了伯纳德 · 伯克（Bernard Burke）这次讲座的内容，随后伯克又告诉了阿诺 · 彭齐亚斯。彭齐亚斯给迪克打了一个电话。彭齐亚斯打来电话时迪克团队的成员碰巧也在房间里。“我们被人抢先了。”迪克告诉团队成员说。

彭齐亚斯和威尔逊发表论文宣布他们的发现时，并没有提及宇宙大爆炸。他们采用了一个比较保守的题目：“在 4080 兆赫上额外天线温度的测量”。他们只是在文章中简单地陈述道:“对于我们观察到的过量噪声的一个可能的解释,来自于迪克、皮伯斯、罗尔和威尔金森(1965),本文附上了涉及这个问题的联络信件。”但仅仅在一年之内,微波辐射便被认为是宇宙爆炸起源的确凿证据。预测得到了验证。宇宙大爆炸被观测到了。

由于皮伯斯的那个讲座,而把信息传递给了彭齐亚斯,使得彭齐亚斯和威尔逊做出了这项发现,而不是普林斯顿团队——该团队在几个月后确认了接收到了微波背景辐射信号。因为此项发现,彭齐亚斯和威尔逊分享了诺贝尔奖,而普林斯顿团队除了同行(比如我)的承认以外,并没有得到这样的正式承认。这个奖项至少应该颁给彭齐亚斯、威尔逊、迪克和皮伯斯,但是阿尔弗雷德·诺贝尔的遗嘱中禁止一个奖项由三个人以上分享。

探索时间的开始

1972年,我在加州大学伯克利分校因在基本粒子物理学领域的研究获得博士学位之后,准备进入这一领域工作,并开始我的第一个重要的独立科学项目,这一项目是基于我自己的研究工作、兴趣、能力和期冀——这是我没有依赖我的导师路易斯·阿尔瓦雷斯所做的第一个项目。我曾经读过比伯斯写的《物理宇宙学》(*Physical Cosmology*),因此决定观测由宇宙大爆炸发出的微波辐射信号。我想要了解140亿年前的宇宙的情况,并检验宇宙学原理的正确性。

我着手的这一项目最终绘成了一幅早期宇宙形态的地图,图中展示了宇宙还处于婴儿阶段的样子，只相当于现在年龄的 0.00004。这就相当于，如果你现在是 20 岁，那么你生命的 0.00004 部分就等于你出生后的 7 个小时的时间。

彭齐亚斯和威尔逊认为微波的均匀性大约可以精确到 10%。它们没有检测到各向异性，即在不同方向的密度没有差别。进一步的试验已经把这一极限值降到了约 1%。在 0.1% 的水平上，应该存在各向异性，这是地球在宇宙中的运动造成的。就像你在雨中奔跑时，会有更多的雨水拍打到你的脸上而不是后脑勺上，同样道理，在地球前进的方向上，微波的强度应该略大。这种强度明确地取决于前进方向的余弦值，这与你在雨中奔跑呈现相同的形态。精度进一步提高，达到 0.01% 的情况下，我们或许可以看到残余的，形成星系团的早期密集团块的痕迹。

在书中，皮伯斯把地球相对于遥远宇宙的移动称为："新的以太漂移"。这不是以绝对空间为参考系的测量，爱因斯坦已经证明，是不可能进行这种测量的。但是只能有一个参考系，在这个参考系内，宇宙中环绕我们的物质是完全对称均匀的——在这个参考系内，宇宙学原理是成立的。这就是宇宙大爆炸学说的"规范参考系"，我们称之为"勒梅特参考系"——在这个参考系内，所有的星系几乎都处在静止状态，而宇宙在膨胀，但不是通过星系的移动实现，而是通过星系之间的空间扩张实现。

为了进行测量，我认为我们应该同时观测两个频率，一是测量从地球的大气层发出的微波，另外是测量宇宙中的微波信号。这一试验必须在高海拔地区进行，或许是在山顶，但更可能的是在气球或飞机上进行。使用气球进行了试验之后，我认为气球太难控制了（比如，容易坠落）。我还认为，为了让试验尽量简单，该项目必须使用普通的室温下就能运行的设备，而不是冷却的低噪声探测器。使用温度相对高一点的天线，需要辐射计有优良的导热性能，这样仪器自身就不会引起明显的各向异性。因此，我还破天荒头一次研究起热流动的设计。[1]

图 13.2 1976 年，马克 · 戈伦斯坦（左）和作者在 NASA 的 U-2 飞机上安装微波探测器。

我询问伯克利空间科学实验室的另一位物理学家乔治 · 斯穆特是否愿意加入我的团队，他同意了。美国宇航局艾姆斯研究中心（Ames

---

1. 更多有关此试验需要解决的问题的详细信息，可以参阅我于 1978 年 5 月发表在《科学美国人》（*Scientific American*）上的文章："宇宙背景辐射和新的以太漂移。"

Research Center）的汉斯 · 马克提供了宇航局的 U-2 研究飞机供我们团队使用，我们调整了仪器以安装到飞机上（图 13.2）。为了消除来自地球的辐射，我认为需要使用复消色差的微波喇叭（天线）——这是将先进的光学概念应用在微波喇叭的设计上，减少广角的信号进入。斯穆特找到了一个已经发表的复消色差设计方案，应该可以用于我们的实验。我们造了几个喇叭，并且在伯克利校区的微波实验室对它们进行了测试。我指导的第一个研究生帮助进行了此次测试，他最终凭借该项目获得了博士学位。

这项任务费时费力，但在一系列 U-2 飞机飞行实验之后，我们发现辐射不是完全均匀的。最亮的地方在狮子座的南边，相反，最暗的地方恰好是在其相对方向，在双鱼座附近。从这两个极端到极端之间的变化很平稳，具体与狮子座所形成的角的余弦成正比，这清楚地证明了辐射的强度与地球和宇宙中的遥远物质之间的相对运动有关。我根据这个宇宙余弦（cosmic cosine）的振幅计算出了银河系的运行速度，发现这个速度接近每小时 100 万英里（160 万千米），这个结果竟然凑成了个整数，同时也让人印象深刻。宇宙余弦如图 13.3 所示，上面叠加了恒星和星座的信息。

这个图是依照最近的 WMAP 卫星所做的更精确的测量绘制的，但是它们跟我们在 1976 年发表的数值的不确定性相吻合。

如果我们正以每小时 100 万英里（约 1609344 千米）的速度移动，我们的银河系又如何能在乔治 · 勒梅特所描述的图景中处于静止状态呢？回答是，它并不是静止的。勒梅特的模型允许单个的星系有

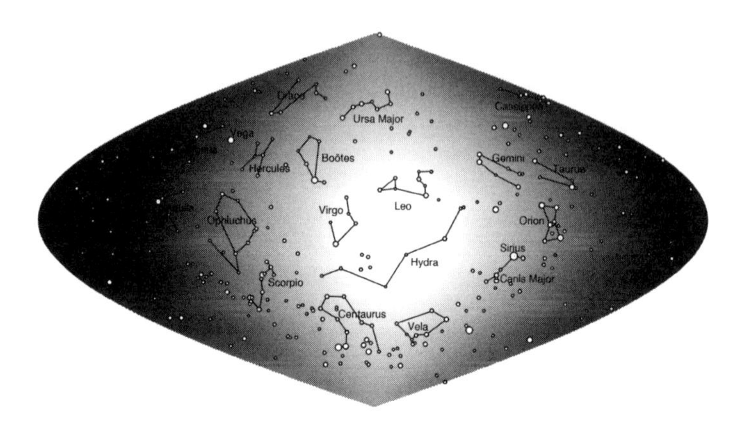

图 13.3　宇宙的余弦图。以微波辐射余弦变化强度作为背景亮度的星图。如果你能看到微波，就会看到天空就是这个样子。最强的信号（就在狮子座的南方）表明了我们的“本动”的方向。在地图上的其他位置，强度与最大角度的余弦值成正比。

小的局部运动，也称“本动”，比如，这些个体星系可能围绕一个本星系团旋转，或者像银河系这样，被附近的仙女座星系的引力所吸引。勒梅特只是假设星系的这种局部运动的幅度很小，且方向随机。

我们是量子的涨落

下一步是将该项目放到一颗卫星上去做，以完全消除大气发射的微波信号所带来的干扰。乔治·斯穆特在这个时候接管了项目的领导工作（以及筹资），我则逐渐退出了这个项目。当时我很清楚，他已经不需要我的帮助，而我也想避开美国航空航天局的官僚习气。没错，那里的官僚习气其实是我们主要的障碍，仪器的变化只是小问题，但美国政府的官僚作风却是大问题。乔治继续进行这个项目，但却花了 14 年多的时间（1978—1992 年）才把仪器送入太空并开展测量。

花这么长的时间根本说不通，如果是 4 年的话还比较合理——然而同政府合作往往牵扯复杂的官僚体系问题，项目的开展受到的往往并不是科学需要的驱动。似乎每隔几年美国航空航天局就告诉斯穆特仪器需要改动，才能安装到另外一种航天器上。有段时间，该仪器要搭载一个无人火箭升空；可随即，美国航空航天局又决定在航天飞机上安装更多的科学设备（来证明航天飞机开支的正当性），结果这个项目就被推迟了。此外，搭载载人航天器意味着仪器必须通过许多额外的测试，以保证该仪器不会危及宇航员的生命。然后美国航天局再次改变主意，决定把仪器放回到一个无人火箭中，但它必须能和另外一个完全不同的实验搭配在一起，那个实验要测量辐射的频谱（不同频率时的强度）。

在太空中，由于没有了大气的干扰，斯穆特和他的新团队得出的结果比我们的 U-2 结果的灵敏度高出 30 倍，并且第一次观察到了固有各向异性，这种各向异性已经略微背离了宇宙学原理。他们所观察到的凹凸不平正是大爆炸理论所预言的。大爆炸理论假设我们的宇宙开始时很均匀，但又不是绝对均匀；根据沃纳·海森伯的不确定性原理，"量子涨落"会导致在局部引力的影响下，逐渐形成小的团块，形成一些结构，并最终演变成大规模的星系团。

这太令人着迷了，而且简直可以说是令人震惊。像宇宙学如此之宏大的领域，竟然可以通过量子物理学这种原本是研究极微小对象的学问去了解。史蒂芬·霍金称这个发现是他人生中曾经历过的"最令人振奋的物理学发展"。宇宙微波辐射的发现证实了大爆炸理论，也成为如今想要了解爆炸后前 50 万年的情况时最详细的信息来源。斯穆特也因他的工作获得了诺贝尔奖。

我们还未能触及时间的开端——而只是时间开始后的 50 万年的情形。对人类来说，50 万年听起来很长，但是和宇宙已经存在的 140 亿年相比，我们设法拍摄的宇宙就像一个刚出生几个小时的新生儿一样。最重要的是，这并不是一种理论，而是实际观测到的情形。

这些结果后来通过威尔金森微波各向异性探测器（WMAP，W 代表威尔金森，是普林斯顿团队最初的一个成员的名字）的观测得到改进。观测到的情形，即大爆炸 50 万年后宇宙的详细结构，如图 13.4 所示。大家可以把这张图看作是最遥远的天空的照片，通过肉眼看不见的微波光线，展示出了 140 亿年前、140 亿光年外的宇宙的结构。

从图上可以看出，哪怕是大爆炸后仅仅过去了 50 万年时间，宇宙也已经不再完全均匀，而是开始出现团块。

图 13.4　用 WMAP 微波照相机拍摄的早期宇宙的照片。平滑的宇宙余弦被从图像中移除，否则就会完全是它的图像。

瑟斯顿宇宙

我很有幸能同比尔 · 瑟斯顿成为连襟，他是当今这个时代最伟大的数学家之一。比尔和我都住在伯克利，我们的房子只隔了几个街区。我们经常谈论事业（他读研究生的时候总觉得自己找不到什么好工作）、数学和物理学。对于我所描述的物理学家所了解的宇宙的知识让他非常着迷。他曾经问过我，有没有人认真考虑过宇宙会是多连通（multi connected）的。他指的是不是虫洞呢？就是可能将宇宙的一部分与另一部分连通起来的那种通道。不是的，他有更简洁、更优雅的想法。

最终，比尔因在拓扑学上取得的进展而声名远播，这是一种远远超出我们普通人想象的复杂的几何学。他告诉我，事实上他已经掌握了通过四维思考问题的技能，几乎没有人相信他能做到。但是，他后来得出大量令人惊叹的定理，他所说这些定理只是他通过观察大脑中的四维空间的表面而发现的，这时候人们才相信他。奇怪的是，三维或三维以下的数学问题相对容易，五维或五维以上的问题也相对容易，但要处理四维的数学问题却非常困难。比尔在即将 40 岁时，凭借对四维领域的探索获得了菲尔兹奖，这一奖项被视作是“数学界的诺贝尔奖”。

在拓扑学中，你能在一个空间里不断向前移动，最终发现又回到了起点。这个结果对于弯曲的空间（例如地球表面）来说是微不足道的，但是在非弯曲的空间中也能出现这种情形。对于“非弯曲空间”，宇宙学家通常称其为“平坦空间”，虽然它存在于三维空间中。他们的意思是，从大的尺度上，光的确沿直线传播，而不是曲线；普通几何学依然适用；三角形的三个角加起来仍然是 180 度。

比尔的问题是，真正的宇宙究竟是一个简单的还是多连通的宇宙。他想知道宇宙学中是否有测量数据能够排除多连通宇宙的可能。我想不出有任何测量结果能够排除这一可能。那有什么可以证实它的吗？这是个值得认真思考的问题。

我认为这个“瑟斯顿宇宙”（我自己给它起的名字）是一个了不起的推测，易于进行检验。它是一个多连通的宇宙，像充满了虫洞，但是没有严重的空间畸变，此外它还有一个极大的优点那就是可以检验。我觉得它不像一些弦理论那么疯狂，需要有十一维的时空。

我花了几个星期试图证明瑟斯顿宇宙是不成立的，接着又假定它真的存在的话，找方法去发现它。为了验证它，我可以观察遥远的空间，观察我们自己的银河系。也许哈勃望远镜拍摄的深空图像（图 13.1）中的某个星系就是我们的银河系自身！不过，我看到不是它现在的样子，而是十几亿年前的样子。哇！如果比尔的推测是对的，我们就能在无须假设存在一个均匀的宇宙的情况下看到过去的样子。事实上我们还能看到我们自己。但是，认出自己来是一个巨大的挑战。10 亿年的时间里，星系会有很大的演变，星系团也会演变。我绞尽脑汁地去想该如何检验他的想法，但最终还是放弃了。当然，那时是 20 世纪 80 年代初，这么多年来，仪器一直都在改进。如今我又开始重新审视他的想法。

这个例子就说明了实验物理学家业余时间都在做什么。我的物理导师，路易斯·阿尔瓦雷斯将每个星期五下午留出来进行头脑风暴。除非你专门留出时间，不然你永远都不会有时间去做。这就像是健身锻炼一样。

第 14 章
时间的尽头

既然我们已经知道过去的 140 亿年中发生了什么，那么对于未来的 1000 亿年我们又知道些什么呢？

一粒沙中见世界，一朵花中见天国，把无限存在你的手掌中，一刹那便是永恒。

—— 威廉·布莱克，《天真的预言》

回到 20 世纪 90 年代末，我在教宇宙学这门课时曾在班里说，虽然我无法告诉我的学生们宇宙在长远的未来里会是什么样子，但是我确信，一个宇宙学的重大发现即将到来。我告诉他们，在五年内，我们将知道宇宙到底是无限的还是有限的，它将永远继续膨胀下去还是最终会停止，并在大坍缩中消亡。如果这种坍缩发生，我们就有理由说这是时间和空间的终点 —— 永远的终点，前提是如果等时间不复存在了，说“永远”大家还能懂得是什么意思的话。

我还说，我们最终可能会在无限和有限（同时对空间和时间来说）之间的分界线上找到微妙的平衡，那样的话虽然我们能够对宇宙有一个精确的估计，但这并不能对 —— 永远是否真的意味着永恒持续这个问题给出答案。

我预测我们很快就能知道答案，而且我对于这一预测非常确定。

这是因为，能够为我们揭晓答案的科学实验，就是我自己设立的项目。我也对我以前的学生，索尔·佩尔穆特（Saul Perlmutter）充满信心，他已经接管负责这个项目。

探寻时间的尽头

我在上一章中描述的微波项目关注的是大爆炸后的结构，即宇宙最早期的结构如何。接下来这个实验项目的目标是探明宇宙的未来。为了实现这个目标，我们要比以往任何时候都更加明确哈勃膨胀的确切过程。

根据理论预测，距离迅速变大的星系间的共同的吸引力，会使膨胀的速度变慢。我们可以通过同时研究临近星系和远距离星系的哈勃膨胀来测算变慢的速度。远距离的星系将向我们展示数十亿年前的哈勃定律作用的效果，我们将能够看到自那时到现在，膨胀速度已经减慢了多少。我们可以通过警用雷达的标准——多普勒频移——来测量星系的速度。

这里的难点在于如何很好地测量星系的距离。我得出的结论是，超新星是实现测量的关键。一旦我们探测到宇宙的减速，我们就可以计算出膨胀是否会永远持续下去。这与计算逃逸速度非常相似。膨胀中的星系是会逃逸，还是会回落，最终出现大坍缩呢？

宇宙学家为减速因子分配了一个符号：大写的欧米伽（Ω），这是希腊字母表中的最后一个字母。我们的目标是测定 Ω 的值，因此我暂且将我们的实验命名为“欧米伽项目”。欧米伽会告诉我们时间可能终止的那一刻。

欧米伽项目的灵感来源于1978年我在斯坦福大学听到的罗伯特·沃格纳（Robert Wagoner）的演讲。他指出，遥远的Ⅱ型超新星的本征光度可以通过观察超新星壳层的膨胀速度和膨胀所需的时间来测定，然后用速度乘以时间就可以得到它的大小。如果我们能够找到遥远的超新星，推算出它们的亮度，再通过它们所在的星系的多普勒频移来测量出它们的速度，我们就可以把它们用作“标准烛光”。与它们的本征光度相比，我们观测到的亮度将决定它们的距离。

关键的一步是要从大量遥远的超新星中获得数据。可超新星十分罕见；在任何一个星系里，每100年左右只会发生一次这样的爆发，如果你想通过这些超新星做任何有意义的研究，就必须在爆发的头几天找到它们。如果你想在膨胀这一重要阶段看到超新星，你需要观测数千个星系，每隔上几晚还要重复观测。

当我向我的导师兼前论文指导老师，路易斯·阿尔瓦雷斯说起沃格纳的演讲时，他说新墨西哥理工大学（New Mexico Tech）的物理学教授斯特林·科尔盖特（Stirling Colgate）最近开始了一个自动寻找发现超新星的项目。我去拜访了科尔盖特，并得知他已经因为难度太大放弃了这个项目。但他鼓励我继续尝试，并就如何在他失败的地方继续前进并获得成功给了我很多建议。

我需要一台望远镜和一台非常强大的电脑来做这件事。幸运的是，我发现了微波辐射的余弦各向异性，这项发现荣获了国家科学基金会（National Science Foundation）艾伦·沃特曼奖（Alan T. Waterman Award）——15 万美元的无限制研究基金，我可以将这些基金用在我的任何一个项目上。这个奖实在是太棒了！这样我就可以开始搜寻超新星，而且不用再向评审专家证明我有这样做的资质。正是因为沃特曼奖，这个项目才得以进行。我使用这笔基金购置了我需要的电脑（当时功能强大的电脑仍然价格不菲），并聘请了一位刚毕业的物理学家卡尔·彭尼帕克（Carl Pennypacker）来做我的助手。

因为这个项目的任务十分艰巨，所以我需要额外的资助。我们争取到了所需的资助，但后来又失去了。项目两次被管理机构取消（一次是被劳伦斯伯克利实验室物理部的主任，一次是被伯克利粒子天体物理中心的主任）。

但我还是设法筹集资金让项目继续进行下去。能有一个终身教职实在是太好了，我接下来的工作（和薪水）不再由任何一个上司左右。在我看来，官僚主义带来的挑战又一次超过了物理学上的挑战，就和当年乔治·斯穆特在美国航空航天局遇到的情况一样。

1986 年，也就是我搜寻超新星的第 8 年，我的第四个博士研究生，索尔·佩尔穆特，以博士后的身份加入了我们团队（他一获取博士学位我们就聘请了他）。很快他就展现出了惊人的领导素质。索尔彻底重写了我们的自动化的计算机软件。通过反复查看数百个星系，我们开始发现超新星。到 1992 年，我们已经报告发现了 20 颗超新星，包括到那天为止人类所发现的最远的一颗。

按照宇宙学的标准，我们发现的大多数超新星都在附近。索尔和卡尔想直接开始寻找极远的超新星，那将需要更大的望远镜，但那样的超新星也会给我们切实希望，就是或许能观察到预期中的膨胀减速。尽管我对能否成功持怀疑态度，但是我相信他们的能力，于是批准了这个新的方向。索尔发明了一种新的方法，运用分形数学在当时速度很慢的国际互联网络上传输数据。据我所知，他是第一个将这一先进的方法运用在科学测量中的人，这一方法如今已被广泛使用。

之后索尔又解决了一个曾经让我深感受挫的关键问题。他设计了一个方案，能够在新月的前夜发现许多超新星，还设计了一个时间表，根据这个时间表能在随后的黑夜里通过大型望远镜（如太空望远镜）对超新星进行跟踪。在我看来，正是这个小小的突破使这个项目得以顺利进行。

我在没有弄清如何解决跟踪测量这个大问题的情况下就启动了项目，这也许会让不从事实验物理学的人非常惊讶。然而，路易斯·阿尔瓦雷斯让我明白这种勇气是不可或缺的——没有它你将永远无法应对大的挑战。你必须坚信你（或你团队中的成员）将能够在需要的时候想出解决方案。

假设我没有获得沃特曼奖的奖金，我就无法采取如此冒险的方式，评审专家会要求我们针对每个问题给出答案，并在我们给出令他们满意的答案之前拒绝所有的资金申请。

索尔在我们的一次非公开会议上展示了他的解决方案，在会议上，

图 14.1　笔者在 1984 年的照片，身后是我们最初用于超新星项目的小型望远镜。

从外面请的评审专家要对我们的工作进行评估，进而对是否批准额外的资金给出建议，也就是这个小组之前曾建议取消超新星项目。在索尔的陈述完毕后，评审委员会清楚地认识到该项目将会取得成功。事实上，评审小组的评审专家之一罗伯特 · 科什纳（Robert Kirschner）认为这个解决方案非常有说服力，于是他在评审结束回去后，创建了一个独立的研究小组来跟我们的伯克利团队竞争，看谁能尽快得出结果。

在我心里，索尔早已是项目真正的领导者，于是在 1992 年，也就是项目进行的第 15 年，他加入的第 6 年，我提出由索尔接管这个项目。我则逐渐退出，好继续设计其他的研究项目。5 年后，索尔取得了很大进展，结果已经离最终的答案十分接近，我在伯克利跟我的学生们讲，我们很快就会知道时间会永远持续还是将在大坍缩中结束。

暗能量和加速膨胀的宇宙

1999 年，索尔和他的团队（这个团队已经发展成了一个国际合作团队）做出了一个令人难以置信的发现。他们大大提高了观测精度来观察非常遥远的星系，对哈勃定律进行测量，发现存在对定律的偏离。宇宙没有因相互的引力而像预期的那样减速，而是有一个更大的力量，使得膨胀在加速。这是一个让人完全意想不到的惊人的发现。当索尔把他的成果展示给我看时，我非常怀疑。索尔和他的团队非常努力地寻找可能导致它们得出错误结论的任何因素，但他们没有找到。他们无法证伪自己的研究成果。他们发现宇宙的膨胀正在加速！

几乎同时，科什纳协助创建的团队宣布他们获得了类似的结果。几年后，索尔与来自对手团队的布莱恩·施密特（Brian Schmidt）和亚当·里斯（Adam Riess）共同获得了诺贝尔奖。

宇宙加速膨胀一经确认，大坍缩的问题就有了定论。它不会发生。空间会持续扩大，时间也会一直流逝…… 除非，当然，还存在有待被揭开的另一种现象，这个现象可能还没有表现出其效应，但最终可能会使宇宙发生翻天覆地的变化。索尔和他的团队发现的加速度最终将对我稍后要在这本书后面提到的“四维大爆炸理论”理论进行实验性验证，该理论给出了我对“现在”的含义的解释。

我当时没有想到宇宙正在加速。任何人都没有想到。但是我跟我的学生所预测的是正确的，那就是我们会知道宇宙是否会永远膨胀下去。

而索尔刚一公布他的成果，在该成果见报之前，我就能跟我物理课上的学生说，宇宙是否会永远膨胀下去这个问题的答案已经出来了。

图 14.2　2011 年诺贝尔奖颁奖典礼后，索尔 · 佩尔穆特（右）和笔者在瑞典皇宫合影留念。

爱因斯坦的最大失误

爱因斯坦的相对论原本涵盖了宇宙的加速。大家回想一下，在哈勃发现宇宙正在膨胀之前，爱因斯坦认为宇宙是静态的，星系只是静静地待在它们所在的地方。为了抵消星系之间的相互引力的影响，他引入了一个宇宙学常数，这是一个斥力，为的是让宇宙处于静止状态（在发现哈勃膨胀之前）。哈勃用希腊字母“lambda”的大写形式 λ 表示这个常数。它起到一种排斥力的作用，一种反引力，但是它来源于真空而非物质。在我看来，它就是空间对自身的斥力。

当哈勃发现宇宙正在膨胀时，λ 就不需要了，宇宙学界简单地认为它是零。正如我在第 12 章提到的，根据乔治 · 伽莫夫回忆，爱因斯坦曾称纳入 λ 是他一生中最大的失误。如果他当初没有人为地添加 λ，他本可以预测出宇宙的*膨胀*！在我看来，爱因斯坦一生中最具讽刺意味的事情，是我们现在知道爱因斯坦的更大的错误不在于添加了 λ，而是在于去掉它。如果他没有把 λ 去掉，他本可以预测宇宙的*加速膨胀*。爱因斯坦最大的错误，是把宇宙学常数视为了错误。

在广义相对论的方程中计入宇宙学常数 λ 的简便方法是通过将其与表示能量密度的量 T 结合，将其（在数学上）移动到方程的能量部分中。这相当于将 λ 视为能量项。事实上，这种做法现在已经是常规了，并且对于存在宇宙常数的解释就是真空充满了*暗能量*，其密度和压力是由 λ 值决定的。当以这种方式计入宇宙学常数时，广义相对论的方程不变；λ 项不存在，但是真空的能量和压力不再为零。

真空中充满暗能量，听起来以太又卷土重来了⋯⋯而且确实如此。在现代宇宙学中，真空根本不是虚空的。除了暗能量，物理学家现在相信"真"空包含一个希格斯场（Higgs field），它使粒子看起来比它们在其他情形下具有更大的质量。而保罗 · 狄拉克（Paul Dirac）甚至提出，真空充满了无穷无尽的负能量电子海洋——这的确是来自一位杰出的物理学家的震惊世人的观点（关于这一点，第 20 章会有更详细的阐述）。真空几乎算不上是空的。

理论物理学家喜欢将 λ 移动到能量项，使其成为暗能量，这样做的原因之一，就是他们已经预计会出现类似的项，而这要归因于量子物理学方面的思考。他们预计“量子真空涨落”将携带暗能量，并将带有负压，就像索尔发现的暗能量一样。那么，我们为什么不把预测暗能量的荣誉加到理论物理学家头上呢？原因是他们把数算错了。我们已经知道，使宇宙加速膨胀的暗能量的质量密度是 10^{-29} 克 / 立方厘米，而量子物理学理论预测的值为 10^{+91} 克 / 立方厘米。理论得出的数据的误差系数达到了 10^{120}。这个不一致被称为“物理史上最糟糕的理论预言”。

量子涨落仍然会是暗能量的来源吗？也许会是。一些理论家正在找办法调整他们的理论，但似乎没有人能提出看似合理的方式，对系数做这么大的变动。我自己的猜测是，量子涨落的能量的正确值将变为零（一旦我们有了正确的量子理论），并且暗能量将变成完全不同的东西，一种可以与希格斯场类比的东西（我将在第 15 章讨论）。这只是一个猜测。

暴涨

宇宙的膨胀速度超过了光的速度，这是暴涨理论（inflation theory）的关键部分，暴涨理论这一想法是物理学家艾伦 · 古斯（Alan Guth）和安德烈 · 林德（Andrei Linde）提出的，并由安德里亚斯 · 阿尔布莱希特（Andreas Albrecht）、保罗 · 斯坦哈特（Paul Steinhardt）和其他人进一步发展了。他们要解决的问题是宇宙的显著一致性。如果我们看看距离我们 140 亿光年远的地方，我们看到的是 140 亿年前发射出微波的位置。这种微波的辐射刚刚完成了 140 亿年的旅行到达地球。但是，如果我们向相反的方向看，我们看到的也是完成了 140 亿年的旅行到达的辐射。

这两个辐射发出的地方相距280亿光年，而宇宙只有140亿岁，所以信号没有足够时间从一边旅行到另一边。即使它们在宇宙大爆炸初期离得很近，它们也会因为分离太快而无法互相接触。

那么，它们怎么会“知道”如何达到相同的密度，相同的温度和相同的辐射强度？它们没有时间互相接触、达到平衡，那它们怎么会这么相似？我们观测到的相距280亿光年的信号是极其相似的。它们怎么能安排好这一切呢？

古斯和林德表明，曾经，宇宙的膨胀足够慢，使那些信号非常靠近，可以相互作用。它们足够接近，达到相似的温度和密度，然后，根据他们的理论，真空的性质突然改变，它们就以比光速快得多的速度分离开了。这些点并没有动，它们的分离是由于在它们之间，空间被快速创造出来。他们把这种空间的扩大称为*暴涨*。他们提出了相应的数学计算。他们不得不假设，有一种新的场造成了*暴涨*，这个场随着膨胀发生变化，最终进入一种状态，使暴涨停止，但是这种场很容易就融入了广义相对论。

多年来，暴涨的理论得到了物理界的欢迎，主要是因为它为宇宙如何变得如此一致提供了唯一已知的解决方案。暴涨的答案：宇宙中的一切一度存在亲密接触。不过，最近，关于暴涨的一些其他预测也得到了验证，包括对微波背景的状态的预测。当宇宙的当前在加速膨胀被发现之后，暴涨这一想法变得更加合理了。

第 15 章
抛弃熵解释

我承认我对爱丁顿关于时间之箭的解释心存怀疑……

宇宙中总的无序状态通过物理学家所谓的熵这个量来衡量，这种状态随着我们从过去到未来，稳定地增加；另一方面，由有组织结构的复杂性和持久性来衡量的宇宙的总秩序，也随着我们从过去到未来而稳步增加。

——弗里曼·戴森

本书讲到现在，大家觉得时间箭头的奥秘已经解决了吗？你是否被爱丁顿的说法，被我对他的解释的重新阐释说服了？抑或，你像我所问过的搞物理学的朋友一样，并不完全确定他的想法是否正确？

这里我要对大家坦诚一件事。我认为时间之箭的熵的解释有着深刻的缺陷，而且几乎肯定是错误的。写作刚才几个章节时——从第11 章“对时间的解释”开始——对我来说很难，但是我想在提出我的反对意见之前，先把爱丁顿的观点说透。

对于时间箭头，存在替代的解释吗？没错，有几个，这包括量子力学，这个比相对论更神秘的学科也提出了对时间之箭的一种解释。另一种解释是，时间箭头是由大爆炸创造的新的时间决定的，这跟不断创造新的空间的是同一个大爆炸。我无法证明哪一个正确，但是我确定爱丁顿的解释是错误的。

我们应该如何验证某个理论是否成立？

理论的成功验证

要想判断一个理论是否有价值，我们来看看爱因斯坦的案例。他最初提出相对论（后来被称为狭义相对论）的时候，对时间和长度做出了确定无疑的预测。十年后，他对时间的表现和长度在引力场中会有何种变化又做了额外的预测。1919 年，爱丁顿验证了爱因斯坦所预测的太阳光会发生偏折的现象。质能等价的第一次检测可能出现在乔治·伽莫夫 1930 年发表的一篇论文里，在文中他指出原子核中出现的“质量亏损”与核力的负能量有关。根据爱因斯坦的理论，狄拉克预测了反物质的存在，而卡尔·安德森（Carl Anderson）在 1932 年发现了反物质。1938 年，赫伯特·艾夫斯（Herbert Ives）和乔治·史迪威（George Stilwell）检测并验证了爱因斯坦的时间膨胀方程。在 20 世纪 40 年代做的电子-正电子对湮灭实验，戏剧化地证明了质能等价。所有的标准相对性效应——时间膨胀、长度收缩、质能等价——如今在现代物理实验室中已经变得很常见。

对于自己理论的可证伪性，爱因斯坦表达得非常明确。在 1945 年的时候，地球年龄（测量岩石的放射性得出）和宇宙年龄（由哈勃膨胀理论判断得出）之间严重不吻合。当他校订更新《相对论的意义》（*The Meaning of Relativity*）这本书时，爱因斯坦写道：

> 用这种方法测量的宇宙的年龄必然超过从放射性矿物中发现的地球坚硬的地壳的年龄。既然通过矿物质测量的年龄在每个方面都是可靠的，所以此处提出的宇宙论一旦发现与任何此类测量结果相矛盾，都将被证实是错的。在这个问题上，我看不到合理的解决方案。

爱因斯坦无须撤回他的广义相对论；出错的是实验，不是他的理论。哈勃当时还没有认识到，他在测量时混淆了两种非常相似的恒星。在发现这个错误并修正了计算结果之后，经过校正的宇宙年龄大于地球的年龄，而且实际上显然也必须如此。但是，如今我们回头重读阿尔伯特·爱因斯坦的话，我们仍会觉得耳目一新：如果实验数字没有改变，那么这个理论就会被证明是错误的，“没有合理的解决方案”。

在下一段中，我将列出爱丁顿在 1928 年关于时间之箭理论所做的预测，包括其他研究此理论的理论物理学家的预言。

[本段刻意留空。]

这个空白段落展示的是爱丁顿和其他把时间之箭和熵相联系的物理学家们的预测。一条也没有；一条也没有；一条也没有。重要的事情说三遍。讨论时间之箭熵理论的现代作者有时会承认这种缺陷。有时他们很乐观，觉得预言马上就会出现。但是，从作为时间之箭解释的爱丁顿理论被提出截至本书出版（本书英文版出版于 2016 年），已经过去了 88 年的时间，没出现过一个实验测试——没有做成，甚至没有人提出相关的实验。

或许，难道出现过了？某些效应，如果经证明它们跟爱丁顿的时间之箭熵理论吻合，就会因为证明了这一理论成立而得到广泛引用。然而，如果没有看到这些效应，相反的结果不会被视为反对这一理论的证据。这是因为爱丁顿的理论没有做出任何预言，它只是“解释”了现象。没有做出预言的理论无法被证伪，我建议我们使用*伪理论*（pseudo theory）这个术语来称呼那些可以验证但不能证伪的理论。

如果时间与熵有关系，你会期望看到一些效果吗？相对论充满了这种现象。局部引力影响时钟的速率；局部熵不应该也有同样的影响吗？当地球表面的熵在夜晚减少时，我们是不是该期望看到时间速率的变化，比如局部出现时间减慢这种现象？但是这种情况没有发生。为什么没有呢？如果这样的减速被观测到，就肯定会被视为爱丁顿理论的一个胜利，即使他本人从未做过这样的预测。

根据标准模型，宇宙的熵的增加是决定时间之箭的因素。让我们来看看宇宙的熵。它在哪里？

宇宙的熵

爱丁顿当年已知的熵是地球、太阳、太阳系、其他恒星、星云、星光，以及其他我们可以看到和探测到的东西的。自他以来，我们已经发现，这些熵只是宇宙的总熵的一个微小的部分。

彭齐亚斯和威尔逊发现宇宙微波辐射之后，人们意识到，宇宙中还存在巨大的未被预料到的熵。算起来，微波辐射每立方米也没有多少熵，但是跟普通物质不一样的是，它充满了所有的空间。因此，我们估计这些微波的熵大约是所有恒星和行星加起来的熵的 1000 万倍。

宇宙微波背景辐射的巨大的熵如何随时间而变化？这一点比较特别：它不随时间变化而变化。随着宇宙膨胀，微波虽然填满更多的空间，但是却会失去能量，最终的结果是它们的熵恒定不变。所以说，这个总量极大的熵的蓄水池，虽然比恒星的总熵大得多，却不会变化。然而，时间是前进的，那么，熵的这种缺乏变化的特性是否能证伪熵决定时间箭头这个理论？

物理学家认为，宇宙中还存在着三个其他的熵的蓄水池，但是它们从未被观测到过或证实过，它们仅存在于理论层面。第一种熵存在于中微子中，这是宇宙大爆炸的遗留物。中微子的量几乎和微波光子一样丰富，但是它们更不易与物质发生相互作用。中微子分为三类，因为不易与物质发生相互作用，所以它们的熵和微波光子的熵一样也是恒定不变的。

第二种熵隐含在超大质量黑洞中。雅各布 · 贝肯斯坦（Jacob Bekenstein）和史蒂芬 · 霍金最先计算了黑洞的熵。虽然这种计算还没有得到任何实验验证，但是大多数理论家似乎都认可他们的成果。因为上述两位科学家所做的工作涉及相对论和量子物理学的最前沿，所以他们的成果不论正确与否，可能都是相当重要的。

为了进行下面的讨论，让我们先假设贝肯斯坦和霍金对黑洞的熵值的计算是对的。随着物质进入超大质量黑洞，这个熵应该会增大。有估计认为，超大质量黑洞目前的熵有微波熵的数十亿倍大。距离我们最近的超大质量黑洞处于银河系的中心且正在吸积物质，这意味着它的熵是在不断增加的。

假设贝肯斯坦-霍金方程是对的，那么超大质量黑洞的熵则绝对大于宇宙中物质、微波和中微子的熵。那么，是银河系中心的黑洞决定了地球上的时间箭头吗？

这里我们要介绍一下关于这些熵的一个重要事实。名义上，这个黑洞距离我们有 1.4 万光年远。但是，实际上，黑洞中的熵就埋藏在黑洞表面以下的地方。假设黑洞实际上已经形成稳定的结构，那么它的熵距离我们是无限远的。真实情况是，这个距离非常之大，是光速乘以黑洞自诞生以来的时间。因此，这些熵和我们至少相距数十亿光年的距离。那么，如此遥远的熵如何能对我们的时间产生影响呢？

此外，宇宙中可能还存在另一个更大的熵的蓄水池。它存在于所谓的宇宙*事件视界*（event horizon）中，距我们有 140 亿光年之远。随着宇宙的膨胀，这些熵正在快速增加。但是，它却正以近乎光的速度离我们而去，而且它们与我们已经相距甚远。

要注意，熵的增加和时间箭头之间没有确切的联系，两者的关系基于对一种相关性所作的猜测——它们都在向前推进。尚不存在真正的理论，至少不是像广义相对论意义上的*理论*。或许，某一天会有一个真正的理论。我无法排除这一可能，但是很难相信这样的理论将会证明这些遥远的熵会影响时间箭头，或者将我们和不变的微波熵（几乎不与物质有相互作用）联系在一起。

我们都知道，相关并不意味着就有因果关系。拉丁语种甚至还有一个表达法，专门指这种错误的思考方式："cum hoc ergo propter hoc"，其字面意思是："有此，故由此。"它指的是一种错误的假设，认为两种相关联的事物必然有因果关系，即一件事引起另一件。用这种逻辑，你可能会得出如下的因果论：穿着鞋睡觉会导致宿醉，冰淇凌销量的增加导致溺水人数增加，或者其他一样荒谬的结论。[1] 然而，太多的时候物理学家没有意识到，在论证熵决定了时间箭头时，他们陷入了同样的谬误。

伟大的科学哲学家卡尔·波普尔（Karl Popper）认为，某个理论若想被视作是科学理论，就应该明确其如何能被证伪。时间箭头的熵理论无法满足波普尔提出的标准。

无法被证伪的理论包括招魂术、智慧设计论（相信宇宙及生物是智能创造的结果）、占星术，以及时间箭头和熵的关联性。也许，你还可以举出其他例子。在上述例子中，占星术是最接近于能被证伪的。肖恩·卡尔森所做的一项严谨的实验（由我担任科学顾问，且使用我所获得的沃特曼奖的部分奖金购买占星图）发表在著名的《自然》杂

1. 人一般大醉之后会忘了脱鞋就睡觉，因此第二天醒来会发现宿醉的自己仍然穿着鞋，但宿醉并非因没脱鞋而引起。夏季到来，冰激凌销量增加，同时下水游泳（并意外溺水）的人增加，故而冰激凌销量和溺水人数之间有相关性，但无因果关系。—— 译者注

志上。[1] 肖恩检验了占星术的基础理论——某个人出生的确切时间和他的性格特征有关联。他做了双盲测试，许多世界上最受人尊敬的占星家都同意并参加了测试（但是肖恩给出测试结果之后他们就后悔了）。（没错，世界上的确存在占星家，而且他们大多数都有心理学博士学位。）在肖恩的测试证伪了占星术的基础理论之后，参与的占星家表示十分震惊和沮丧（他们的确把自己的这份事业很当真），但是没有人放弃占星术。所以说，科学家可以对占星术证伪——而且占星术已经被证伪——但是占星家仍然坚持相信这种已经被证伪的学说。

在希腊传说中，安泰俄斯是一位摔跤手，只要不离开地面，就可以一直拥有巨大的力量。我个人认为安泰俄斯是一个用来形容农夫的隐喻：一个农夫一旦双手不再每天沾着泥土，那么他的庄稼就会死亡。传说安泰俄斯的消遣活动就是向他所遇到的任何人发起摔跤挑战。他总是能赢，之后他会杀掉对手，然后留下他们的头盖骨，用来建造庙宇。最后，安泰俄斯遇到了赫拉克勒斯并与之进行了较量。一开始赫拉克勒斯处于劣势，但是他后来想起了安泰俄斯的秘密，即他不能离开大地。于是，他设法把安泰俄斯举了起来，用双臂扼死了他，反败为胜。

作为一名实验物理学家，我时常能感受到安泰俄斯效应。如果几个月不去车间，我就会忘记为什么拧好一只螺丝要花费 10 分钟的时间，于是我对学生的要求就会变得过于严苛。（要想拧好螺丝，需要进行

---

1. Shawn Carlson（肖恩·卡尔森），"A Double-Blind Test of Astrology,"（"占星术双盲实验"）*Nature*（自然）318 (December 5, 1985): 419-25; doi:10.1038/318419a0.

仔细的测量，需要有两个钻孔，而且还要找到合适的螺丝刀。拧好一个螺丝可能要花费 10 分钟的时间，但是拧好 5 个螺丝仅需 12 分钟。）

理论物理学家必须联系实际，坚持要求获取可以进行检验的和以及可以证伪的实验结果。如果爱丁顿观测到了日食期间太阳光偏折的数据不同，那么就可以证明爱因斯坦的理论有误。如果高速运动的粒子的生命周期没有延长，也可以证明爱因斯坦的理论是错误的。如果全球定位系统不需要对万有引力和速度的时间膨胀进行修正，也可以证明爱因斯坦的理论有误。

实际上，爱因斯坦有关布朗运动的理论在发表之后，就开始有实验表明它是错误的。一系列的实验结果证伪了他的理论。也正是在这个时期，统计物理学之父路德维希·玻尔兹曼自杀了，这时统计物理学仍处于争议之中。但是，后续的实验表明最初的实验有缺陷，而爱因斯坦的预测得到了证实。这个论证过程耗时 4 年。

上帝粒子打破熵箭头

我来说说另一个预测，这个预测不是由爱丁顿提出的，但是我认为是由他的理论推导出来的。根据我们的宇宙学标准模型，在宇宙之初，所有的粒子都没有质量，电子、夸克还有其他所有粒子都像光子一样没有质量。这种特别的情形是早期宇宙存在的关键，让多个大统一理论从数学上能讲得通。之后，随着宇宙的演变，粒子（根据标准理论）通过所谓的希格斯机制“获得了质量”。

简单来说，希格斯机制说的是，整个宇宙在经历所谓的自发对称性破缺（spontaneous symmetry breaking）的过程后，突然充满了希格斯场。先前没有质量的粒子在希格斯场中运动时，其行为让它们看起来变得是有质量的。在希格斯机制中，粒子具有根据相对性所预言的各种属性，但是其质量只是一种假象。

这个理论预言，如果有足够的能量发生碰撞，就会产生一大块希格斯场。2012 年 4 月欧洲核子研究中心（CERN）——位于瑞士日内瓦的大型粒子研究中心——宣布发现了希格斯场，证实了这个预言。图 15.1 是希格斯粒子放射性衰变中产生的爆炸碎片。

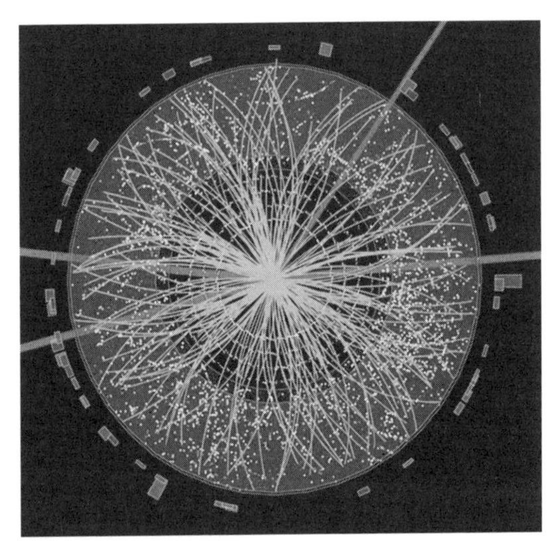

图 15.1　日内瓦附近的欧洲核子研究中心实验室拍摄到的令人信服的（对物理学家来说）希格斯粒子爆炸的图像。

因发现 μ 中微子而获得诺贝尔奖的利昂 · 莱德曼（Leon Lederman）写了一本书讲述希格斯场等内容，名为《上帝粒子》（*The God Parti-*

cle)，他也是我在哥伦比亚大学求学时的老师。他说，书名是由编辑定下的，这个名字可能为该书增加了十几倍的销量。取这个名字是因为希格斯场赋予了粒子质量，如果没有希格斯场，就不可能会有原子、分子、行星或是恒星。这样说没错，只不过依据同样的推理，我们也可以称电子为上帝粒子，因为如果没有电子我们可能就不会存在，或者称光子为上帝粒子，或者是称任何基本粒子为上帝粒子。大多数物理学家都认为，将任何粒子称作“上帝粒子”都是错得不能再错的事情——比用“真”和“美”命名夸克还要离谱（一些科学家曾试图这样做）。然而，这个书名激发了公众的兴趣，就连我也把这个名字用在这个小节的题目中。

彼得·希格斯（Peter Higgs）和弗朗索瓦·恩格勒特（Francois Englert）因为他们的预言而分享了 2012 年的诺贝尔物理学奖。当然，对于希格斯本人来说，物理学的这个重要的领域以他的名字命名，跟这个不朽的成就相比，诺贝尔奖就不算什么了。可怜的恩格勒特只能用一个诺贝尔奖来自我安慰了。

希格斯场的发现是对爱丁顿的熵与时间的因果关系论的又一个打击。我来告诉大家为什么可以这么说。在宇宙大爆炸之初，希格斯场出现之前，所有的粒子都是没有质量的。我们还有充分的理由相信，在这段时间里，即使随着宇宙膨胀，这些无质量的粒子具有能量的“热”分布，即它们的分布和你在最大化熵时获得的分布类型是匹配的。

好了，自 20 世纪 70 年代以来，人们就已经知道，这种无质量粒子的集合的熵不会随着宇宙膨胀而改变。关键的一点是，在早期宇宙中，所有物质的熵都存在于无质量的热化粒子中，因此熵值没有增加。如果时间箭头是由熵的增加所驱动的，那么这个箭头可能本来就不存在，时间应该早就停止了，我们应该永远停留在宇宙初期。随着时间停止，宇宙膨胀也会停止（或者从一开始就不会有进展）。如果没有时间，诸位现在也就不能在这儿读我写的这本书。

然而，时间没有停止。宇宙发生了膨胀，无质量的粒子集合体冷却，在发生自发对称性破缺后出现了希格斯场，粒子开始表现得仿佛是有质量，然后我们人类也产生了。

科学家们一直在思考宇宙最初时期（第一个百万分之一秒）时间的意义究竟是什么。由于空间一致的高热，科学家们担心在这一时期难以找到适合作为时钟的东西。因为粒子具有极高的能量和密度，所以就连放射衰变都可能发生逆转。那么，如何能对时间进行定义呢？

这个难题的核心是我们错误地认为时间流是受熵驱动的。这话说反了。

爱丁顿如何骗了我们？

为什么爱丁顿的熵箭头理论那么有说服力呢？我倾向于 E. F. 博兹曼（E. F. Bozman）无意间所作的一个解释，出自他为爱丁顿 1928 年的书所写的序言。他在序言中说，爱丁顿以“精致的类比和温和的说理”阐述了自己的观点。这种方式与传统的说服物理学家的方法差别巨大。因为传统上，要想向物理学家证明一个理论是正确的，要进行实验验证。波普尔就可能会对他的说法不以为然。

爱丁顿（以及实际上有关这个话题的所有科普作家）喜欢拿熵的增加举例子。茶杯掉落到地上会摔碎，倒着播放这段影片，看起来就不对头了。茶杯不能自己合成一体，但是我们的确有茶杯用，那么茶杯是如何造出来的呢？不是倒着播放茶杯破碎的电影片段产生的，相反的，播一段茶杯厂的生产过程影片，你就会有相反的印象。是人制作了茶杯。人类对具有高熵的原料进行组织，加工，将各种材料放在一起，制成茶杯。如果没有这种制作过程，就不会有低熵的茶杯可供打碎。把制作茶杯的影片倒着播放，显示茶杯变成黏土和水，时间的反转就会十分明显。

我们周围有许许多多的熵减少的实例。我们写书、建房子、建造城市、学习；晶体生长；树木吸取二氧化碳（大气中的痕量/微量气体），选择性地吸收这种气体，分解它，从土壤中吸收水分和溶解的矿物质，然后建造起了不起的有组织的结构。树木的熵远远低于组成它们的气体、水和从土壤中溶解的矿物质所拥有的熵。

人类把这些熵值极低的树木切成木板建造房子。如果你观看一部造房子的影片，你会从有序性的增加，而不是无序的增加感觉到时间的方向，你会从熵的减少过程中感觉到时间的方向。那些对茶杯摔碎这样的例子津津乐道的科普作者，其观点不具普遍性。他们精心选择了能够体现熵增加的例子，然而我们实际上生活在一个因局部熵减少而更加美好的世界里（精心挑选例子本身就是一种局部熵减少的例子，写书也是）。

当然，我们在建造房子时宇宙的总熵是增加的。大部分增加的熵来自于散发到太空中的热辐射。而在局部，熵是减少的。如果包括飞向无穷远的光子，总熵是增加的。

即使在宇宙空间我们也能看到熵减少的情况。在原始的混合气体、粒子和等离子体中，形成一颗恒星，围绕它形成一颗行星，生命就从那颗行星上孕育起来。早期的地球最初是一个均匀的混沌体，是炽热的流体。随着冷却，它开始分层，变得更有组织，铁大多集中分布在地核，岩石集中分布在地表，气体分布在大气中。它变得非常有组织性，正如冷却的咖啡失去熵。当然，这样做，它会散出很多热量，这就增加了宇宙的熵。熵被抛到外面，其中大多数进入无边无际的宇宙，而地球的熵减少了。

如果我们有地球形成前后的电影，正着放或是倒着放，很明显可以看出，地球的熵减少的版本是正确的，你看到的是地球结构的形成，而不是地球的混乱与毁灭。地球从气态到液态到固态的历史，生命的历史，人类的历史，局部的熵不是在增加而是在减少。文明的历史不是打破茶杯的历史，而是制作茶杯的历史。

爱丁顿引导我们相信他的有关时间箭头的论述是科学，但是这种阐释与牛顿、麦克斯韦或爱因斯坦的有所不同。他的阐释更像是奥古斯丁、叔本华和尼采的理论。这是一门哲学，有价值的哲学，但不是科学。

爱丁顿提出的熵和时间之间的联系理论永远无法证伪。更糟糕的是，它从来也没有经验作为基础，在提出以来的近 90 年里也没有提出任何的经验主义的支撑。对这一理论的唯一证明就是熵和时间都在增加。这是一个相关关系，而不是因果关系。Cum hoc ergo propter hoc.“有此，故由此。”爱丁顿是如何骗过我们的？

正如卡尔文在图 15.2 所示的第三个图中所说的：

爱丁顿并没有欺骗我们，是我们欺骗了自己。

图 15.2　“哪儿出了问题？”我以为这物体是基于行星和恒星的！这些怎么会被人误读？这是哪门子的科学？

第 16 章
时间之箭的替代品

如果不是熵设定时间之箭，那是什么？

[活的有机体] 以负熵为食物，即它消耗来自其环境的有序性。……这种变化为有机物活着而引起的熵增加做出了补偿。……一个有机体保持高度有序的伎俩，在现实中，永远是从其环境中“抽取”秩序。

——埃尔温 · 薛定谔，《生命是什么》

科学家提出了很多时间的熵箭头的替代解释。

这些解释包括黑洞箭头、时间不对称箭头、因果关系箭头、辐射箭头、心理箭头、量子箭头和宇宙箭头等。所有的这些都值得讨论，不过我发现列表中的最后两个——量子箭头和宇宙箭头——是最令人信服的。

熵减箭头

熵减少的箭头也许可以看作是爱丁顿熵箭头的变体，不过事实上两者在概念上有着根本的不同。我们可以把它看作不是以打破茶杯为焦点，而是以制造茶杯让你可以打破为焦点的。这种思考方式认为，时间之所以是向前发展的，是因为空间是虚空、寒冷的，所以我们可以把过量的熵像倒垃圾一样倒进空间里，忘记它，这就使我们能够减少局部的熵。在熵减少的箭头中，局部熵的减少决定时间的方向。

对于熵减少的箭头，我想提出一个隐含的假设，即记忆需要减少熵，也就是说记忆需要大脑变得更有序，而不是更混乱，所以我们要用有组织的神经元取代随机连接的神经元，而这些神经元储存了过去发生事件和过去演绎的信息。正如我在上一章所讨论的，熵的减少是生命和文明之创造的一个关键方面。薛定谔在他《生命是什么》一书中谈到过这个问题，我在本章开头引用了他的话。

是什么使时间均一地流动？均一流动的证据来自于这样的事实，当我们看遥远过去发生的事件时，它们的时间流动速率趋向于跟我们的相一致。如果时间流动是一股一股的，当我们观看遥远过去发生的事件时，那种忽快忽慢的进程就无法和我们当前的时间进程一致起来，跟我们现有的进程无法匹配起来，我们就会看到不规则现象。然而，时间如果是逐渐加速（或减速），那么这种微妙的变化就有可能不会被注意到。

我们在这里讨论的问题不是时间的流逝，而是时间箭头，创造出记忆的方向。我们自己的心理经验是由记忆的形成所产生的。我们倾向于用基本的单位来体验时间。对于每秒具有 24 个静止图像的电影，我们的大脑倾向于将其混合成明显的连续运动。对于生活在毫秒世界中的苍蝇来说，看电影时观察到的情形是完全不同的。此外还有托尔金著作中可以移动的树，树人族（Ents，不过这个词与 Entropy 无关），他们认为时间的自然单位是天而不是毫秒。

熵减少的箭头存在许多与标准爱丁顿理论相同的缺陷。局部熵在白天增加（因为温度上升，热的东西比凉的东西组织性差），然后在夜间减少。然而，我们经验上的时间继续向前进。是不是有某种时间飞轮，可以抹平短期的变化，给我们均一的时间进程？这种说法已经有人提出，但时间飞轮是一个临时添加的解释，也不具备可证伪性。

也许我们可以通过关注重要的熵，我们的头脑中的熵，并且把生物圈的熵视作不相关的予以忽略，来绕过这个问题。而且我指的不是我们的大脑的总的物理熵，因为它主要由温度决定的。我指的是思想、记忆、组织和再现的熵。

思想熵几乎是无法定义的，尽管我们可以尝试使用克劳德·香农最初发展起来的信息熵，尝试对思想熵做出定义。实际上，近年来人们在这一领域已经做了大量的工作，这个领域被称为信息论（information theory）。信息熵与物理世界的熵有很多共同点，它们共享许多定理。信息熵也存在悖论，有多少信息存储在数字 3.1415926535 … 之中？它是无限的，还是不超过符号 π 所存储的信息？

尽管有这些共同点，我认为时间箭头的信息熵模型比爱丁顿的物理熵理论更加合理。我们目前甚至连估算都估算不出来人类大脑中的信息熵的量，也不知道实际上它是否随时间演进而增加或减少（如果把记忆看作是将一组零组成的比特信息，转换为 1 和 0 的混合，我们似乎也可以说记忆是熵的*增加*）。我们的记忆肯定是重组的工作，而且我们要努力学习来记住重要的东西，但是还没有人能设计出一个衡量重要信息的尺度，而这可能是使这样一个理论变得可行的关键所在。

黑洞箭头

我们宇宙中的许多对象被广泛认为是已经存在的黑洞或快要形成的黑洞。这些包括一些“小”的物体，在这种情况下，“小”意味着只比太阳重几倍（只有在天文学领域这才会被认为是“小”），以及一些相当大的物体：位于星系中心的巨大的黑洞，质量在 100 万到 10 亿颗太阳之间。

把某件东西放进一个黑洞，它永远不会再出来。东西只能坠入黑洞，绝不会出来。即使近期对黑洞辐射的理论预测也无法改变这种不对称性；对于我们所谈论的较大的黑洞，这种辐射非常之小，以至于可以忽略不计，并且辐射实际上不是来自黑洞的表面，而是来自表面的上方。所以你可以通过观察事物落入黑洞来确定时间的箭头。

多年来，史蒂芬 · 霍金认为物体落入黑洞违反了热力学第二定律。这是因为落入黑洞的物体基本上算是从宇宙中消失了，而且携带着它的熵一同消失了，并且使宇宙的总熵看起来减小。我从来没有觉得这个论点令人信服；我们几乎不需要黑洞，因为发送光子到无穷远也等于是消除了来自可观察宇宙的熵（你永远不能赶上这种发射出去的光子）。最终，霍金改变了观点，他的学生雅各布 · 贝肯斯坦说服他黑洞本身确实包含熵，当物体落入时，黑洞的熵增加，因此（当我们将这一因素考虑在内），宇宙的熵确实会上升，第二定律被拯救了。

黑洞箭头是不是个好的解释呢？实际上，它根本经不起推敲。根本原因是，在黑洞之外的参考系中进行测量，比如以地球为参考系，物体从来没有到达黑洞。我在第 7 章“超越无限”中讨论过这一点。因此，实际上，在任何有限的时间间隔内（在地球参考系中测量），落入黑洞的物体原则上仍然可以逃逸。

逃脱的可能性是在“白洞”的假设之上正式提出来的。白洞是时间颠倒的黑洞。根据广义相对论的方程，这样的物体确实可以存在。是这样吗？据我们所知不会。但它们存在的可能性表明黑洞的方程没有显示出内在的时间不对称——在我们的固有参考系中没有显示出，而恰恰是在我们的固有参考系中时间箭头是一个谜。

辐射箭头

经典电磁理论中的一个古怪现象导致了瑞士著名物理学家沃尔特·里茨（Walter Ritz）和爱因斯坦在 20 世纪初的一场争论。这是基于已知的事实，即振荡电子导致其发射出电磁波。我们的无线电天线就是做这件事的：我们使电子沿着一段线路来回振荡，这样一来，它们就会发射出无线电波。在较小的规模上，任何热的物体（例如灯泡中的钨丝）充满热电子，热电子以高频率振动，这就是它们变得红热或白热的原因。振动的电子产生高频电磁波，我们称之为可见光。

这种辐射可以由麦克斯韦推导出的经典方程来计算，但这样做似乎需要对时间方向做出假设。这就是辐射可以推动时间向前发展的观点的由来。大家可以找一本包含电磁学的初中或高中物理教科书，查阅辐射的部分内容。描述辐射的方程式以 1897 年首次推导出它的人的名字命名的，那人就是爱尔兰物理学家约瑟夫·拉莫尔（Joseph

Larmor）。中学教材声称，为了得出辐射方程，需要援引“因果关系”原则，也就是说，你必须假设（我看过的大多数教科书都这么说）振荡先于辐射。因果关系通过包括所谓的“延迟电位”，并忽略“超前电位”而被明确地引出来。换句话说，为了计算光或无线电波辐射，必须为时间箭头指定一个方向。

必须引用因果关系来导出辐射方程，这一事实使许多物理学家相信，经典辐射的过程这一存在于整个物理学中的现象（不仅仅是光波，而且还有水波、声波和地震波都属于这一现象）造成了时间之箭。

事实上，在我给出的局部熵减少的例子中（例如制造茶杯或建房子等），熵的减少是靠发射出辐射实现的，辐射带走的熵多于局部获得的熵。于是乎，辐射就设定了时间箭头。

里茨认为电磁方程，特别是那些如何计算辐射的清晰例子，的确具有内置的时间方向，而爱因斯坦则持相反意见。对于这样一个数学问题竟然存在争议，看起来似乎很奇怪。然而这里的问题却不在于数学，而是在于如何解释这个数学问题上。他们的争论成了一个公众话题，而且通过在著名的《物理学期刊》（*Physikalische Zeitschrift*）上的一系列信件延续了这一争论。最后，期刊编辑要求这两位物理学家提交一份联合信件，阐明其争议。他俩写了这封信，这被认为是他们“对不同意之同意”。争论的焦点在于包含超前电位，方程式的这一部分似乎预言了振荡电子将要发出的辐射的情况。里茨认为这是非物理的；爱因斯坦认为，作为理论的一部分，它应该包括在内。

当我如今回头思考他们的争论时，我觉得，里茨似乎受到他想要达成的结论的驱动，而不是基于数学中令人信服的事实。当时对于爱因斯坦新提出的相对论，他尚未确信其是正确的，爱因斯坦的名字还没有成为天才的代名词，还要再过几年才会出现这一情形。爱因斯坦一直保持了客观的态度。奇怪的是，爱因斯坦没有解决这一数学问题，直到后来一个年轻的学生理查德 · 费曼在 1945 年展示了他的成果，这一问题才得以解决。

费曼的理论

1945 年，理查德 · 费曼刚刚结束曼哈顿工程（原子弹开发项目）的工作回到家，他那时尚未取得博士学位，是一个名不见经传的小科学家。有人说他是第一颗原子弹在新墨西哥试爆时唯一不服从命令，用肉眼观看了爆炸场面的人（不过他当然使用了遮光的防护镜）。

费曼在普林斯顿的论文导师约翰 · 惠勒（John Wheeler）让他研究辐射方程推导中的不对称性，看一看除了用延迟电位，是否可以使用超前电位推导出辐射。我们可以认为，这个任务相当于询问：未来的知识是否可以用于预测过去？经典辐射的方程式是否需要时间向前移动，又或者，辐射可以倒过来推导？

费曼证明了该方程的确既能包括延迟电位，也能包括超前电位——这个结果支持了爱因斯坦的立场。他表明辐射方程在时间上是对称的，没有固有的时间之箭。对于一个年轻的研究生来说，这个证明是一项了不起的成就，并且是费曼后来伟大成就的先导——他后来重塑了量子物理学，还对反物质进行了解释，认为反物质是在时间上向后移动的物质。

惠勒对费曼的研究结果感到高兴，他请费曼在由物理学家尤金·魏格纳组织的每周研讨会上讲一讲他的研究成果。魏格纳的数学天才奠定了许多现代理论物理学的基础。这是费曼第一次做科学讲话，想到要面对魏格纳这样的大科学家做讲座，他有些心虚，但还是答应了。然后，惠勒告诉费曼，他还邀请了亨利·诺利斯·罗素（Henry Norris Russell），他因其恒星理论和原子理论而闻名。费曼更紧张了。然后，惠勒又邀请了约翰·冯·诺伊曼（John von Neumann），在任何时代，此君都算得上是杰出的天才，不仅在物理学和数学，而且在统计学、数字计算机理论和经济学领域做出了开创性贡献。让局面变得越发可怕的是，惠勒随后邀请了现代物理学的共同创始人之一沃尔夫冈·泡利（Wolfgang Pauli），他是量子时代名声最显赫、最伟大物理学家之一，提出了泡利不相容原理，解释了原子的稳定性。泡利最为出名的一点，是他总是直言不讳，如果研究工作存在瑕疵，他总是不留情面地提出尖锐的批评。此时费曼觉得局面已经失控，变得糟得不能更糟了。

然而，其实局面还可以更糟——爱因斯坦也接受了邀请。

费曼说他当时完全被吓懵了。“我当时面对的可都是些智力大魔怪啊。”他在他的《别逗了，费曼先生！》（*Surely You're Joking, Mr. Feynman!*）这本书中回忆道。惠勒试着安慰他，不过他的话让费曼越琢磨越觉得不靠谱：“别担心，我来回答所有的问题。”

费曼说，当他最终开始做演讲时，他浑身上下突然不觉得紧张了。他沉浸在纯物理学中，发现对于自己研究的这个问题来说，真正的专家不是维格纳，不是冯·诺依曼，不是泡利，甚至不是爱因斯坦，而是理查德·费曼——他，而不是惠勒，回答了几位大家的问题，而且一切进展得都很顺利。

费曼证明了，经典辐射理论不区分过去和未来。爱因斯坦是对的，里茨错了。（惊讶不？）电磁辐射无法确定时间箭头。

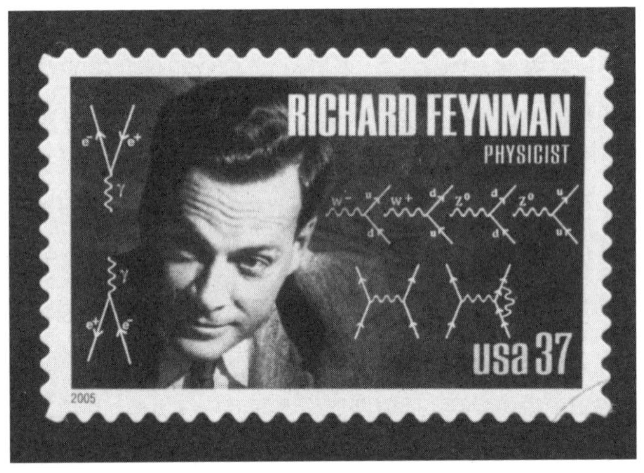

图 16.1　纪念理查德·费曼和他的工作的美国邮票。背景中有几个“费曼图”。正电子线上的箭头（邮票的左边）表示正电子在时间上逆向移动。

心理箭头

在许多方面，这是有关时间箭头最有趣的解释。如果我们假设物理学在时间上是完全可逆的，倒着放电影不违反任何规律，那么是否存在由生命决定的时间之箭？即使物理定律是对称的，是不是有什么东西使我们记住过去，而不是未来？

大多数物理学家认为，时间的方向没有精神的因素，它与生命的任何特殊属性无关，有关这个问题的答案完全是在物理学的范围之内。例如，史蒂芬 · 霍金断言心理箭头是基于熵箭头的，但做出这样的结论有些危险。它通常不是通过论证证明的，而是简单地被陈述出来，被视作是不证自明的东西。霍金说："因为我们沿着无序增加的方向测量，所以混乱随着时间演进而增加。你无法找到比这更保险的说法！"这个陈述是一个典型的逻辑谬误，称作 ipse dixit —— 通过断言和权威来证明。

什么是记忆？事实证明，这比你想象的更难以定义和理解。我们都觉得，当我们学习东西的时候，我们是在减少大脑的混乱程度。这是熵减少吗？其实这也可以被看作是一个熵的增加 —— 如果我们的大脑只是简单的、有组织的空白板（如计算机内存一样，充满了 0，没有任何 1)，在我们学习的时候，从信息的角度看，我们是使大脑更复杂，更加的"无序"。但是人们普遍接受的观点是，如果记忆是无序的减少，学习的过程会产生大量的热量，这些熵被抛弃，增加了宇宙中的熵。因此，虽然我们大脑局部的熵减少了，宇宙整体的熵是增加的。但对于我们来说是最重要的是局部熵的减少。

有些人认为生命、意识等是一种超越物理的现象。我将在本书后面讨论这种可能性。我们认为人是一个大而复杂的化学组合体，对外部刺激做出反应，在这一层面，我们无须假设存在心理箭头。我们只需随波逐流，伴随新熵的创造。纯粹依靠物理方程运行的计算机完全能够记住过去，而不需要“心理”、意识或生命，而且它们在推断未来时，除了一些极微小的方面之外，存在确定无疑的困难。在这一图景中，在快子谋杀悖论中，玛丽别无选择，只能扣动扳机，她的自由意志是一种幻觉，她的行为完全由物理学方程所决定。

人存原理箭头

“Anthropic”的意思是“与人类有关”。在《牛津英语词典》(1859年版)中对这个术语的最早记录，是指对大猩猩及其类人的行为的观察。“人存原理”为许多现代理论物理学家所钟爱，特别是在弦理论中。由于只有很少的一系列可能性能够导致智慧生命的产生，基于这一事实，我们人类能够判断确定宇宙的参数，比如它的年龄、大小和构造，甚至时间的方向。

根据人存原理，我们今天正在思考宇宙的起源这一事实本身，只有当我们的宇宙是一个非常特殊的宇宙时才会发生。我思故我在，更进一步，这意味着时间一定是向前的，而不是向后的。霍金说，人存原理是如此强大，它甚至决定了我们的时间心理箭头的指向，与熵箭头的指向是一致的。他称，若非如此，我们根本就不会讨论这个问题。证毕。

我个人认为，人存原理是无用的。依我的经验而言，它只是遇到不可计算的问题时物理学家找的一个借口而已，所以他们才说，事情必然本该如此，否则的话我们就不会在这里讨论这个问题了。这种推理是基于下面的假设：任何形式的智慧生命一定与我们人类非常相似。时间一定是向前的，因为如果时间是后退的，现实就会与我们目前看到的不同。

我的一个同事，霍尔格·穆勒（虽然姓同样的姓，但据我俩所知，我们没有亲缘关系）举了一个例子，论证了人存原理的虚无。试想一下科学家在思考："太阳为什么存在？"人存主义的答案会是："因为假若没有太阳，也就不会有人类！"这是一个浮皮潦草的回答，要是出自某个 18 世纪哲学家之口还说得过去。而更加令人满意和有效的答案来自物理学：一颗超新星爆炸之后产生的碎片物质的云开始自我吸引，随着碎片落入，它们的运动的速度和引力收缩生成了热，进而升到足够高，引发了热核反应，如此等等。这是一种符合科学范式的答案，远远超出了人存原理的空洞回答。

在 20 世纪初，有人拿了一篇论文给量子理论的创始人之一沃尔夫冈·泡利看，他认为该论文写作草率，思路混乱。据说他评价这篇论文"甚至连错误都算不上"。在他看来，科学理论的优点之一就是可证伪性，而拿给他看的那篇论文未能满足这个标准。哥伦比亚大学的数学物理学家彼得·沃特（Peter Woit）雄辩地说道，人存原理（以及弦理论）也适合于泡利所说的"甚至连错误都算不上"这一标准。他在他的博客和书中都提出了这个论点，两者都（自然地）以"甚至连错误都算不上"为标题。在我看来，"甚至连错误都算不上"同样适用于时间箭头的熵解释。

违反常规的时间反演

在研究"现在"时，我们将很快进入量子物理学的领域，这是 20

世纪能与相对论相提并论的*另外*一个理论。量子物理学的一些关键概念与相对论中最棘手的问题一样令人头疼，例如：同时性的失去和事件的逆转等。或许量子力学更令人头疼。量子力学包括了在时间倒退的粒子（反物质）和称之为*测量*的神秘现象，其似乎有自己的箭头。但在我讨论这些话题之前，我需要谈一谈与时间箭头更直接相关的量子效应。这种量子效应发现于 2012 年，被称为*时间反演破坏*（time reversal violation）或 *T 对称性破坏*（violation of T symmetry）。

时间反演破坏意味着，一部有关基本粒子相互作用的电影，可以明确地确定是向前还是向后放的。在基本粒子的微观世界中，确实内置有一个时间方向，与熵完全没有关系。这种过程的发现是一个长期目标（我拒绝使用被人们用滥了的隐喻“圣杯”来描述此事），结果来得极其缓慢，做起实验来非常具有挑战性，其成果也是了不起的成就。人们长期以来一直怀疑存在 T 破坏现象，因为之前观测到粒子和反粒子的行为存在重要差异，这似乎暗示着似乎应该存在 T 破坏。

我是 20 世纪 60 年代读的研究生，曾与菲尔·道博（Phil Dauber）致力于粒子相互作用的研究，他是我在劳伦斯伯克利实验室的导师路易斯·阿尔瓦雷斯领导的团队招聘的成员。我们研究的一个称为级联超子（cascade hyperon）的粒子在其衰变中出现 T 破坏，我感到非常兴奋！因为这样的发现会非常重要，菲尔投入大量精力对数据进行分析，把他能想到的每一个验证方法都做一遍，竭尽全力寻找可能的系统偏差，尽最大努力去证伪这项发现。

最后，他告诉我他已经设法将观察到的 T 破坏减少到两个标准偏差，这意味着它"只有"95%的机会是正确的，有 95%的机会真正显示时间反演破坏，另外有 5%的概率是错的。他解释说，5% 的出错概率对于一项大发现来说还不够好。它们让你有 5%的机会，发表出完全是废话的论文。我很沮丧。我认为，对于如此重大的发现，有 95%成立的概率已经很好了。不，不是的，道博耐心地向我解释。他说，在粒子物理学领域，我们有很高的标准。他负责撰写了论文的大部分（我是一个合著者），指出表示 T 破坏的参数距离零只有两个标准偏差，因此（用他的话说）在统计上与其为零相一致。我们的论文中没有报告 T 破坏现象，研究也没有带来轰动。

想象一下我有多失望吧。我参加了一个项目，这个项目做出了历史上最重要的潜在发现之一，对于这样的发现，我的后代有一天是有机会在他们的历史书中读到相关的叙述，而且我们有 95%的机会是正确的！但是菲尔就是不相信 95%正确的概率足够好。

几十年后我再次检测这个成果。随着时间的推移，我们对级联超子的 T 参数进行了更精确的测量，有趣的是，最终值确实为零，且出错的不确定性比我们能够实现的误差范围小很多。菲尔严格执行了科学标准，是完全正确的，我则吸取了关于科学发现的一个非常重要的教训。

出了什么问题？为何我们的发现能有 95%的机会正确，却仍然被证明是错误的？答案是，我们研究的是大量不同的现象。我们研究的是不同种类粒子的衰变，它们的相互作用，它们的质量和期望的对称性。在我们的论文中，我们报告了 20 多种不同的新结果。如果每一种都有 5% 的错误概率，那么我们实际上应该意识到这 20 个当中有一个结果是错的。避免严重错误的唯一方法是保持高标准。

当我想到导师阿尔瓦雷斯研究小组的这段历史，我意识到，能与世界上一些顶级物理学家一起工作，实在是幸运之至。从 20 世纪 60 年代到 70 年代初，他们都处于粒子物理学的最前沿，几乎每个月都会报告有新的发现。他们报告的重要发现的数量超过历史上其他任何的物理学研究团队，这一点应该不是夸大其词。然而，从他们报告的发现中，我找不到任何一个发现后来被证明是错误的。这是一个惊人的记录，实现它需要很高的标准。

2012 年，斯坦福直线加速器中心的一个小组公布了一项研究的成果，涉及两个与叫做 B 的稀有粒子的放射性衰变的不同反应。B 有几种形式，其中一种称为 $\overline{B}^0$，一种称为 $B\_$。他们研究了两个反应：一个反应种 $\overline{B}^0$ 变成 $B\_$，另一个反应正好相反，是 $B\_$ 变成 $\overline{B}^0$。这些是时间反演反应；如果你看到的是其中一个的影片，它也可能是另一个反应倒着放的结果。但是在研究这两个反应时，该小组观察到的对称性偏离达到 14 个标准偏差。根据统计理论，这样的结果在 10^{44} 种可能性中只有一次出错的可能，可能性微乎其微。这当然是足以满足菲尔 · 道博的标准了。

这不是一个偶然的发现。基于早先对 K 介子（kaon）这种相关粒子的特殊行为的观察，我们有很好的理由来研究这些特定的反应。研究人员正在寻找，并希望看到时间反演破坏。对于在 2012 年之前仅能猜测的情况，我们现在可以清楚地说：时间反演不是量子物理学定律的完美对称。在物理学的核心，前进的时间不同于反演的时间。

这是我们对时间性质进行研究中得到的一个非常重要的见解。但是这种效应在确定时间箭头，时间的流动，以及“现在”的意义上能起到什么作用吗？我想不能。时间反演破坏是一种微弱的效应。打个比方来说的话，那就是，时间不变性的定律被打破了，但这几乎算不上是轻罪，至多不过是一张违章停车的罚单，而且无论如何绝对不是什么重罪。我们唯一的证据来自一种特殊的放射性（β 衰变），这只能在特殊的高能物理实验室才能看到。如此之小，如此难以观察到的现象，怎么可能在确定时间的方向上发挥作用呢？

这些陈述对我来说意味着，时间反演破坏不会对我们当前有关时间的经验起到什么作用，但这并不意味着它在宇宙的早期是不重要的。那时所有的空间都充满了一种浓稠炽热的粒子“伊伦”，包括（在极早期的宇宙）大量的 K 介子和 β 粒子。

事实上，已经有人提出一个论点，表明密切联系在一起的物质-反物质对称性破缺可能是我们所知道的宇宙创生的核心所在。物理学家安德烈 · 萨哈罗夫（Andrei Sakharov）—— 苏联“氢弹之父”及诺贝尔和平奖得主 —— 在 1967 年指出，这种物质-反物质对称性（称作“CP 对称性”）的破缺，可能会导致在宇宙创生早期物质的量略微多于反物质的量，仅仅多出一千万分之一。但是紧接着，在宇宙奇怪的早期，随着宇宙冷却下来，所有的反物质与物质发生了湮灭，变成了光子。然而，由于物质略微过剩，剩下了一点东西，即我们称为“物质”的东西，构成了现在宇宙中的所有物质。恒星、行星和人类 ——

所有这些都是由这一点点的物质组成的，这些物质是从大湮灭中遗留下来的。CP 对称性破缺很微小，只留下了微不足道的一点点物质，但是（物质与反物质的）差别万岁！

时间反演破坏的观测之所以具有深远的意义，还基于另一个原因：基于量子理论的一些基本方面，一个称为 CPT 定理的抽象结果，我们预测到存在这种时间反演破坏。这个定理预测了一个不寻常的现象，而且这个现象得到了证实，这一事实是量子理论建立在坚实的基础上的另一个证据。

量子箭头

时间不对称可能隐藏在称为测量的量子物理的这一神秘的侧面，这是一个似乎影响未来的而不是过去的量子状态的过程。在接下来的几章里，我们将详细讨论这个过程。倚赖测量理论的主要缺点是，人们对其所知甚少，依据它所作的解释并不是真正的解释，而只是一个希望：希望两个奥秘（时间和测量）可以减为一个。然而不管怎样，我们需要认真考虑量子时间箭头。

宇宙箭头

爱丁顿提出了熵时间箭头理论，因为熵的增加似乎是唯一具有时间方向的物理定律。但是一直悬而未决的问题是，熵为什么增加？答案在大爆炸中，这个奇妙的发现可以说明我们的宇宙为何还没有变成完全混沌的。由于存在大爆炸，宇宙可以是年轻的——因此还没有完全随机化——而且空间的扩展为额外的熵增加提供了充足的空间。

但随着大爆炸的发现，我们真的应该重新审视时间箭头的问题。熵机制并不是完全讲得通。是否需要熵来解释？如果我们从时空的角度来思考宇宙，为什么宇宙只能在空间上扩张呢？为什么不同时包括时间？事实上，时间显然是扩张的，每过一秒，我们都给时间增加了新的一秒。也许对时间流动更准确的理解，应该是将其视作新时间的创生。我们不要把大爆炸看作是三维空间的爆炸，而是四维大爆炸，它不断创造出新的空间和新的时间。

在第 11 章中，我提出了以下挑战：假设关于两个时刻，你像上帝一样全知全能，并被要求判断哪个时刻在先，哪个在后。你会怎么做？我当时给出的答案是：计算两个时刻的熵，熵的值更低的时刻在先。但是你也可以只是看看宇宙的大小，宇宙较小时的事件是先发生的。

要充分理解这一点，我们需要深入探讨 20 世纪的另一个伟大而革命性的发现——在许多方面，它比相对论更令人不安，更违反直觉。这就是量子力学令人困惑的现实。

3
怪诞物理学

第 17 章
既死又活的猫

用最荒诞的事例开启量子物理学的大门……

“我无法为它下定义……但是我只要看到它，就知道是它。”

——最高法院大法官波特·斯图尔特（Potter Stewart）（此处所谈的并非关于测量）

就好像 20 世纪出现的相对论，对人的思想扭曲还不够似的，另一个同样令人头疼却也同样必不可少的变革接踵而至：量子物理学。量子物理学的创始人之一是爱因斯坦，他推论说光能是量子化的，这种光量子化只能在我们现在所称的*光子*中检测到。但量子物理学并没有像相对论一样迅速地站稳脚跟。它包含的特性太过于奇怪而神秘了，就连该理论的创始人也不断地争辩着：它究竟是什么意思？对它应该如何阐释？它的背后是否还有更完整的真相等待发掘？而目前我们所知的只是它暂时的近似值？这场辩论一直持续到今天。

这个理论的问题源自其理论构想本身。量子物理学认为，现实世界是由那些模糊虚无又转瞬即逝的事物构成的，这些事物甚至原则上是不可测的，称之为*振幅*。振幅可以是一个自然数，也可以是一个包含实部和虚部的复数，或者是一个名为*波函数*的数集。量子物理学认为振幅是捉摸不透、遥不可及的，是一种承载着所有现实的幕后精灵。

即使你能准确地知道某一时刻的振幅大小，也无法预测测量的准确结果，只能预测某个测量产生特定结果的概率。

这一切听起来充满了神秘和不确定性，但如今这些神秘的法则已经应用到电子工业，帮助我们运行智能手机、平板电脑、电视、数码相机以及电脑。几乎每一个物理学家都会与令人生畏的振幅和波函数打交道，但是其中的大多数物理学家选择直接略过量子理论不可测的方面，继续用它来做自己的工作。

但爱因斯坦不愿如此。他在物理学方面的所有突破，均是由于他个人对于矛盾假设、难以解释的实验现象以及看起来似乎从物理学上讲不通的事物的锲而不舍的探寻而做出的。这门全新的量子物理学正符合上述这些特征——比时间膨胀和长度收缩更加神秘、比黑洞更加古怪、比事件在时间上的可逆性更加难以想象。或许，直至今日，最能代表量子物理学困境的依然是那个由埃尔温·薛定谔（Erwin Schrödinger）杜撰出来的故事。这个物理学家的名字早已通过最重要的初等量子物理学方程——*薛定谔方程*——而为每一个学习物理的学生所熟知。他是爱因斯坦的同行，也是他的支持者，他也理解量子物理学带给爱因斯坦的不安。

薛定谔的猫

爱因斯坦认为量子物理理论从根本上就是不完备的，为了支持爱因斯坦的观点，薛定谔设计了一个生动的思维实验。实验设置很简单，只不过这个实验有意设计得比较残忍，大概是为了吸引眼球，迫使人们重视由这个故事引发的认知失调。

薛定谔要求我们想象面前有一个盒子，里面装着一只猫。盒子里还包含一个具有放射性的原子，该原子有 50% 的概率在下一小时内发生衰变。如果发生衰变，这个原子将触发一个能够杀死猫的毒药装置。薛定谔绘声绘色地描述说，原子衰变会触动一个锤子，打破一瓶氢氰酸毒药。想看看具体情形是怎样的吗？那就在网上查找“薛定谔的猫”吧。

所以，如果在一小时后打开盒子，有 50% 的概率你会看到一只死猫，也有 50% 的概率你会看到一只活猫。这答案似乎显而易见，只是有些惨无人道。（不要在家里轻易尝试。）

图 17.1　一段描绘薛定谔的猫的电影片段。随着时间的推移，两种量子态形成：一个里面猫是活的，另一个里面猫是死的。只有当一个人往盒子里看时，这两个状态才会被随机选择出一个来代表现实。（插图绘制：克里斯蒂安·舍尔姆）

然而真正奇怪而且让爱因斯坦和薛定谔不解的是，量子物理学判定打开盒子之前的状态的方式。根据几乎所有物理学家所使用的标准方法，描述原子和猫的振幅会在这一小时内发生演变。起初，这个振幅描述的是一只活猫和一个没有发生衰变的原子。但是随着时间的流逝，振幅在改变。临近一个小时结束的时候，振幅已经演化成为两个相等的部分：一部分表达的是一只死猫和衰变后的原子碎片，这一状态叠加在一只活猫和未“爆炸”（衰变）的原子上。除非有人偷偷打开了盒子瞥一眼，猫的状态可以说既是死的也是活的。按照量子物理的定律，打开盒子往里看的行为便构成一次*测量*。进行测量后，相应的波函数便立刻*坍缩*，此时留给你的只有一种实际结果，而不是两个状态的叠加。盒子打开的一瞬间，里面要么是一只活蹦乱跳的活猫，要么是一只浑身冰凉的死猫，不再是既生又死的叠加状态。函数的简化只在你偷看的一瞬间就完成了。

我写作此书的时候曾让我的妻子罗丝玛丽（她是一位建筑师）阅读这一章节。她认为薛定谔的猫这一部分简直不可思议，她不相信任何科学家会严肃认真地假设一只猫同时存在活着和死亡两种状态。这种观点太荒谬太可笑了，她都觉得读不下去了，直到我给她做了一番解释，让她知道量子物理学包含此类无稽之谈，并且把我的笨拙的描述做了修正，她才继续阅读剩下的章节，不再纠结于这一点。

但是大家可以问一下任何一位物理学家，他们会说就是这么回事。不过别难过，困扰你的问题同样也在困扰着爱因斯坦和薛定谔，而这同一问题又给了薛定谔灵感，让他设计了如此可怕的实验。这就是我当时对我妻子说的话，她同意继续阅读我的书——尽管也许心存抗议。（她允许我将她的想法描述在此，好让大家也能感到些许慰藉。）

薛定谔和爱因斯坦认为这个故事是一种*归谬法*，证明了量子物理学荒谬至极，漏洞百出。除非你打开盒子的那一刻，在此之前，猫难道真的既死又活吗？醒醒吧！在他们所打的算盘里，这个例子一提出来，他们就大获全胜了，就应该结束争执，证明量子物理学从根本上就是有瑕疵的。

马克斯·玻恩（Max Born）和沃纳·海森伯（Werner Heisenberg），这两位概率解释的发起者和支持者却拒绝让步。的确，“薛定谔的猫”这个故事听起来确实荒谬，但是爱因斯坦首次提出时间膨胀和空间收缩的时候，不也是同样的惊世骇俗吗？即使是“普通物质均由原子构成”这个理论，在刚一提出的时候，也曾被认为违反常识。这只猫的故事实际并不包含矛盾——只是违背了直觉。

这一争论是发生在大约 80 年前的。如今的情形如何呢？引人注目的答案是：几乎所有的物理学家都接受了玻恩-海森伯的观点。不过，针对“薛定谔的猫”带来的荒谬至今没有人给出令人满意的回答。当今的物理学家是如何回应这只荒谬的“薛定谔的猫”带来的“归谬”的结果呢？其实他们不去做任何回应。只要一想起来，“薛定谔的猫”就仍在困扰着他们，但是他们的策略是选择避开这个问题，绕道而行。

哥本哈根诠释

玻恩和海森伯（他们也是量子物理学的创始人）的方法被称为*哥*

本哈根诠释（Copenhagen interpretation），之所以如此命名，是因为海森伯曾在哥本哈根做过尼尔斯 · 玻尔的助理。当今大多数物理学家都选择接受哥本哈根诠释。爱因斯坦却为此论争不休，直至 1955 年去世仍不放弃。如今仍有一些物理学术研讨会在讨论量子物理学问题，为数不多居功自傲的学者依然辩论着量子物理学的实在性，提出更加深奥而且夹杂着冗长的数学的替代性方案，但是大多数物理学家都选择忽视这些研讨会。量子物理学在实际中好用，这便是足够好的理由，让大多数物理学家选择保持沉默。随便问一个物理学家，你可能会得到这样的答复："我知道这听起来不可思议，但是在不影响结果的前提下我们无法说出猫到底是死是活，所以我们说不出有何区别。"

一些科学家误解了量子物理学，错误地以为猫要么生要么死，而不是既生又死，只不过是在盒子打开之前，观察者不知道罢了。爱因斯坦和薛定谔当年就是持有这种想法。这种方法现在被称为隐变量理论。在薛定谔的实验里，隐变量是猫的存在状态，本科的教科书里经常这么说，但是哥本哈根诠释其实并不是这么说的。而且就像我将说明的那样，关于在量子物理学中称作量子纠缠的特性的实验证明，哥本哈根诠释才是正确的，爱因斯坦–薛定谔的隐变量观点并不正确。我将在 19 章跟大家讲一讲由斯图亚特 · 弗里德曼（Stuart Freedman）和约翰 · 克劳泽（John Clauser）设计的第一个此类实验（他们的实验并没有用到猫）。目前我们拥有的最好的理论认为哥本哈根诠释是正确的，不到打开盒子看到实验结果的一刹那，猫的状态应该是既生又死的。

难道就不能通过猫的活跃状态、血液温度或者其他生理信息告诉我们猫是否早就死了？实际上，原子和猫的振幅将包含所有可能的衰变次数，适当加权就能反映出早期和晚期放射性衰变的概率（如果将附加因素囊括进测量范围，那么振幅将会得出一个比常见自然数更复杂的数字）。如果你往盒子里面偷看一眼或者插入一个体温计，其实也算作一次测量。当你打开盒子，也许会看到一具刚死掉的新鲜的猫尸体，或者一具已经躺了近一个小时的冰冷的猫的尸体，尽管如此，根据哥本哈根诠释，打开盒子的那一刻之前尚未决定。

猫难道不能喵喵两声吗？我们所说的*测量*（measurement）究竟是什么意思？测量必须需要人来完成，还是一只猫也能进行测量？如果我们把人和猫位置互换，结果又将如何？这些问题听起来如此让人震惊和不安，可是它们的答案全部都是：*我们不知道*。真正的测量理论还不存在。这也是一个在物理学家心中由来已久的梦想。一些物理学家认为，时间的起源、方向和时间流动的速率等，恰恰就隐含在这一尚未成型的测量理论中。当你偷看盒子里的猫时，你影响的只有未来的振幅；而在未来，存在着一只或是活着，或是死了的猫。你不会影响过去的振幅，而过去的振幅中包含一只既生又死状态的猫。故而这里就产生了一种不对称性，这是物理性质中的一种新事物，区分了未来和过去。

隐藏在实在背后的鬼魂

对于薛定谔的猫来说，衡量它生或死的振幅只是一个数字，当给这个数字取平方值的时候，便能在某段时间的最后时刻给出测量结果的概率。正如我前面所提到的，如果振幅随着位置和时间这两个变量而发生改变，这个振幅就被称作波函数。薛定谔，这位“猫的故事”的始作俑者干过的最出名的事就是推导出了一组方程，这组方程解释了外力作用下波函数如何演变，以及在时间和空间层面上波函数如何移动和变化，这就是著名的*薛定谔方程*，所有研究物理和化学方向的学生都要学习这组方程。

“薛定谔先生，关于您的猫，这里有好消息也有坏消息。”

图 17.2 埃尔温 · 薛定谔，《纽约客》插图。

波函数可以描述一个电子穿过空间或在原子轨道的运动。在化学中，波函数被称为*轨道*。因为波函数不是点状分布而是呈离散分布，粒子的位置（在何处可检测到它）具有不确定性。由波函数的形式得出的粒子的速度也是不确定的。所有形式的波函数都会随时间改变而改变，粒子的势能也与频率直接相关，其关系就是爱因斯坦发现的光子的公式：$E = hf$。如果频率不精确，如果粒子的振动模式就像是一段音乐和弦（包含多个音符），或者更糟，像噪声一般，那么势能也是不确定的。

为了找到粒子的预期位置，应该把所有位置的波函数的值取平方，这样将会得出可以在何处发现粒子的相对概率，再继续做波长分析，以此来确定粒子的运动速度。波长越短表示粒子的速度越快。法国物理学家路易·德布罗意（Louis Duc de Broglie）认为，一个波函数的动量（粒子质量乘以速度）大小应该是普朗克常数 h 和波长的比值，即：h/L。

在某些情况下，波函数可能是一个复杂的叠加复数。如果想做一个宏观测量，波函数就会“坍塌”，转变成与观测结果相一致的东西。这种转变被称为*坍缩*，因为这样的转变通常会导致波函数简化。打开盒子观测薛定谔的猫，波函数就会坍缩，坍缩的结果是一只活猫或者死猫，而不是存在两种叠加状态的猫。我们所看到的一切都只是测量的结果，只有生*或*死，并不包含类似于既生又死那样的古怪组合。

这个波函数真是如鬼魂一般，它无法测量。函数图像的每个点通常包含两个数字（实部和虚部）——如果有叠加的情况则会更复杂。进行测量，得到的新的波函数就会简化许多。这是玻恩-海森伯哥本哈根猜想的一部分，直至今日也是被认可的。事实上，当今的物理学家们正尝试利用波函数中这种隐藏的如鬼魅般的特性，将其应用到量子计算机中。在计算机术语中，一个振幅位称为一个*量子比特*（quantum bit）或者*量子位元*（qubit）[1]。

1. 从技术上讲，一个量子位元有两种态可取，而一个位元能够有两个值（0 或 1）。

一个电子的波函数就势能场而言是如此微小，仅围绕着原子核在其轨道上运动。但也可能十分巨大，填满了地球和太阳之间的所有空间。如果知道了它的初始状态和受力情况，便可以确定（例如，通过使用薛定谔方程）波函数在将来时间段的图像是什么样子，但却无法在不导致其改变、坍缩的前提下用仪器测量波函数。当你测量一个电子的位置时，产生的新的坍缩的波函数可能会根据观测的不确定性，坍缩成高度集合的本征态或者离散分布的本征态。

是什么导致了波函数的坍缩呢？我们无从得知。我这么说是认真的。每当物理学家遇到无法理解的东西时，为了以后便于讨论这个困惑，他们经常随便给它取一个名字。在这件事上，导致波函数坍缩的东西就叫做*测量*。我刚刚说了，我们并不知道这么说是什么意思。一般来说，物理学家们会选择忽略这个问题，然后引用波特·斯图尔特曾说过的一句著名的话："我无法为它下定义……但是我只要看到它，就知道是它。"然而实际情况是，有时我们即使已经看到了它，也不知道是它。一些人认为需要某种形式的"意识"，才能测量到它。这么说其实什么用也没有，因为我们对"意识"理解得也不够好。爱因斯坦对这种说辞不以为然，他挖苦道："难道你真的以为如果你不看月球，月球就不存在了吗？"

令爱因斯坦烦恼的不只是盒子里的猫。

量子理论违背相对论

你不需要非得杀死一只猫才会一头撞在量子物理学的悖论上。想象此时有一个电子，由一个巨大的波函数描述，从这里延伸到太阳。对该电子进行测量，其波函数将立即坍缩，坍缩成一个不会超出你的测量装置的新波函数。我们知道我们有一个电子，而且我们知道它此时此刻就在地球，由此我们也知道它此时此刻不是在太阳上。量子理论断言它会瞬间坍缩，这与我们所理解的相对论是相容的吗？

刚刚我使用了*瞬间*这个词，但这个词的意义取决于参考系的选择。根据相对论，两个发生地不同的事件（在地球进行检测，波函数在太阳消失）不会在所有的参考系内同时发生，哪怕在检测仪器的固有参考系内检测出两事件同时发生。这意味着观测之前便有一个参考系，该波函数在那个参考系中提前消失了。此外，还有另外一个参考系，波函数在其中停留了片刻。因此，根据量子物理学定律，存在一个参考系，在该参考系中，这颗在地球上检测到的电子，在太阳上仍然有一个非零值存在。这意味着仍有机会在那里检测到该电子。

但这是不可能的。该电子已经在地球被检测到，况且我们说的只是这么一个电子（是的，我们可以假设我们目前确实只有一个电子），一定有哪个地方出错了。

有一个显而易见的解释，电子并不是一个宏观的延伸的物质而是质点，波函数则体现出我们对电子究竟在何处一无所知。学校里在教授量子物理学的时候，通常就是采取这样的解释，许多正在研究量子物理学的物理学家也常常采用这种方式来解释，可这是错误的。认为还存在着一个更大的实在性，而量子物理学只是体现了人类的无知，这实际上是隐变量理论，其中电子的*真实*却未知的位置就是其中的隐变量。人类已经进行了不少实验，验证到底哪种理论成立。迄今为止，在所有的实验中量子理论都胜出了，而隐变量理论则被证明是错的。

这就意味着波函数不遵循相对论。这令人相当不安，一个世纪以来，不计其数的实验不停地验证了相对论成立。那么，怎样才能解决相对论和量子物理学之间的冲突呢？

第 18 章
戏弄量子鬼魂

进行观测时，总觉得眼前迷雾重重，我们对量子
波函数的观测真是知之甚少……

（人生）就像一盒巧克力。你永远不知道下一颗是什么味道。

——《阿甘正传》（*Forrest Gump*）

波函数的很多性质让我们觉得将其类比为鬼魂几乎可以说都算不上是隐喻了。正如前文所述，波函数的坍缩并不受光速的限制。因此，在某个固定的参考系内，其坍缩在时间上会反向移动。波函数与现实建立联系的唯一时刻就是我们进行探测的时候，也就是当我们尝试观测电子的位置或测量其动能时。根据量子物理学理论，当我们进行前述的探测时，波函数将会以违背直觉的方式发生变化，而且似乎与我们所理解的相对论矛盾。

现代物理学居然暗中圈养了一头如此神秘的野兽，大家难道不感到震惊吗？量子物理学的开创者之一尼尔斯·玻尔（Niels Bohr）曾说：“任何不为量子理论感到震惊的人，其实是还没有理解这几个字的含义。”理查德·费曼曾说：“可以负责地说，没有人真正理解量子力学。”[1]

1. 费曼使用的是更老的术语“量子力学”。当量子物理学第一次被提出的时候，它关注的是确实是力学的方面，即物体和它们如何运动的问题，但是现代量子物理学也涵盖了场的量子行为，包括电磁场和核场，因此我认为使用现代的术语“量子物理学”会更清晰。

约翰·惠勒是费曼的导师，也是量子物理学发展过程中的关键人物，他曾说："如果量子力学没有使你感到迷茫，那是你理解得不够透彻。"罗杰·彭罗斯（Roger Penrose）是一位研究量子物理学含义的思想家，他曾写道："量子力学真的是完全无法理解。"

量子物理学这个令人抓狂、几乎不可能理解的理论，尽管如鬼魂一般捉摸不透而且颠倒众生，却是现代物理学的核心。或许它飘渺虚无，却能给出精准无误的预测。我们只需忽略它鬼魂般飘忽不定的特征，学习如何求解相关的方程，便可以高度精确地预测未来（虽然并不全面）。

通过量子物理学的相关方程，比如薛定谔方程，能够计算出外力作用下电子的波函数的变化。但波函数并不是电子本身，它是振幅，是电子的灵魂和魅影。我们永远无法检测或测量波函数，只能对它进行计算推演，或者探查某一点的函数值。可是一旦我们对某一点的函数值进行了探查，也就是进行了一次实际测量，波函数就会在顷刻间彻底改变，无法逆转，不可挽回。

粒子波和波粒子

假设在电子波函数前面放置一个测量设备——比如能感知电流的导线。如果电子的波函数很宽，那么导线只能感应到一小部分电流（不会检测到一个完整的最小周期）。这就意味着想要检测到电子波的完整周期，机会渺茫。根据波函数以及线圈的尺寸，就可以计算出电子碰到线圈的可能性，并对其进行测量。

随着电子的运动，波函数的图像如同波浪一样延展下去——它正是因此而得名。单个电子产生的电子波能够同时沿两条相互分离的不同路径传递，就像一个声源发出的声波可以同时传入你的左右耳。一旦检测到电子（电子波的完整周期），就好像检测到一个爆炸、一次突然发生的撞击，一个*量子*。从许多方面看，电子似乎是一种粒子。

粒子和波，到底哪一个才是它的真身呢？正确的答案是，两种都不是。我们可以把电子看作一种新结构，可以称它为粒子波，也可以称它为波粒子，或者其他的名字。我曾好几次让我的学生进行投票，表决它是*波粒子*（wavicle）还是*粒子波*（pwave）。结果两个名字的得票数势均力敌，没有一个明显占上风。它既不是一种波，也不是一种粒子，可它同时带有两者各自的某些特征，这一结合体十分怪异。它像波一样在空间里延展，检测时又发现它像一种粒子，像一种有质量、带电荷的波。它可以传播、反射，也像降噪耳机消除噪声声波一样自我消除。而当你检测它时，检测的事件往往是突然的、瞬时的。被检测到的电子会继续存在，但是其波函数已经发生了不可逆转的变化。如果用小型仪器进行检测，你会发现此前大型的波函数瞬间缩小了。

纠缠不清

爱因斯坦是第一个提出波粒二象性的人。在 1905 年完成的一篇描述光电效应的论文里，爱因斯坦描述了光射到金属片时，如何将电子逐出金属表面。他提出，光的确是一种波，但是当人们检测光波的时候，当光从金属表面激发出电子的时候，它都是瞬时爆发的——这种行为让人联想到粒子的属性，而不是波的属性。有时候这种爆发速度很快，比经典的电磁波传递足够能量还要快一步。正如前文所述，爱因斯坦曾说光子的能量应与光波的频率相关，即应遵循等式 $E = hf$，其中 h 为普朗克常数，是普朗克研究物体热辐射时推导出来的。

爱因斯坦从未想过同样的方程竟然也适用于电子。路易·德布罗意在他 1924 年完成的博士论文中提出了这一观点，这一突破引发了量子物理学的飞速发展。由于德布罗意的研究，人们发现电子和光子竟是如此相似。人们曾经认为两者间的差异是至关重要的属性（光子的静止质量为零；而电子带电荷），如今变成了次要的。它们都是量子粒子波。（粒子波还是波粒子？）这是物理学理论一次伟大的统一。

薛定谔、玻尔、海森伯还有其他物理学家，在三年内便推导出了外力作用下的波动方程。之后狄拉克又提出了如何根据相对论调整方程（不过他没有解决测量的难题），推演出了*相对论性波动方程*。20 世纪 20 年代是物理学飞速发展的时期，发展速度快得难以置信，就连物理学家也觉得目不暇接。

当年，如鬼魅般难以捉摸的量子物理学困扰着许多物理学家，时至今日依然如此。物理和化学专业的学生通常需要几年的时间才能适应它。物理学家兼数学家弗里曼·戴森曾与我谈起，为了适应量子物理学，学生会经历的三个阶段。在第一阶段，学生会疑惑，为什么会这样？在第二阶段，学生学会如何使用所有的数学工具，此时会感受到量子物理学计算的魅力。数学工具能够以惊人的准确性帮助预测实验结果。而到了最后一个阶段，学生已经忘了他们最初看到这些问题时曾觉得那么神秘而难以理解。[1]

可并非所有的物理学家都能到达最后那个满足的阶段。在我看来，理查德·费曼完美继承了爱因斯坦的衣钵。费曼强烈的直觉引导他在物理学的各领域都展现出非凡的洞察力，获得了不少发现，在这一点上，20 世纪的任何一个人都无法超越他——或许恩里克·费米（Enrico Fermi）除外。但是费曼始终与量子物理学的"阐释"保持距离。费曼用其惯常的布鲁克林式通俗易懂的语气警告说："只要能忍住，就别对自己说'可是它怎么会变成那样呢？'，因为这样你会'纠缠不清'，拐入无人能走出的死胡同。"

内在不确定性

新的量子物理学中，有一项新发现至今依然困扰着各位教授和学生，是量子物理学的一个关键特性，这就是所谓的*海森伯不确定性原理*。

单是将波状特征加在电子头上，就已经立即与人们传统的认知产生了问题。想想常见的波，比如水波，这种波没有精确的固定位置，不断向外扩散。更令人吃惊的是，或许你会发现很多水波连准确的速

1. 量子物理学的发展过程类似于叔本华所说的建立真理的三个阶段。详情可参见第 4 章开头的引言。

度都没有。向一个有适当深度的池塘里丢一块石头，水波会一圈一圈变宽。波的速度是多少呢？你可能觉得，只要盯着其中一个波峰向外扩散，就能知道答案。但是接着你就会发现那个波峰消失了，波浪还在继续扩散，但是那个你选择盯住的观察对象却不见了。出现了一个新的波峰代替了你所观察的波峰，但是它却出现在旧波峰的后面。因为你丢了石头才出现了层层水波，很显然它们是同一个波。

看着层层水波，物理学家意识到：一种波，比如石头落入水中溅起的水波或者说船只推开水面激起的水波，通常由一组组波峰和波谷组成。拿水波来说，单个波峰和整个波群的移动速度是不同的。比如深水潭，波峰的移动速度（有时称为相速度）是波群速度的两倍，那么哪一个才能算作是波速呢？在量子物理学的领域里，如果你想要探测距发射源较远的粒子速度，粒子波群的速度其实更重要。

随着波向外扩散，波群变得越来越宽，这就更令人困惑了。起初波峰之间的距离很狭窄，可是随着时间的推移，当波峰移动到一定距离时，波峰之间的距离就很宽了。到底哪个才是波速——波峰的速度？波群前锋部队的速度？波群后续部队的速度？或者应该是这些速度的平均值？你可以看到波的各种形状（波峰出现和消失，一组越来越宽的波）的航拍图，如图 18.1 所示，这是一艘船划过水面激起的水波。

虽然水波看起来复杂，但是粒子波也有着和水波相同的奇特属性。正是它们的宽型结构以及速度不唯一性催生出了海森伯不确定性原理。许多人认为这一原理是在量子物理学中最先提出来的，其实并不

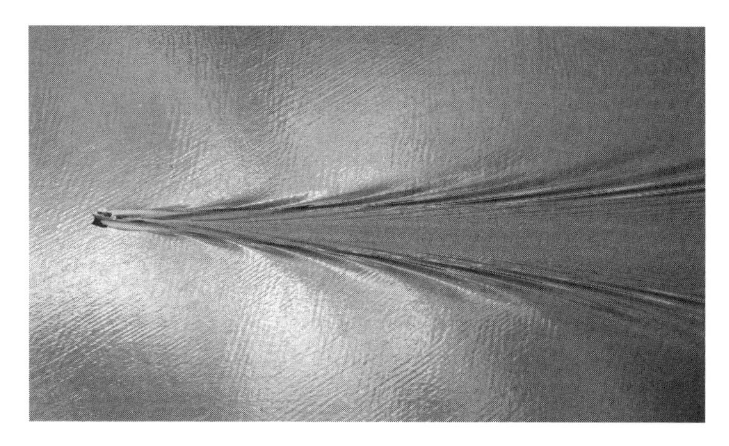

图 18.1　船后面的水波

是。早在波动光学理论中它便为人们所熟知，是在 19 世纪发展起来的，当时距离人们将其应用到量子物理学领域早了很久。

海森伯为不确定性做出了一个精确的表述。极短极窄的波也会有一个确切的位置，但是这种波（无论是水波还是其他类型的波）具有多种速度。很多种波的前部和后部移动速度并不相同。想要测量其速度，往往需要借助于测量动量（质量与速度的乘积），你会得到一个很大的数值。测量位置会得到波的宽度范围内的任意值，几乎所有的波在速度和位置方面都存在不确定性。

海森伯不确定性原理的数学公式恰好遵循经典波的公式。附录 5“不确定性的数学解释”对这一点做了具体描述。海森伯法则的数学表达式通常写作 $\Delta x\Delta p \geqslant h/4\pi$[1]，与描述常见波的方程式是类似的（除

1. Δx 表示位置不确定性，Δp 表示动量不确定性；符号 ⩾ 表示“大于或等于”，h 是普朗克常数。

了乘以普朗克常数 h),比如水波、声波和无线电波等。

不确定性意味着物理学无法再给出确定的预测。这表明一个粒子未来的位置无法精确地预测,因为要想预测,就需要知道其初始位置和速度的确切值。更糟糕的是,结合人们目前对混沌态的认知,量子物理学带来的微小的不确定性会与日俱增,并深深影响我们所处的宏观世界。根据某些理论,在宇宙大爆炸初期阶段,量子不确定性可以为星系和星云的存在给出合理解释,其结构如图 13.3 所示。

尽管爱因斯坦为量子物理学的诞生扮演了重要的角色,可他一点都不喜欢新的量子物理学不确定性的方面。不确定性意味着物理学是不完整的,未来似乎正由某种其他的东西拿捏着,而非由过去决定。量子物理学也不清楚那东西究竟是什么,只能说那似乎是带有随机性的东西。1926 年,爱因斯坦在一封给马克斯 · 玻恩(Max Born)的信中写道:

> 量子物理学的大厦的确壮丽恢弘。只是内心有一个声音告诉我,这些都不是实在的东西。相关理论说了很多,可是并没有带我们接近“老家伙”(上帝)的秘密。无论如何,我都深信,上帝不掷骰子。

据维尔纳 · 海森伯的回忆,在一次研讨会上,爱因斯坦发表了类似的评论,而尼尔斯 · 玻尔回应道:“但是不管怎样,我们都无权告诉上帝应该怎么管这个世界!”

最短的距离

在物理学中存在一个非常短的距离，可能是有讨论意义的最小长度（而且我们是否能真的讨论它，这一点也并不明确），这个距离通常称为*普朗克长度*，是在尝试把广义相对论和量子物理学理论相结合时推导出的。普朗克长度约为 1.6×10^{-35} 米。

普朗克长度是根据不确定性原理得来的结果，不确定性意味着绝对零度时的微小真空区域不可能具有零能量，如果有，则该能量就是能精确测出的。由此，在量子物理学中，对于从其他各方面看完全真空的微小空间，也要赋予一点点真空能量。真空区域越小，真空能量越强。如果该区域足够小，那么小半径范围内的高能量组合便满足了史瓦西公式，从而这个真空内会出现一个微型黑洞。[1]

因此，量子物理学与广义相对论的结合似乎暗示真空其实是无数个微小却无处不在的黑洞构成的泡沫。此外，每个黑洞都会在*普朗克时间*（Planck time，*光每传播一个普朗克长度所用的时间*）这个时间尺度内迅速波动（出现和消失）。一些理论物理学家提出，或许空间也是数字化的，就像我们的电脑一样，而且其之所以存在，是因为构成其数字化的离散点的间隔都是大约一个普朗克长度。

---

1. 关于普朗克长度的估算可根据下文所陈述的一些通用的定律推算出来：根据量子物理学，空间长度为 L 的基本单位能量为 $E = hc/(2\pi L)$，其中 h 为普朗克常数。根据量子物理学，“零点”能的能量值应是基本单位能量的 1/2，也就是 $hc/(4\pi L)$。设 L 等同于质量为 $M = E/c^2$ 的黑洞的史瓦西半径。从而可得黑洞半径 $R_s = L = 2GM/c^2$。综上所述，可以得到 $L = \sqrt{Gh(2\pi c^3)}$，即普朗克长度的计算公式。

对于所有这些类似的猜测，我整体上持批判态度。这些说法的问题在于理论大大走在了实验的前面。过去的理论都是基于测量得出或通过实验发现的。如果有现象产生，那么它就是可能的。但是对于理论来说不存在同样的定理，即如果理论指出应如何，就一定如何或者不如何。这些新的理论，包括所有针对普朗克长度的讨论，都没有实验依据，它们都只是为了达到数学上的优雅而推导出的理想模型。如果沿着这样的道路走下去，在物理学史上真是史无前例。基本上，我们还没有针对强引力广义相对论进行过检验（只对弱引力场的极限进行过测验，与黑洞的引力强度相差甚远）；关于黑洞的性质也没有强有力的证据基础（只知道存在一些高质量的物体，不发射可见光）；黑洞辐射和黑洞熵也没有实验验证。

关于这些主题的所有理论可能都只是凭空猜想。过去，物理学可不是这么发展起来的。或许在“四大基本力”［电磁力、强核力、辐射力（也叫“弱核力”），以及引力］之外还有其他类型的基本力，需要先被发现才能融入一个合适的理论之中。

爱因斯坦在研究统一场理论时，就落入了陷阱，或者是他试图将错误的力整合在一起。当前的大统一理论可能也在犯同样的错误。

一些理论家认为四大基本力之外没有其他的力了，他们也许是对的，但是我觉得他们的推理还不那么令人信服。引力是一种极其弱的力，只有在两种情况下我们才会感受到它的存在：第一，引力只带一种电荷（所有质量都带正引力），所以引力不会自我抵消；第二，引力影响范围广，随着构成物质的粒子增多，在非常远的距离也能感受到引力。是否存在能相抵消引力的力（就像电磁力中的质子和电子）或者是影响半径小的弱引力，至今都还未发现。

在我们所感知与经历的世界里，由于*混沌态*现象的出现，量子物理学的不确定性被放大了。

混沌态的不确定性

有一首广为流传的民谣，至少可以追溯到 1390 年：

> 少了一枚铁钉，掉了一只马掌；
> 掉了一只马掌，伤了一匹战马；
> 伤了一匹战马，缺了一个骑兵；
> 缺了一个骑兵，没了一份情报；
> 没了一份情报，输了一场战役；
> 输了一场战役，丢了整个王国！
> 一钉损一马，一马毁社稷。[1]

这些说法揭示了现代混沌理论的实质——细节差之毫厘，影响谬以千里。在电影《侏罗纪公园》（*Jurassic Park*）里，自命不凡的数学家伊恩 · 马尔科姆（Ian · Malcolm）提到了经典的*蝴蝶效应*：（他说）一只蝴蝶煽动翅膀，结果一周后的中央公园便从阳光明媚转成了狂风暴雨。*蝴蝶效应*的普及先于混沌理论，最早能追溯到 1941 年，在

---

1. 这首民谣还有一个现代版本，开头大概是“少了一节七号电池，坏了一只电脑鼠标……”，最终导致了一场热核战争。

G. R. 斯图尔特（G. R. Stewart）的畅销书《风暴》（*Storm*）里已经有了相关描述。

混沌现象在行星运动、气候模式、种群动态中都可以观测到。混沌的数学理论表明，一个微小变化造成的影响随着时间的推移可能会呈指数型增长，至少最初如此。因此，想要预测未来，精度需要达到无穷小。结果是，尽管我们已经可以预测几个小时以后的天气，甚至有时能准确预知几天后的天气是晴是雨，但是对于预测一周或一个月后的天气情况，我们依然束手无策。

然而，混沌态的影响是有限制的。最终状态有时只是简单地在两种十分有限的形态间来回转换，指数型增长不会一直延续下去。无论有多少只蝴蝶拍打翅膀，夏季都不可能先于春季到来。影响气候变化需要比蝴蝶更大的力量，比如改变地球运行轨道或者向大气层排放数十亿吨的二氧化碳。尽管《侏罗纪公园》中伊恩 · 马尔科姆曾经这么说过，其实一只蝴蝶拍打翅膀是否真的可以改变暴风雨的路径，我们并不知道。马尔科姆博士所说的仅仅是一个猜想，未经科学证实。

混沌理论不否认因果论或决定论，它只是说明测量的精确程度必须达到超高的标准，才有可能知道未来的远景。在这一方面，混沌理论和海森伯不确定性理论有着根本的区别。在量子物理学看来，粒子位置和速度的精确值原则上来说是不可能同时测得的。从深层次上讲，这些数据直至测量前甚至都是不存在的。

当我们把混沌理论与量子不确定性联系起来，可以得出这样一个结论：量子的微小不确定性甚至可以影响宏观行为。或许我个人的自由意志取决于一些原子的量子变化，这种变化沿着原子的混沌的链条进入我的神经系统，触发我做出让所有朋友和家人都不理解，甚至连我自己都无法预料的行为。

可惜，混沌理论在文艺作品中经常被说得过于夸张。在真正的物理系统中，混沌起作用的范围通常相当狭窄。地球的运行轨道虽然是混沌的，但是变化并不明显，至少几十亿年内轨道变化不会明显变大。我们还是会继续围绕太阳、沿着非常接近圆形（差异只有几个百分点）的轨道上运行。一只蝴蝶拍打翅膀是否真的可以引发大的变动，还是其混沌的影响仍然保持原本微小和局部状态，这些都未曾有过定论。

《侏罗纪公园》这部电影处处彰显了对混沌的夸张和误解（同名小说中的相关内容倒是略微合情合理）。马尔科姆警告说："看来，霸王龙并不喜欢循规蹈矩，恐龙的行为就是混沌的本质。"他自以为是地说恐龙永远不可能接受控制，并声称这是混沌理论的结果。

这话简直一派胡言。对马尔科姆式夸张说法的最佳反击者是该电影的科学顾问——古生物学家杰克·霍纳（Jack Horner）。霍纳指出，电影里的恐龙不可控的问题并不是由指数型混沌行为的必然性所造成的，而是因为动物园管理不当。狮子、老虎和熊极少逃离动物园，恐龙也一样，动物逃跑从来不是不可避免的。如果电影中创建公园的老板约翰·哈蒙德（John Hammond）聘请了一位动物园管理顾问，这一切灾难便不会发生。[1]

量子壁橱里的骷髅[2]

我们至今仍然完全无法定义什么是“测量”，这一点让物理学家感到极其尴尬。讲授薛定谔的猫时，我们会咯咯地笑，但是深知这可不是一件好玩的事。每当我们对学生提出的关于那只猫的问题给不出一个合理的解释时，便开始给自己搭台阶：我们只不过是听从了费曼的建议，避而不谈这个问题，以防纠缠不清。

很多书籍、研讨会、论文都涉及“测量理论”（theory of measurement）。搜索这个关键词，谷歌和必应中相关内容的页面数分别为2.39亿和1780万。这些结果可能会造成一种假象，让人以为真的存在“测量理论”这种理论。如果仔细查阅，你会发现，其实我们只是有一些想法的集合，其中很多相互矛盾，而且至今也没有任何一种想法引导出令人满意的结论。

这其中的原因或许是，要想有效地测量，必须有一个人类成员（有感知、自我意识以及能思考的灵魂）参与其中。这个想法正是薛定谔通过引入一只猫所要努力解决的问题。你真的相信，在有个人打开盒子朝里面瞥一眼之前，猫是既生又死的吗？没有任何一次测

1.《侏罗纪公园》还描绘了所有素食恐龙和善、温顺以及不具攻击性的一面。我怀疑编剧迈克尔·克莱顿（Michael Crichton）和导演史蒂芬·斯皮尔伯格（Steven Spielberg）是否相信所有素食哺乳动物都是这样的（比如大象、犀牛、水牛还有河马等）。
2.“skeleton in the closet”“壁橱里的骷髅”是有名的英国俗语，意思是人人都有自己的秘密、梦想或悲伤。——译者注

量是在没有人类参与的情况下完成的，对于这个著名的观点，英国皇家学会会长马丁 · 里斯（Martin Rees）提出了一种戏拟的说法。他说道：

> 太初只有概率。只在有人观察时，宇宙才产生并存在。即使观察者是在数十亿年后才出现的，这也无关紧要。宇宙之所以存在，全赖于我们意识到了它的存在。

我认为这是里斯对“测量需要人的参与”这种高傲自大想法的讽刺——同样的观点，爱因斯坦曾用“月亮只在我们看到它时才存在”的论述嘲讽过这样的说法，薛定谔也曾试图抱着他的猫来对此取笑一番。

罗杰 · 彭罗斯认为宇宙自身就可以进行测量，通常我们不会注意到这些测量行为，因为它们不会一触即发，这些测量需要假以时日，随着它，让它悄悄发生。月球的存在与否不会依赖于爱因斯坦是否在看它，它距离我们非常遥远，不用爱因斯坦偷瞥它一眼，就已经在宇宙中由于某种原因而真实存在了。彭罗斯称这种理论为“目标约化”（或称“客观还原”，objective reduction）”或者“客观坍缩”（objective collapse）。他推测，“每当两种不相容的时空几何形式，以及由此产生的引力效应出现显著差异”的时候，这种现象就会发生。我认同彭罗斯的观点，这似乎是正确的路径，但是该理论还需要量化，另外还要能做出预测。远在人们探测到波函数之前，就有某种东西导致波函数坍缩了。我不知道这个东西是什么，也不知道它需要多久才能导致波函数坍缩，彭罗斯声称自己也不理解，而是正在进行探索。伟大的思想固然是无价的，但是我们依然需要通过实验来解决棘手的物理问题。含有纠缠变量（我们将在下一章节讨论这个问题）的实验表明，至少在实验室中，见证奇迹的时刻只存在于一微秒（百万分之一秒）的分毫之间。

平行宇宙理论是为了处理测量难题所做的另一份努力。关于这个理论，我也放到下一章进行讨论。

目前为止，我们已经取得了一个重大的实验突破——这一突破带给我们的启发远远超过任何喋喋不休的理论家针对这一问题所说的话。斯图尔特·弗里德曼和约翰·克劳泽在 1972 年发表了他们的发现。他们的成果证明，爱因斯坦是错的。

第 19 章
爱因斯坦错了

一个重要的实验证明，爱因斯坦认为量子物理学
是错误的这一观点本身是错误的……

我们称之为实在的事物并非由实在之物构成。

——尼尔斯·玻尔，量子物理学之父

天地之大，万物之丰，远超你的睿智所能想象。

——哈姆雷特

爱因斯坦用过的一个词非常恰当：怪诞。他说这个词的时候是在讨论量子物理学，他认为，有一件事是不可能的。普通量子物理学似乎要求波函数的变化速度超过光速，这是不可能的。但事实证明这是真的，实验表明这种情况真的会发生，而既然是发生了，就是可能的。

斯图尔特·弗里德曼和约翰·克劳泽在加州大学伯克利分校进行了一个决定性的实验。我依然记得，对于他们进行的这项极其困难的实验，我内心充满了敬畏之情。他们必须处处小心，因为无论结果如何，他们的发现可能会粉碎一整套理论体系，并冒犯一整个阵营的理论家。斯图尔特成为了我的密友，他常常取笑自己，说他在物理学上从未有过任何发现，而只是证实了别的物理学家是错的。不过呢，在这个实验中，他证明出错的物理学家竟然是爱因斯坦，我认为这是一

个相当大的成就。

爱因斯坦针对量子物理学提出的异议之一是瞬态波函数坍缩这个令人困扰的性质。爱因斯坦称这种坍缩以及其他突变现象是“怪诞的超距作用”。根据哥本哈根诠释，探测粒子的位置时，位于数光年外的另外一颗粒子的振幅在一瞬间便会受到影响。爱因斯坦曾在他的相对论中表明，瞬时概念对相互分离的对象是没有任何意义的，而且就连事件发生的次序也依赖于参考系。这意味着，如果一种现象引起另一种现象产生，这种因果关系有可能在其他参考系中发生倒置（这与我提出的超光速粒子谋杀悖论相同）。爱因斯坦在一篇与鲍里斯·波多尔斯基（Boris Podolsky）、纳森·罗森（Nathan Rosen）合写的原创性论文里对该问题进行了探索。他们的分析成果就是著名的“EPR 悖论”（EPR paradox，以姓氏字首为缩写）。

哦，这个问题还有另一种简单的解，爱因斯坦更偏爱这一种解。他提出了一种与众不同的波函数的解释。波函数不是一种代表完整实在的物理对象，而是一种映现出我们尚未明确的知识的统计函数。爱因斯坦认为电子肯定有一个实在又十分隐蔽的位置，只是量子物理学还不知道它在哪里。实在的波不会消失，也不会发生坍缩现象。一个隐藏的变量（比如实际位置）在量子物理学中是缺失的。添加了这个隐藏变量，量子物理学才重新变得完备，过去也才能重新决定未来。

这一点可以跟我们对气体的理解进行类比。尽管不知道每个气体分子的分布位置，但是我们提出了描述分子普遍性质的理论。我们所测量到的气体压强和温度，其实是大量的分子的普遍性质而已，这是一个统计学理论。理想气体定律将气体的压强与其体积和温度联系起来，正是这样一种统计平均概念。就如同布朗运动所展示的那样，当气体分子撞击容器壁时，每个分子产生的瞬时压强应该是不同的。爱因斯坦认为这种理论应该同样适用于量子物理学。他坚信隐变量的理论才是真理，量子物理学只是一种统计学上的概括。

随后，约翰·贝尔（John Bell）针对 EPR 悖论展开了严格的实验。他的实验结果证明，隐变量理论无法产生量子物理学的全部预测，这意味着量子理论和隐变量理论都是可证伪的理论。只要是能够做出合适的实验，就可以判断孰真孰伪。贝尔分析了一对粒子背向发射的情况[这是戴维·玻姆（David Bohm）提出的一种实验设想]。他认为，通过检验一种极限，优秀的实验人员能够判断哪种方法——哥本哈根诠释或隐变量理论——是对的，我们如今把这个极限叫做贝尔不等式。受贝尔实验的启发，约翰·克劳泽试图用一种实验来向支持哥本哈根诠释的物理学家团队证明，爱因斯坦对量子行为的解释，即隐变量论，是正确的。

隐变量理论终结者

约翰·克劳泽刚刚被“激光之父”查尔斯·汤斯（Charles Townes）聘请就职于伯克利大学分校的时候，还是一位年轻的理论物理学家。克劳泽告诉汤斯自己想用实验来证明隐变量理论是各种物理结果的最佳阐释，同时证明哥本哈根诠释是有误的。随后，汤斯向尤金·康明斯（Eugene Commins）请教。康明斯教授曾研发出许多实验方法用以观测如今我们所说的量子纠缠。最终，康明斯同意与汤斯共同支持克劳泽的实验，实验的大部分工作将由康明斯指导的研究生斯图尔特·弗里德曼完成。

弗里德曼和克劳泽计划在一束钙原子的光子释放实验中探索隐变量效应，这个想法是他们的同事艾温德·威克曼（Eyvind Wichmann）提出来的。威克曼是一位伟大的理论家，我觉得他似乎一直为隐变量理论的相关争议而困扰。他们将对偏振，即从钙原子里释放出的两个光子的方向进行测量。这两个光子的很多性质应该是相似的，但量子论与隐变量理论各自预测的相似性却截然不同。稍后我将对此进行详细说明。

我认识弗里德曼和克劳泽（当时我先在加州伯克利大学分校攻读硕士接着又攻读了博士），我觉得他们进行的项目难度极大。为了让这个实验项目显得不那么难，不妨先假设从钙原子里释放的这对光子不只是相似，而是具有完全相同的偏振。再假设所有光子均从同一发射源出发，钙原子保持初始运动状态（在真实实验中是不成立的）。还要假设这对光子恰好沿同一水平线背向释放；假设光学设计不会受像差影响，易于实施；假设原子受激释放光子，既不会发出其他混淆光子探测器的光线，也不会存在伪反射现象；假设光子探测器的实际记录效率不是20%，而是100%。这些简化措施似乎让实验没有之前看起来那么棘手了，虽然这些假设不切实际，但是基于这些假设，我仍然能准确描述该实验的本质。

根据隐变量理论（对此我也做了简化），从钙原子中释放的一对光子尽管初始方向相反，偏振态相同，但具体的偏振态却不得而知。

偏振指的是光子在电场内的方向，它与光子的运动方向垂直，但其本身可能是垂直、水平或两者之间的任何方向。许多太阳镜都有滤光材料，可以减弱水平偏振光，比如那些水面上反射的令人“目眩”的光线。若将太阳镜旋转 90 度，那么所有水平偏振眩光就会从镜片内透射进来（如果眼镜质量高的话），你将会看到许多眩目的光。若旋转 45 度，炫目的光就减少一半。偏振眼镜也用于观看 3D 电影，办法是让一只眼仅能看到水平偏振光、另一只仅能看到垂直偏振光。当两张图片分别经过横纵偏振光投射时，每只眼睛会看到不同的画面，此时就会呈现 3D 效果。[1] 偏振 3D 眼镜拿到室外去用是不行的，因为在室外仅能减弱一只眼所接收的眩光。

图 19.1　斯图尔特 · 弗里德曼通过实验证明爱因斯坦是错的。

1. 正规的 3D 眼镜会把偏光角度控制在正负 45 度；或者使用“圆”偏振，从而令观看效果不容易受观看者头部角度的影响。

我们回头继续谈弗里德曼-克劳泽实验。想象一下，有一对光子从钙原子中背向射出。然后，你将探测器安置在两侧，偏振器放置于它们的前方。如图 19.2 所示，偏振器互相垂直摆放。若这对光子的偏振都是垂直的，那么只有前面的偏振器有光子穿过，而且只有前面的探测器记录到。若这对光子的偏振是水平的，那么仅有后面的探测器记录到。若这对光子的偏振是 45 度倾斜，则前后探测器各有 50% 的概率能够记录到。也就是说对于偏振角度为 45 度的光子而言，前后探测器同时记录到光子的概率为 25%。

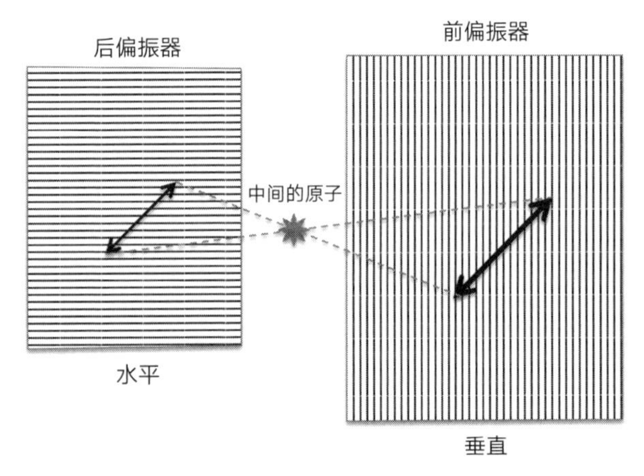

图 19.2　证明爱因斯坦错误的一个简化版的实验。以 45 度角偏振光通过每一个偏振器的概率是 50%，但在隐变量理论中，通过前偏振器的概率与通过后偏振器的概率不相关。对于量子物理学来说，通过一个意味着不通过另一个，因为两个光子是“纠缠”在一起的。

令人惊讶的是，这些预测并非来自量子物理学，而是隐变量理论。在量子物理学中，偏振角度倾斜的光子带有两种振幅：一种垂直振幅，一种水平振幅。这两种振幅类似于分别代表猫生与死的两种振幅，这种情况并非是两种振幅的中间状态，各取一半混合而成，而是两种可能性的叠加。

当某个光子撞击一个偏振器（探测器）——比如说，垂直的那个——并且通过，且被检测到，那么另一个光子的振幅会立刻改变。波函数的水平分量就会消失（坍缩），只剩下垂直分量。由于另一个探测器是水平放置的，光子将不会穿过该探测器。

无论倾角如何，一旦探测到某个光子，其波函数便会立刻坍缩，而第二个光子的偏振态永远不会与另一个垂直的偏振探测器吻合。不管偏振角度如何，结果都是一样的。这便是量子物理学对这个理想化的实验结果的预测。隐变量理论预测，在所有可能产生的角度中，两个光子碰巧偏振角相同的平均概率为 12.5%。

假设两个偏振器远隔千里——比如相距一百万英里。根据量子理论，只要探测到一个光子的偏振态，就算远在百万英里之外，都会有一个振幅瞬间坍缩、消失。这就是爱因斯坦所称的怪诞的鬼魅般的超距作用。

另外，如果两台偏振器均处于垂直状态，则根据量子理论的预测，所有的情况两个光子都会有相同观测结果。将会有一半的光子穿过偏振器，然而不论何时，只要其中一个光子穿过了，另一个偏振器也会有一个光子通过。经典理论预测，许多光子不会发生状态相同的巧合。例如，若偏振角为 45 度，光子通过两个偏振器并被探测记录到的概率，仅有四分之一。

1972 年，弗里德曼和克劳泽发表了他们的实验结果。量子理论的哥本哈根诠释正确预测了实验结果，而隐变量理论则被证伪。这样的结果几乎足以令人相信“鬼魅”的存在。遗憾的是，爱因斯坦早已于 1955 年逝世了。人们最终在实验室中观察到了鬼魅般的超距作用，而且结果令人信服。

看到这样的实验结果，克劳泽不免有些失望。据布鲁斯·罗森布鲁姆（Bruce Rosenblum）和弗莱德·库特纳（Fred Kuttner）所说［在二人的合著《量子之谜》（*Quantum Enigma*）中曾提到］，克劳泽曾说：“我原本希望能推翻量子物理学，但在数据面前，这个希望破灭了。”

弗里德曼和克劳泽的实验证明，爱因斯坦在这一点上是错误的。在这个世界上，能证明爱因斯坦出错的人寥寥无几。阿莱恩·阿斯派克特（Alain Aspect）继续了二人的实验，并做了一些改进，填补了量子怀疑论者有可能抓住不放的一些实验漏洞。罗森布鲁姆和库特纳明确表示，他们认为这项工作值一份诺贝尔奖。我也赞成。弗里德曼和克劳泽对量子物理学的基本假设——哥本哈根诠释——进行了实验验证，发现哥本哈根诠释比隐变量理论更完备。二人连同康明斯共同激起了当代人们对量子纠缠的痴迷。我揣摩，他们的实验之所以没有受到重视，仅仅是因为大多数物理学家选择无视这一问题。他们都在尽量避免思考这个问题，以免陷入泥潭，纠缠不清。

量子纠缠

对于如今我们统称为*量子纠缠*的现象，弗里德曼-克劳泽的实验提供了最为清晰的例子。经过探测，两个彼此相隔甚远的粒子，却共用一个共同的波函数。换句话说，粒子各自的波函数（如果你习惯这样考虑问题）发生了纠缠。成对的粒子只要一方被探测到，不论是相隔一米、一百米甚至一百千米，通过探测其中一个，另一个同伴便会瞬间受到影响。这是瞬时发生的“超距作用”——一种与之前的所有理论描述都有所不同的非局域行为。

虽然如此，电场、磁场还有引力场的传递速度仍然不会超过光速，这一点符合因果律。然而，量子的超距作用是隐蔽的，隐藏在波函数中，或者是其他难以探测的、具有鬼魅般量子特征的地方，无法被观察到。尽管爱因斯坦曾告诉我们，*瞬时*的意义不可能在所有参考系中都是相同的，但超距作用仍会在顷刻之间发生。

要想让量子物理学违背相对论，我们并不是非得有一对粒子。对单一的一个电子进行探测，无比快速的波函数坍缩也会出现这种超距作用。不过*量子纠缠*这个词通常是指波函数包含着两个或两个以上粒子的情形。在我看来，这是因为两个粒子的情况似乎更让人感觉不安。

如果弗里德曼和克劳泽发表研究结果时，爱因斯坦还健在的话，我认为这二人的实验一定会令他心服口服，承认自己错爱了隐变量理论，而哥本哈根诠释才是正确的。不过，他一定也会讨厌自己被别人说服。爱因斯坦曾抱怨哥本哈根诠释意味着量子物理学是不完备的，即便掌握了所有过去的知识也无法完整地预测未来，并认定一定还有某种更完善的理论。

稍后，我会指出，不仅量子理论是不完备的，或许物理学乃至整个科学，从根本上而言都是不完备的。

比光速还快的消息

我们能否利用波函数的坍缩现象，在任意距离内传输即时信号？弗里德曼–克劳泽双光子方法可以应用到偏振器之间超光速的信息传递吗？很多人在思考这个问题之后，都相信总归会有实现的办法的。也许，我可以通过选择通过探测到一个光子，或者是通过不去探测它，来发送出信号。但如果你对此稍作深入的思考，便会意识到不能以这种方式发出信号。远处的探测器可观测到半数光子。然而在那个位置，人们却探测不到任何信息。探测到的光子看起来是到达的光子的一种随机选择，另一端的实验者根本无法确定自己的测量结果与你的相关。

或许，可以通过改变偏振器的方向来发送信息？不，这样也不行。远处的探测结果仍然是随机的，不过它们并不是真正意义上的随机。它们的出现与我探测到的光子有相关性，而且由偏振器的方向决定，可是看起来似乎仍是随机的。尝试发送信息会失败，原因也是实验者无法控制何时探测到粒子。

到目前为止，想通过坍缩的波函数来发送超光速信号的方法的所有尝试都以失败告终。你自己也可以试一试——但不要在这上面花太多时间。现在情况已经显然易见，这方面的努力终将是徒劳的。1989 年，无通信定理得到了证明[1]，表明如果量子物理学和哥本哈根

1. 无通信理论（no-communication theorem）最初在 1989 年由伯克利的我的两位同事菲利普·艾博哈德（Philippe Eberhard）和让·罗斯（Ron Ross）证明。后来，其他研究者对无通信理论进行了详细的阐述，尤其是亚瑟·佩雷斯（Asher Peres）与丹尼尔·特罗（Daniel Terno）在 2003 年做了详尽描述。

诠释是正确的，你便不可能利用波函数坍缩来传输信息——不仅超光速传送不可能实现，以任何速度传送信息都没有可能。

如果放在当年，我不知道这个定理是否可以平息爱因斯坦对量子理论的敌对态度。这条定理表明，不存在任何违背相对论的可测量值，只有不可测量的波函数才会与相对论相悖。不过我怀疑，他反对量子物理学的立场并不会因此动摇。在某个理论中存在任何违背相对论的结构体系都让人不安，即使是无法探测的结构。量子理论的确仍不完备，它包含一个让爱因斯坦绝望的、随机的掷骰子的上帝，正在暗中破坏物理学。

关于测量理论的其他工作仍在继续。在第 21 章，我谈到了无克隆定理（no-cloning theorem）。该定理告诉我们，未知的波函数是无法复制的，除非你将它毁掉。这条定理使我们无法制作某个波函数的上千份副本，然后以稍微不同的方式摸索着辨别其详细结构。这种结构超出了我们的测量能力范围，它将永远如鬼魅般存在。

拐杖

在我的职业生涯初期，我曾想到一种应对这种鬼魅般超距作用的方法。我相信波函数其实只是一根拐杖，能够有效地辅助人们思考量子物理学，但不是真正必须的。或许有一天，抛开这根拐杖的理论将会诞生，那将是一种不包含波函数坍缩的理论。但是弗雷德曼-克劳泽实验打破了我的希望。即使一对光子没有通过光速“连接”，即使两处偏振器也相隔甚远，以至于要想判断哪个探测先发生，要取决于参考系，某一处偏振器的探测也一定会影响另一处偏振器的探测。鬼魅般的超距作用不仅仅是该理论的一个特征，也是现实的一种特征。

物理学使用拐杖的历史由来已久：人类刚开始理解和接受某个物理理论的时候，就需要引进相当于“拐杖”的概念来作为辅助，但是之后，人们会发现这跟拐杖是不必要的，还可能造成误解，就会抛弃它。在詹姆斯·克拉克·麦克斯韦（James Clerk Maxwell）的电磁理论中，他想象空间内堆满了可以传播无线电波和光的小机械齿轮。图19.3 中的图表来自他原本的论文。图中展示了一个充满了小滚轴和轮子的空间，通过这些机械远距离传递相互作用。或许麦克斯韦尔当初就是这样想象的，但也可能是他觉得，其他的物理学家可能更习惯用机械传递机制去理解，而难以接受在空间中传播的“场”的概念，他才选择使用这种方法来解释其理论。

现在，大家再引用麦克斯韦尔的这张原始图示，往往是为了好玩，让学生看一看，一个伟大的理论家也会画出这样荒谬可笑的示意图。但假如光是一种波，它的传播介质又会是什么呢？很快，人们又设计出了一个新的拐杖：“以太”，人们认为这便是让电磁波可以波动的媒介物质。可是在 1887 年，迈克耳孙和莫雷未能检测到以太风，以太的概念被推翻了。爱因斯坦在他的相对论中表明，这种运动是不可能检测到的，因为光的速度在任何方向上都是恒定的。从某种意义上说，以太就像量子波函数：它不可观测。

当前量子理论仍然陷在波函数瞬间坍缩的问题上。这些坍缩的波

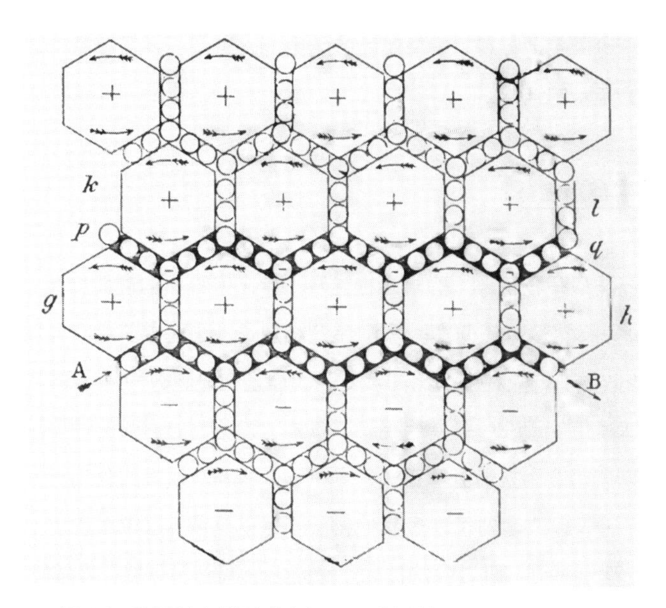

图 19.3　麦克斯韦尔所想象的真空——一排机械轮子。对于 19 世纪的科学家来说，这个图比“场”的抽象概念更合乎物理学的描述。

函数没有任何用处，它们无法检测，也不能利用它们来发送信号。天文学中的某些宇宙监督理论似乎还想把它们与真实的现实区分对待。（回想一下，我在第 7 章谈到了允许时间“超越无限”的黑洞监督。）我预计，或许有一天，人们发现瞬间坍缩的波函数其实没必要进行计算，到那时，这些波函数将被世人遗忘。只是现在这一天还没有到来，因为我们还没有想出如何不考虑波函数来进行量子物理学计算。[1]

弗雷德曼-克劳泽实验表明，就算不引入波函数，因果论的问题

1. 给专家的注释：海森伯绘景是量子力学的一种表述形式，它没有明确的波函数，但是有状态向量，这些状态向量同样以无限的速度变化。

也会不可避免地存在。一个实验的结果能够以超光速影响另一处相隔甚远的实验的结果。

“鬼魅”何错之有？

标准量子物理学（哥本哈根诠释）存在鬼魅般的超距作用。那又如何呢？既然没有任何实验预测违背相对论，谁又会在意它鬼魅不鬼魅呢？咳咳，有人在意，比如我。于我而言，波函数坍缩无法应用到超光速通信的事实，只是让我稍感安慰。波函数的坍缩的速度没有极限这一点始终困扰着我，我认为这是一个提示：相关的公式其实是有误的。这一想法得到了许多其他物理学家的认同，这也是他们坚持参与“物理学基础”研讨会的原因。他们仿佛闻到了一丝“鱼腥味”，而且，不是“新鲜的”鱼腥味。他们甘愿为这个潜在的巨大发现赴汤蹈火，哪怕身陷泥潭。

在最近的一次研讨会上，与会者被要求投票选择他们所支持的量子物理学阐释。值得注意的是，哥本哈根诠释获得了最高的支持率，42% 的人表示支持。[1] 紧接着是一种“基于信息”的诠释，占 24%。而*多世界解释*这一有趣的理念，支持率较低，是 18%。支持率更低的是本书第 18 章提到的彭罗斯的“客观坍缩”（宇宙持续进行自我测量），得票数只占 9%。（若当时我在场，我一定投票给它。）

哥本哈根诠释非常吸引人，即使在对这一问题思考最深入的那些

---

1. 参见“现代物理学中最尴尬的统计表”，于 2013 年 1 月 17 日发表在肖恩 · 卡洛尔（Sean Carroll）的博客里，网址为：http://www.preposterousuniverse.com/blog。

人的聚会上，它受欢迎的程度依然遥遥领先于其他物理解释。而且尽管它具有如此鬼魅的特征，哥本哈根诠释经受住了实验的检验。

其实，另外一些物理解释也有一样的怪诞之处。比如多世界理论受到了广泛关注（尽管投票结果中的排名较低），或许是因为迄今为止，它有着最派头十足的名头。这一理论简单地假设波函数不会发生坍缩；在描述薛定谔的猫这一事件的电影胶片里，在波函数坍缩的地方分成了两个故事分枝继续进行（图 17.1），未来的两种情形（活猫和死猫）都同时发生。在图中，我们看到了两个世界，但是在"现实世界"，电影胶卷继续以每微秒（或者更短）的速度产生分枝，出现的世界是无穷多的。

我认为这种情况就如同波函数以无限的速度坍缩一样鬼魅，难以捉摸。在这诸多平行的世界、无穷无尽多的宇宙中，我所经历的是哪一个呢？我的灵魂不知是出于何故，选择了现在的世界。但是别人可能会沿着完全不同的路径走下去——不过我也是别人的那个宇宙中的一部分。比起让我本人同时存在于无数个宇宙的想法，我更愿接受超距作用。

难道是因为我自己的想象力不够丰富吗？也许是吧。多世界图景的唯一潜在价值就是摧毁我的想象力，该理论本身是不可检测的。它没能做出与哥本哈根诠释有所区分的预测。尽管如此，多世界理论的一些支持者，其中最有名的是肖恩 · 卡洛尔（Sean Carroll），认为它是不证自明的。[这么说既是说事实使然（ipso facto），也犯了武断之词（ipse dixit）的逻辑谬误。] 平行世界理论的支持者们宣称该理论只是单纯地反映了方程式，而避免探讨测量的意义。这样一来，该理论便替换了一个新概念：我们每个人的躯体其实都存在于许多世界里，但是却只体验其中的一个。我不知道你是否感觉这有些怪诞离奇，反正我是这样认为的。

利用鬼魅特性计算

在弗雷德曼和克劳泽做他们的实验的时候，量子测量领域基本上是被人忽略的，但是最近它却成为一个热门领域，不止美国国家科学基金会（National Science Foundation）和美国能源部（Department of Energy）对此领域十分关注，就连国防部（Department of Defense）、中央情报局（CIA）和国家安全局（NSA）也对该领域进行资助。而这突然火爆的原因则是量子计算蕴含的巨大潜力。

量子计算的本质是存储和操作波函数中的信息。避免使用只有 0 和 1 两个数位的二进制，而是采用由量子振幅组成的量子比特（量子位元，qubits），能够获得极大的优势。量子比特可以在计算中进行操作利用。从某种重要意义上来说，一个量子比特包含的信息比一个普通比特多出数倍。比如，我们可以好好考虑一下弗雷德曼－克劳泽实验中的量子波函数。两种偏振态振幅的比率类似于传统的偏振角度，取值范围在 0 到 90 度。这样存储的信息会比只能用 0 和 1 两个数位存储的信息多出许多。量子比特是两种状态的叠加，信息就存在于两种状态的比率。美中不足的是，你无法获取该数字，你只能得到上/下或左/右偏振的概率。

所以你无法测量波函数，只能取样（取样过程会导致波函数坍缩），不过这一事实并不意味着你不能用波函数进行计算。波函数会受到外力和相互作用的影响，因此即使不进行测量也可以对波函数进行操作。例如，即使偏振现象只凭概率来检测，偏振波函数仍可以精确地旋转。量子计算的花招是先对存储在量子比特中的隐形波函数进行所有的操作，然后只在计算完成时才进行测量。虽然不是所有的计算都可以存储下来，但是最终结果或许是能够存储在几个量子比特中。

想象一下，现在有一个非常大的数字，比如可能有 2048 个数位，然后我们想要把这个大数字分解成因子（因式分解是破解某些高级密码的关键）。不必在乎所有失败的尝试，我们真正需要的是两个大约 1024 位数字的因子。量子计算的希望便是如此，这也是情报机构支持其研究和发展的（部分）原因。量子计算可以实现将极其复杂的计算平行进行，而且不会产生热量。传统计算机的一个比特每次进行改变时，都会产生一个最小的单位热量。[1] 但是对于量子计算来说，（原则上）只有当你最终测量量子比特时才会产生热量。

量子计算真的能够实现吗？对此我是怀着消极态度的。一些简单的计算（比如把 6 分解为 2 × 3，把 15 分解为 3 × 5）在量子计算中已经实现，但是复杂的计算远比想象中更加困难。事实上，不仅我对此不抱希望，许多在这个领域努力工作的人私下里也是抱着消极态度的。那么他们为什么还在做这件事呢？我认为是他们对量子测量问题的痴迷促使他们坚持研究。不过，感谢量子计算，终于有资金来支持

---

1. 根据物理学理论，产生的最小热量由 $\sqrt{2}\ kT$ 给出，其中 k 是我们的老朋友玻尔兹曼常数（Boltzmann' s constant），来自统计物理学；T 是绝对温度。

研究操纵和测量量子系统时发生的物理现象。我们已经有了美妙的新定理，比如无通信定理，（原则上）该定理在 20 世纪 40 年代就能得到证明。他们的研究如果对于量子测量的理解能够产生突破，那么物理学的另一场革命就会由此爆发。

第 20 章
观察到时间逆行

一枚正电子——后来被费曼假设为在时间线上反向移动的电子——被逮住了……

现在，假如我的计算无误，当这个宝贝车达到每小时 140 千米的速度……你将会看到一些特别神奇的现象！

——艾米特·布朗博士（Dr. Emmett Brown），电影《回到未来》里开启时间旅行的人物

1932 年 8 月 2 日，卡尔·安德森（Carl Anderson）发现了一颗带有错误电荷的电子：这个电子带了正电荷，而不是负电荷。在他的论文中，他将这个神奇的电子称为“正电子”，并认为这就是一年前保罗·狄拉克（Paul Dirac）刚刚预测到的反物质。17 年后，理查德·费曼提出：安德森看到的正电子其实是一个在时间轴上逆向移动的普通电子。

图 20.1 中的照片是由安德森使用云雾室拍摄的，云雾室是一种记录粒子运动路线的装置，蒸汽沿着高速移动的电子和质子的运动路径迅速凝结，以小液滴，也就是照片中的小黑点的形式呈现。在影像中，正电子从下方进入，穿过一个薄铅片，然后从顶部冒出来。路径呈弯曲型是因为安德森在云雾室中设置了强磁场。路径向左弯曲，这使得安德森知道，这是一个带正电荷的粒子，类似于质子。但是它弯

曲的方式却告诉他，这颗粒子质量要比质子小得多。图像上部的曲率更大，这一现象告诉他：粒子的运动速度已经减慢了，这证明它是从底部进入的。

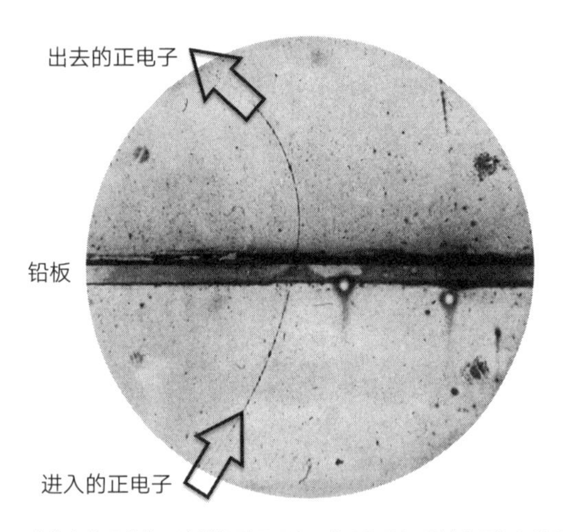

图 20.1 安德森的照片第一次捕捉到了正电子（反电子）；照片上添加了注释。通过铅板后，正电子在从外部施加的磁场中弯曲得更厉害，因为它的速度变慢了。或者，这是一个返回到了过去的电子？

将这些现象解释为一粒普通电子在时间轴上逆向移动，可能听起来非常奇怪。但是理查德·费曼提出的这个方法已经成为高等量子计算中处理这些粒子的标准方式。逆向时间运动已经成为物理学的标准工具之一，许多物理学家每天都在使用。在高等量子学课程上，研究生也会学习如何应用逆向时间方法。即便是一些“简单的”计算，例如一个电子从另一个电子反弹开，也会包含沿时间轴逆向移动的粒子（通常是光子）。

不过，没有人会在缺乏说服力的情况下，引入时间反向旅行的概念。在这种情况下，一个令人信服的理由是狄拉克在费曼的研究之前提出的看似荒谬的正电子的理论。

本书中最荒谬的理论

当安德森看到他的正电子时，他并不认为这是一个在时间轴上逆向移动的普通电子。他把这想象为一个泡泡，一种完全的虚空，一个在无边的负电荷电子海洋中漂移的微小空穴，这些负电荷电子密集地填充了所有的空间。我说这些是认真的，虽然听起来很荒唐，可它正是安德森想要证明的预测的基础。其实这个想法最早不是安德森提出的，而是保罗 · 狄拉克。他想办法把新的量子思想（其中电子被视作一种波）与爱因斯坦的相对论结合在一起（不过他没有去对付瞬时波函数坍缩的问题）。

图 20.2　保罗 · 狄拉克，反物质之父。

薛定谔方程是非相对论性质的，其中没有包含爱因斯坦相对论的任何因素。狄拉克尝试过创造有关电子的相对性的量子理论。他采取了一种他认为是合乎逻辑而且直截了当的方法。他首先做出了自己的一个判断，觉得方程应该是什么样子（他尤其认定这个方程必定有一个简单的时间依存关系），之后推算出了数学方程。狄拉克的数学方程十分复杂，即使对于一个高年级的物理学研究生来说，想要完全理解也是极具挑战性的，但它满足了狄拉克保持简单时间依存关系的目标。

狄拉克建立的这个方程式非常有效。无须引入可调参数，狄拉克方程就能够自动导出电子自旋等已知基本性质，给出恰当的自旋取值，甚至对电子不仅是一个小电荷体，而且还是一个小磁体的观点也给出了解释。借助一个简单的假设，狄拉克方程还给出了电子磁性强度的精密且准确的值。[1] 他于 1928 年 1 月发表了他的理论。狄拉克方程是一个了不起的成果。自从爱因斯坦用广义相对论准确地解释了水星的椭圆轨道近日点的运动状况以来，该方程或许称得上是理论物理学中最杰出的成果。

但是他的方程也有一个小小的（实际上是巨大的）问题。狄拉克的理论预测电子可能有正电子静止能量（$+mc^2$）或负电子静止能量（$-mc^2$）两种能量状态。这的确很糟糕，因为还没有人观测到负质量。但是更糟糕的或许是，负能态的存在意味着电子是不稳定的。一颗正

---

1. 给专家的注释：为了能够算出磁矩，狄拉克确实也在方程中提出了一个附加假设："最小电磁耦合"（minimal electromagnetic coupling）。这也是他唯一必须要做的附加假设。只不过，在那个时期，这个假设被认为并不适用于当时人们以为是基础粒子的粒子（比如质子）。不过现在我们已经清楚了，质子是由三个夸克和一些其他东西组成的复合体。

能量电子会自发地从其正能状态跳到负能状态，同时释放 $2mc^2$ 的能量（可能是通过辐射光子）。电子在正质量状态的持续时间不足一微秒，就会立刻转入负质量状态。然而正质量状态电子才是目前已经探测到的状态，而且不会衰变，负质量状态的粒子还从未探测到。在狄拉克的第一篇文章中，他明确表示自己暂时忽略了这个问题，但正因如此，他认为这个理论还不算是最终的定论。他写道：

> 因此，最后得出的结论目前为止仍然只是一个近似值，可是似乎无须任何主观假设，这条理论已经足以解释已知电子的自旋和与之相应的磁矩。

两年后，狄拉克用物理学中的一条最不同寻常（我觉得也可以用“荒谬”这个词来描述）的提议“解决了”这个负能量问题。已知原子核吸引电子的数量是有限的。因为原子核的每条轨道，即电子能够存留的地方，只能容纳两个电子（这一像是临时安排的规律是由沃尔夫冈·泡利提出的，现在人们称其为“泡利不相容原理”。随着量子物理学的发展，这一基本规律已经有了更坚实的实验基础）。因此，狄拉克针对真空空间提出了一个类似的猜解。他提出，无数的负能态实际上早已填满了负能态电子。物理上的真空状态由于填满了负能态电子，从而没有空间再容纳更多这样的电子。正能态的电子无法再失去能量，落入其中的一条负能态轨道，因为那些轨道已经被填满了。所以，他把真空空间看作一个填满了负能电子的“电子海”。

这不就是意味着所有的真空空间其实并非真的一片空白，而是具有无穷电荷以及无穷能量（但是是负的）密度的吗？答案是肯定的。

可是这怎么可能呢?难道我们注意不到吗?狄拉克说是的，我们之前没有注意过，但真空就是这样的。因为电荷是均匀分布在空间里的，所以我们生活在其中却不知道它的存在。这就像是鱼会注意到水吗?所有我们正在研究的物理学都是基于这种恒定背景下发生的现象。我们从未意识到这个由无数带电粒子构成的海洋，因为它从来没有掀起波澜。狄拉克的观点使得麦克斯韦的充满了微型旋转滚轮的演示图看起来更加简单了。

狄拉克所说的巨大负质量密度会引发巨大的引力效应，但他从来没有提出如何解决这个问题。或许是因为哈勃刚刚在 9 个月前才公布他发现的宇宙膨胀现象，而且勒梅特的关于宇宙膨胀的解释，由于是发表在一份不知名期刊上，还尚未被众人所知。狄拉克所说的负能电子海引力效应与现代物理问题有些牵扯，也就是第 14 章提到的问题：暗能量的理论计算值比天文观测获得的上限高出 10^{120} 倍，这是不对的。

要是搁在一位差一等的物理学家那里，他或许会脑头一热，公布一个假设负能态是互不相容的新“不相容原则”，用以解释电子无法占领这些负能态的现象。狄拉克不会这么做。狄拉克说，假如方程的计算结果真的包含这样的状态，那么这些负能态在现实中也一定是存在的，而且由于这些负能态的存在造成的问题也必须得到解决，他所能找到的最好的解决方案就是无边无际的负能电子海。至于这个无边无际的电子海的起源如何，或者这片海洋为何只填满了那些电荷数从负无穷到零的负能态电子，而且为什么没有填满了正能态电子的海，狄拉克从未尝试做出解释。

在当时，一段时期以来，物理学界已经遭受过多种令人难以置信的意外冲击，比如时间膨胀、长度收缩、弯曲时空、光量子包等，也正因如此，如此荒谬的提议才会被人认真对待。也许这个提议并不荒谬，反而是极好的。事实上，即便是在今天，它也为那些提出现代版的怪异主张（例如我们生活在一个十一维的时空）的人提供了心理上的支持。

狄拉克进一步发展了他的想法。有时，无垠的粒子海洋中的某一颗负能态电子，可能被另一个粒子击中，从而获得能量离开粒子海。这颗幸运儿可以跃升为正能态（这种状态没有被填满）。留下的将是一个泡泡，狄拉克称之为“洞”或“空穴”。这个空穴可以在无垠的粒子海洋中移动，就像气泡在水中漂移一样（其实气泡飘动的主要原因是气泡外面的水在流动，不是气泡中的气体），而且在这片充满负电荷的海洋里，唯一缺失负电荷的粒子会表现得自己像带正电荷一样。

这难道是关于反物质的预测吗？并不是。狄拉克宣称这样的一个空穴其实就是质子！他在 1929 年 12 月写了一篇题为“有关电子与质子的理论”的文章，在该文中他阐述了这个观点。

狄拉克不情愿地预测了反物质

狄拉克的气泡质子理论还有一个严重的问题。赫尔曼·外尔（Hermann Weyl）表明，气泡的运动反映出它仿佛具有与电子相同的质量——但是众所周知，质子质量是电子质量的 1836 倍。这种惊人的差距虽然并非史无前例，但这也是一个挑战。对如此大的质量差异，狄拉克也没有很好的答案来解释。这个理论还只是一种猜想，还必须经过进一步改进。他提到了爱丁顿近期的一个计算，虽然这个算法带来了一些希望，但质子的质量差异仍是一个尚未解决的重要问题，必须予以解决。

在狄拉克有关质子的文章发表了三个月后，另一个严重的问题出现了。罗伯特·奥本海默（Robert Oppenheimer，他后来因领导曼哈顿原子弹项目而闻名于世）撰文指出狄拉克的质子（也就是狄拉克空穴）会被电子吸引，当它们相遇时，这对粒子会*湮灭*，抵消或毁灭对方，同时将它们的质量能以伽马射线的形式放射出去。质子和电子这对冤家，在普通物质中连一微秒都无法共存。不过，这种现象并没有发生，在原子内部，电子和质子还是能够和睦相处，不会发生湮灭。狄拉克的理论与最基础的观测产生了矛盾。

外尔和奥本海默的推算是正确的，狄拉克的理论由此陷入了深深的困境。但是，他的理论能够正确地解释电子的自旋和磁性，怎么会是错误的呢？

最终，到了 1931 年 5 月，狄拉克写了一篇论文，在文中他描述了一个孤注一掷的解决方案。值得一提的是，这篇文章的大部分内容都在讨论一个完全无关的话题：电场和磁场之间的联系。论文的标题是“电磁场中的量化奇点”（Quantised Singularities in the Electromagnetic Field），根本看不出作者会讨论负能量问题，而且在这篇整整 36 段的文章里，只有两段涉及了负能量。对于这项被迫发明的解决方案——预测反物质，狄拉克似乎心不甘、情不愿。在论文中，他写道：

> 如果真的存在一个空穴，那么这个空穴将是一种实验物理学至今都没有发现的新型粒子，具有与电子相同的质量，却带着与电子相反的电荷。我们可以称这种粒子为反电子（anti-electron）。

狄拉克还解释说，自然界中并不存在反电子，因为它们会如奥本海默说的那样，与电子迅速发生湮灭，这就是我们观测不到它们的原因。原则上来说，反电子可以在实验室中通过高能伽马射线产生，但是狄拉克认为当时的技术水平还达不到这样的要求。他写道：

> 然而，从目前可控的伽马射线的强度范围来看，这项实验成功的概率小到可以忽略不计。

能够为已困扰人们多时的谜团，比如电子的磁性，给出合理解释，而不是被迫做出一个预测，更让人觉得安稳。如果反物质真实存在，为什么人们从未观测到反电子呢？狄拉克不是一个实验物理学家，对于当时实验的真实能力和限制，他的了解非常有限。如果他了解得更充分一些，可能会把更多的精力放在他的预测上，因为其实早在几年前，实验人员便已经在实验中观察了到他所预测的反电子。他用于自辩的说法，"成功概率小到可以忽略不计"，其实完全说错了。

现在，我们知道，狄拉克的反电子其实早已被观察到了——不是从实验室制造的伽马射线产生的（在这一点上，狄拉克说对了），而是由高能宇宙射线造成的。宇宙射线是地球表面上可观测到的一种自然辐射，源自外太空——在20世纪10年代，物理学家维克多·海斯（Victor Hess）验证了这一点。原始的宇宙射线在大气中发生碰撞，从而产生反电子和其他反物质。1927年，在狄拉克最早的电子理论发表一年以前，其预言正电子的三年前，俄罗斯科学家德米特里·斯科别利岑（Dmitri Skobeltsyn）或许已经在他的宇宙射线研究中观测到了正电子。然而，当时他没有办法测量电荷的性质（正电荷还是负电荷），也没有办法观测到湮灭，所以无法区分物质和反物质。

1929年，也是在狄拉克预测反电子之前，身在加州理工学院（Caltech）的物理学家赵忠尧（Chung-Yao Chao）[1] 在卡尔·安德森工作室的隔壁工作，观测到了宇宙射线释放出的电子（至少他认为是这种东西）在物质中被吸收的奇怪的效应，这些粒子行为与预期并不相符。狄拉克的理论诞生之后，安德森准确地猜到：如果有反电子掺和进来，这种粒子行为的差异就可以解释了。这一解释启发他建立一个更精密的云雾室，该云雾室带有一个强磁场和一个铅板，以此确定粒子的运动方向（粒子在穿过铅板时会失去能量）。

安德森的实验做出了发现，他公布了图20.1所示的照片，这些真凭实据让所有人都相信了反物质的存在。狄拉克是对的。期刊的编辑建议安德森将该粒子命名为*正电子*，由此这个名词沿用至今。

---

1. 赵忠尧（1902年6月27日—1998年5月28日），浙江诸暨人，物理学家，中国核物理研究和加速器建造事业的开拓者。1930年获美国加州理工学院博士学位，1949年在美国加州理工学院进行原子核反应研究，1955年6月被聘为中国科学院院士。——译者注

我的导师路易斯·阿尔瓦雷斯认识安德森，他非常钦佩安德森所做的研究。他告诉过我一个之前从未公开过的安德森的猛料。20 世纪 30 年代，大学生中非常流行搞恶作剧。阿尔瓦雷斯那时针对其他物理学家，尤其是那些傲慢的教授，搞过一些自作聪明的把戏，对此他常常引以为傲。所以，安德森拿到他的第一张反电子照片的时候，很担心有人是在跟他耍把戏。他知道，要想捉弄自己其实很简单，只需要在自动摄影机前多安上一面镜子，电子就会以与预计路线相反的弧度运动。所以，他反复地仔细地审查了照片，并将其与实验设备进行比对，最后断定照片的确是没有问题的。照片一经刊登，他成就了历史。

次年，也就是 1933 年，狄拉克凭借著名的“电子和正电子的理论”在瑞典斯德哥尔摩接受了诺贝尔奖。在领取诺贝尔奖所做的演讲中，他描述了他本人的研究，却未提及外尔、奥本海默以及安德森。

以太重生

从爱因斯坦开始，一直到狄拉克之前，真空都被认为是空无一物的空间。爱因斯坦已经表明，相对于绝对空间的运动是不可检测的，所以研究空无一物的真空没有任何意义。以太似乎已经逝去，从物理学的词典中被抹去，所以，真空里真的空无一物，就像数字零一样，代表着什么都不存在。可是后来，狄拉克声称真空充满了负能态电子。真空不仅是由某种东西构成的，它还带有无穷的负电荷、蕴含无穷的负能量。

尽管真空有以上所说的结构，可是在这些结构中的运动仍然无法测量。狄拉克的理论建立在爱因斯坦相对论的数学基础之上，所以负能量电子海洋的相关运动也是不可检测的。从某种意义上来说，已经逝去的以太似乎已经重生了。也许真的是那无垠的电子海为光的传播提供了介质。电磁波类似于海洋的波浪，不过它们不是在水中波动，而是由于无穷无尽的电子海洋中的负能电子，才传递出层层电磁波。

我在哥伦比亚大学读本科时，在电磁学课程中学到，以太并不存在，以太的概念已被证实是一种无关紧要的概念并且早已被抛弃。但是在加州大学伯克利分校的研究生院里，我的导师艾文德·威克曼（Eyvind Wichmann）教授（曾在弗里德曼–克劳泽实验中提议使用钙原子）笑着指出，以太从来没有从物理学中消失，只是被重命名了。现在，我们称以太为*真空*。

大家可以看看研究生的物理课本中*真空*的定义。你会发现，真空比麦克斯韦所说的以太复杂得多。它是一种*洛伦兹不变量*，这意味着你无法根据你可能正在穿过它运动的事实来检测它，因为没有真空“风”。但是真空蕴含能量，它可以被极化，也就是说，可以通过分离真空中的“虚拟”电荷来影响真空的电场。这种极化现象可以通过检测氢原子中的能级来观察和测量（利用兰姆移位进行观测），也可以直接检测真空施加在金属板上的力（也就是卡西米效应）。现在，我们普遍认为，真空不断地产生物质及其反物质并迅速湮灭——除非在黑洞附近才不会迅速湮灭。在史蒂芬·霍金的黑洞辐射理论中，这个性质尤其明显。关于黑洞辐射的一个启发式解释说，在史瓦西黑洞表面，其强烈引力场能够将一对物质和反物质在湮灭之前分离，使其中一个被吸入黑洞，另一个则被发射到无穷远的地方。

现代真空观把真空看做是一种物质，这个奇怪的物质不会移动（至少在可检测的范围内的确如此），但它可以膨胀，这一事实对于理解宇宙大爆炸是至关重要的。它包含一个填充了所有空间、给予粒子质量的恒定希格斯场，还包含了导致宇宙膨胀加速的暗能量。这可比麦克斯韦想象的那些齿轮和滚轴要复杂精密得多。

费曼逆转时间

为了征服狄拉克的无垠海洋，费曼花了整整 17 年的时间。也许原本可以更早征服它，但由于一场讨厌的战争的干扰，让研究逆转时间的英雄理查德·费曼分了心。费曼曾经参与曼哈顿计划，亲眼见证了第一颗原子弹爆炸。等他回到普林斯顿的基础物理学课堂，在那里，他在一群物理大师面前做演讲，阐释了辐射不会表现出时间不对称性。费曼是一个伟大的通才，他对他想到的每一个物理问题都给出了卓越的解释。从电磁学到粒子物理学，再到超导性，然后到统计物理学，他思考着物理学的方方面面。

在狄拉克方程中——其实可以说是在量子物理学的所有方程中——能量总是伴随着时间，以乘积 Et 的方式登场。狄拉克的正电子则携带一个带负号的能量表达式：$-Et$（这个组合曾在第 3 章讨论过，是诺特的研究成果）。狄拉克认为负号表示能量为负，费曼的观点恰好相反，方程应该理解为方向为负的时间向量与正的能量相结合。时间逆向移动听起来或许很荒谬，可是难道比无穷大的负能态电子海听起来更荒谬吗？

费曼其实不是第一个思考逆向时间的人，但他是第一个把这种想法写成详细理论的人。他表示，所谓的正电子实际上是一个在时间轴中逆向移动的普通电子。这样便可以解释为什么它与电子具有相同的质量，因为它就是电子，而且是正能态。事实上，电子始终带着自己的负电荷，只要在时间轴上逆向运动就会造成它们带正电荷的错觉。从这一观点出发，那片具有无限负能量的海洋消失了，负号从能量转移到时间上。

费曼开创了一种全新的方式来思考量子物理学，尤其是量子物理学中关于场的概念——那些从电荷和磁铁散发出的电场线和磁感线。费曼发现了一系列可用于计算电磁学中所有量子过程的数学方程，继而，他意识到了某些更令人着迷的东西，他发现每一个方程都可以画成一个简单的图像。遇到一个需要计算的新问题，你不必求解那些复杂的方程，只需要尝试根据费曼所创的绘图法则，画出你能想象到的所有可能的图像，然后根据另一套对应法则再写出相应的方程，你就能得出答案。量子物理学的振幅就会在画出的量子过程（通常是粒子间的碰撞）中产生。计算基本原理过程竟然如此简单易懂却又如此超乎寻常，因此费曼推测：函数图像可能是比据它们推导出的方程更基础的数学工具。

费曼的方法使得量子物理学不再那么的抽象，因此现在大多数物理学家也开始运用费曼图来求解方程。举一个例子，假设我们想要知道一个电子和一个正电子在真空中相互弹开，将会发生什么现象，就

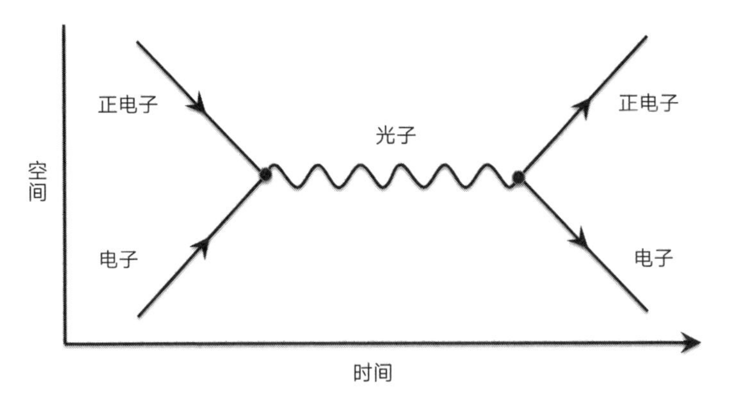

图 20.3　该费曼图展示了一个正电子可以散射（弹出）电子的一种方式。正电子与电子结合形成光子，然后光子衰变回正电子和电子。

可以根据图 20.3 的费曼图进行求解。

我们可以把这个简单的示意图称之为“湮灭图”，图中所示为正电子和电子碰撞后湮灭，生成更高能量的光子，然后光子再次衰变回电子和正电子。根据费曼的图示方法，该图对应着一个特定的方程，这个方程可以得出散射振幅，可以从中计算出散射的概率。

但是根据费曼法则，基于方程，必须再添加一个与图 20.4 所示的费曼图相对应的振幅，这张费曼图可以称为“交换图”。正如图 20.3 所示，电子和正电子从左侧穿入从右侧离开，但是此处出现的粒子和进入的那些电子是同一粒子。正电子和电子交换光子的同时发生散射，光子交换后导致电子和正电子改变路径，它提供了两者间的等效力。有一点值得注意，库伦力的效应在此时已经荡然无存。电子发生偏转是因为吸收光子，不是库仑力的效应。在这两幅费曼图中，光子找好了藏身之地，无法观测到。光子只持续短短的一瞬间，成为所谓的虚光子。因为虚光子短命，它甚至不必是无质量的。根据费曼理论，虚光子通常也是具有相对静质量的。

总振幅是一种给出散射总概率的数据，只需要将每幅费曼图的振幅相加，便可计算出总振幅。这看起来貌似合理，仔细想想，又不尽如此。第一幅费曼图（图 20.3）演示的是原始电子消失，产生的新电子从右侧出现。第二幅费曼图（图 20.4）演示的进入和离开的粒子是同一个电子。然而，这两幅图所演示的过程是同时发生的。物理学难以分辨出现的电子是否真的是同一个。事实上，它既可以说是，也可以说不是。粒子的结构确实是完全相同，无法分辨。重申一下，之前所说的同时进入和离开的那个电子，以及与此同时新产生的那个电子，其实指的是同一个正在出现的电子。这正是“薛定谔的猫”的影子！这一过程的概率是两幅费曼图的振幅的总和，再取和的平方。

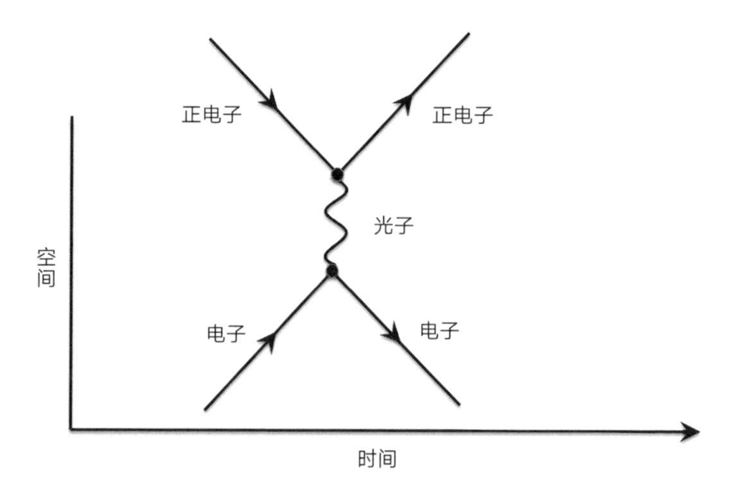

图 20.4　这是电子及其对应的正电子撞击后互相分散的另一种方式。该费曼图中，这个电子和正电子会交换一个光子。

回想一下费曼的忠告：不要考虑为什么会是这样，不然你会陷入泥沼，纠缠不清。

现在，让我们回到“逆转时间”这个话题。根据费曼针对正电子创造的新方法，第一幅费曼图（图 20.3）完全等同于图 20.5 中的费曼图（两幅图给出的振幅相同）。但是请注意那些微小的变化。曾经被视为带正电荷的正电子，现在被认为是在时间轴上逆向前行的普通电子。

费曼图是当前量子物理学计算的基本工具，每天有成千上万的人在使用，还有人编写计算机程序来评估复杂费曼图的振幅（比如有两个或多个光子交换的费曼图振幅；更多详例可参见图 16.1 费曼邮票的背景）。在费曼图中，反物质也可以看作沿时间轴逆向运动的普通物质。此外，当粒子沿时间轴逆向运动的同时，还会携带着关于未来的信息。它们捎带着未来粒子的动量和能量，也就是在费曼图右边标明的部分。费曼说，这种绘图方法的灵感来源于他在辐射方面的研

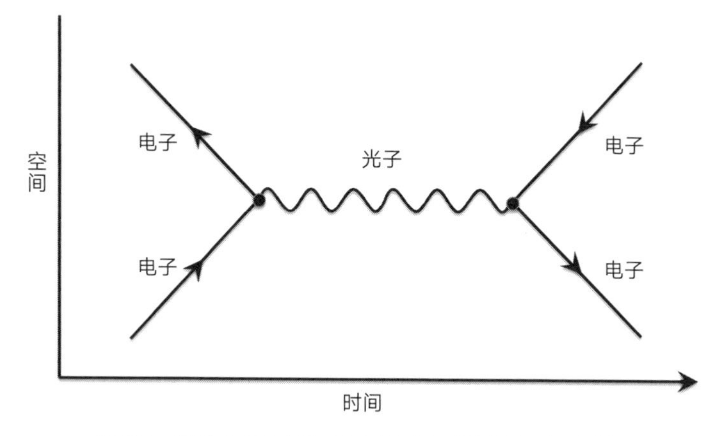

图 20.5　该图与图 20.3 相同，只是正电子现在被描述为沿时间轴逆向运动的普通电子。

究：经典辐射在时间轴上既能“向前”也能“向后”，费曼最早在爱因斯坦和其他科学巨擘面前展示了这项研究。

尽管这样的解释会让我们对现实的感受产生困惑，但费曼的逆向时间思维在物理学中不会带来任何问题，因为物理学方程不需要也不使用时间的流动性。

霍金在他的《时间简史》（*Brief History of Time*）中提到过费曼的反向时间范式，但是他不愿接受时间反向旅行的说法。他明确表示（但没有做出解释），他坚信这种在时间轴上逆向的运动只可能在微观世界里发生，不会在宏观的人类世界中出现。

会不会有这种可能：所有的电子都是正电子在时间轴中逆向运动？或者说我们其实是由正电子组成的，身体中的电子只是正电子正在沿时间轴逆向运动？是的，所有这些想法不仅可能是真的，而且还是当前理论的组成部分——或者说，正如一些人所认为的，这些想法是解释当前理论的一种方式。

那么，到底哪种方式才是正确的？狄拉克的还是费曼的？到底正电子是无垠的粒子海中的泡泡，还是带负电荷的普通电子在时间轴上逆向运动？其实，大多数物理学家更喜欢费曼描绘的图景，它似乎满足奥卡姆剃刀原理：我们应该接受解释现象的所有理论中最简单的那一个。但是还没有实证来证明时间反向旅行是合理的，或者证明负能态的粒子海是站不住脚的。当然，很有可能这两种观点都站不住脚。所有的费曼图都是衍生自量子场论。如果我们太实打实地对待费曼图，就有可能过度解释它们，而不再是把它们当作是帮助记忆费曼方程的助记工具。但也许又不是这样的，谁知道呢！

我们都一样

在《别逗了，费曼先生》这本书中，费曼写道，他曾经接到一个激动人心的电话，是他的导师约翰 · 惠勒打来的，他说："费曼，我知道为什么所有的电子都有相同的电荷和同样的质量了！"费曼赶紧追问为什么，惠勒回答说，"因为，它们都是同一个电子！"

费曼立刻就理解了惠勒的意思。在图 20.5 的费曼图中，你会观察到电子被反弹到过去。很显然，正电子和电子会具有相同的质量，因为它们是同一个粒子。但是假设在某一遥远的过去，正在时间轴中逆向运动的电子再次朝正向散射出去。那么我们就会看到同时存在两个电子，实际上它们是同一个粒子。也许所有的电子都是以这样的方式互相联系的。也就是说，其实一直以来这里只有一个电子，在时间轴上来来回回奔跑。

费曼说他不喜欢这种想法，并不是因为它太疯狂了（物理学中任何想法都不会太疯狂），而是因为这种思想似乎预测了宇宙中存在着同等数量的正电子和电子。如果这是真的，所有的正电子都藏在何处呢？（像费曼这样的伟大理论家都具有一个共同的特点：看到某一理论的第一反应是考虑能否驳倒这个理论。）惠勒回答说，这些电子可能正隐藏在某处——比如藏在质子里面。

这个例子还说明，至少费曼和惠勒没有把时间倒流的解释只看作一个噱头。费曼拒绝接受“都是同一个电子”的猜测，不是因为时间倒流不切实际，而是因为根据实验观察的实证，在当前能够探测到的宇宙中，电子和正电子的数量并不相等。

如今，惠勒的想法似乎占据了上风。正如我前面所提到的，安德烈·萨哈罗夫（Andrei Sakharov）（于1967年）揭示了物质和反物质之间的微小差异[就是所谓的“电荷-宇称对称性破缺（CP symmetry violation）”]，让我们可以做出假设：在早期的宇宙中，存在着数量接近但不完全相等的粒子和反粒子，它们中的大多数湮灭后，便留下了现在由物质主导的宇宙。

或许有一天，有人会成立一个以惠勒的思想为信仰的宗教：当你死后，你的灵魂回到了过去，经过散射，成为了一个继续前行的灵魂，另一个不同的人。这种事情反复发生。也许在宇宙中，的确只存在一个灵魂。这个宗教一个好的方面就是：它不需要我们假设一条黄金法则（Golden Rule）。事实上，黄金法则是一种无法规避的推论。不管你对别人做了什么，那个真正承受你的行为的人，并不是别人，而是你自己。

人类能够穿越回过去吗？

一直以来，令科幻小说的读者们着迷的问题是：人类能不能也进行时间旅行呢？这似乎与费曼的那颗在时间轴逆向旅行的电子没有什么直接关系。到了现代，在赫伯特·乔治·威尔斯（Herbert George

Wells）1895 年所著的小说《时间机器》（*The Time Machine*）发表之后，每当科幻小说试图与最近的科学发现保持一致的时候，关于时间旅行的主题通常离不开两种实现方式：要么是超光速旅行，要么是虫洞。

比如在《超人》这部电影中，超人英雄发现露易丝·莱恩死了，于是他以超光速实现了时空穿越，回到过去并采取行动阻止了莱恩死亡——莱恩死亡这件事在那个全新的固有时空参考系内还没有发生。尽管超人的穿越行为被认为是受到相对论的启发，但实际上超人的这番作为是违背爱因斯坦方程的。回忆一下，我曾说过超光速移动会颠倒事件发生的顺序。那么超光速粒子枪在开枪之前，目标就已经被击中。虽然这种武器使得因果论混乱不清，观众却对此没有任何异议。如果露易丝·莱恩在一个参考系中死亡，就算死亡时间不尽相同，她在所有参考系中最终都应该是死亡状态。所以如果想要像电影中那样拯救她，必须首先假设相对论存在疑点。但是，为什么超光速能够实现“穿越”呢？如果你并不打算和现代物理学观念保持一致，不如就把科幻小说看作是合情合理的，然后相信存在一个拥有超级大脑的超人，建造出了一个赫伯特·乔治·威尔斯时间机器。

关于时间旅行，我们不妨试试采用这样一个事实：虫洞可以将时空中的一个点和另一个点连接起来，另一个点不仅位置不同，时间也可能更早。把一卷（老式的）电影胶卷想象成一幅时空图，把它折叠起来，就可以把过去已经发生的事情折叠到现在。跳到这个另一帧画面里，你就完成了穿越，回到过去。在卡尔·萨根（Carl Sagan）的上佳之作小说《接触》（*Contact*）中，女主角艾琳娜·爱罗维就穿越了这样的一个虫洞。

如果你想看到有关虫洞的更多生动的描述，可以看看这部根据小说改编的，由朱迪·福斯特（Jodie Foster）主演（饰演艾琳娜）的电影（口碑不如小说）。基普·索恩（Kip Thorne）是把虫洞和时间旅行联系起来的主要物理学家之一。最近，他担任了科幻电影《星际穿越》（*Interstellar*）的执行制片人，而这部电影就是围绕着这种联系的可能性展开叙述的。图 7.2 就绘制了这样的一个虫洞。

时间旅行只是一种猜想，因此专业的论文通常不会讨论它。但在 1988 年却发生了一个著名的意外：索恩和两位在加利福尼亚理工学院工作的同事在非常著名的《物理评论快报》上联名发表了一篇文章，这篇文章用了一个很有趣的标题“虫洞、时间机器和弱能量条件”——弱能量条件这个术语是实现一个长寿的虫洞必不可少的条件。我把这篇文章称为“时间机器论文”。这篇论文的摘要提到：

> 人们认为，如果物理定律允许一种先进文明创造并维持一个宇宙空间中的虫洞来进行星际旅行，那么这个虫洞就可以转换成一个时间机器，使用它可以违背因果论。

这是一篇具有高度技术性而且撰写严谨的文章，并且可能让“通过虫洞进行时间旅行是可行的”这一想法流传开来——不过几位作者并没这么说。但三位作者确实提到，某个未来高度发达的文明，原则上可以构建出在时间维度和空间维度连接两个不同区域的虫洞。然而他们并没有提出切实可行的方法。三位作者论述，只要有足够的能力来获得巨大的能源，没有哪一条（好吧，是几乎没有）已知的物理定律能够阻止我们实现虫洞的梦想。在虫洞中穿越可以沿任意方向进行，所以三人认为，不仅可以在虫洞连接的不同地点跳来跳去，也可以在不同的时间，甚至是在过去的某一时间点跳进跳出。

这是严谨的物理学家们提出的、最接近时间机器原理的一篇文章。三位作者总结说：

> 因此，在更晚的时间，通过从虫洞的右边移动到左边，人们便可以实现在时间轴中逆向旅行……并且由此违背因果论。

违背因果论意味着否定自由意志，就像超光速粒子枪射击悖论所表明的那样。为了找到一个生动的例子，时间机器论文的作者们又搬出了“薛定谔的猫”这个话题！他们说：

> 这个虫洞时空可以作为一个研究因果论、“自由意志”和量子测量理论等思想的有效试验台……
>
> 一个更高级的生命能否先测出薛定谔的猫在事件 P 中是活着的（从而“波函数坍缩”到“活的”状态），然后在时间中旅行，到达测量出活猫的时间点之前，通过虫洞回到过去再杀死猫（波函数坍缩到“死的”状态）？

时间机器论文并没有讨论时间之箭，也没有讨论“即使时间回到了过去，箭头也必须继续指向虫洞路径的方向”这一事实。时间旅行者在虫洞中穿梭时，必须保证时间箭头不会掉转，这样他们才能经历正常的时间进程，到达目的地。这是一个很重要却一直没有解决的问题。

如果可能的话，我认为真正的时间旅行将意味着旅行者对“现在”一词的理解必须是从“此时此刻”到“那时那刻”。时间机器论文没有讨论沿着那条虫洞的路径运动会对旅行者理解“现在”一词产生什么影响。三位作者说，虫洞可以帮助他们绘制一个“封闭类时曲线”，这是一种物理学术语，描述的是能够将你带回过去的部分虫洞路径。但是，一个人能否在沿着这条路径向过去旅行，同时，仍然能够感受时间的演进，并且保留已经变成了未来的记忆呢？将电子的箭头一反转，然后就可以称它为在时间轴逆向旅行的正电子，但这与威尔斯所说的时间反向旅行是一回事吗？

那篇论文的另一个观点是，虫洞非常不稳定，非常短命，一个人是不会有足够的时间在虫洞消失之前完成旅行的。这里其实有一个漏洞：如果物理学家和工程师能够弄清楚如何在一个巨大的空间区域构建起“负能量密度”，那么虫洞就可能存在更长时间。目前还没有办法做到这一点，但我们认为，在物理学中没有什么定律会排除这种可能性。然而，不需要再知道其他缺陷，只根据这一要求，稳定虫洞的整个可行性演示已经坍塌了。它已经成了物理学上的一种猜测，需要新的物理学来支撑。三位作者也很清楚这一点，他们说：“虫洞是否能被创造和维持，还需要更进一步的探索。”这种虫洞的存在让人联想到超光速粒子的存在可能性，只是因为我们目前没有一条物理学理论能够排除其存在的可能性，并不意味着它真的存在。

最终，即使时间进程问题得到了解答，而且如果其所需的负能量场在某一天被发现了，依然存在因果论和自由意志的问题。那篇时间机器论文确实触及了这个问题，只不过是指出有个*归谬法*的例子——“薛定谔的猫”。与之密切相关的是祖父悖论，这个悖论讲的是，如果你回到过去杀死了你的祖父，而没有祖父也就意味着没有你，如果你已经不存在了，那么你又怎么能杀死你的祖父呢？这个悖论的一种解释是你没有自由意志，所以即使你回到了过去，你也不能杀死你的祖父。而你最终是生下来了，这一事实也表明你确实没有杀死你的祖父。

保持自由意志的一种方法是假设某种宇宙“监督制度”；也就是说，你可以回到过去，但不能改变已经发生的事情。如同克莱尔在小说《古战场传奇》（*Outlander*）（以及同名电视剧）中发生的事情：她用未来的知识扭转局面，实际上结果没有发生任何改变，她所做的一切毫无意义（警告！此处有剧透！）：她以为她杀死了丈夫的祖先，最终发现，她的丈夫与那个祖先并没有血缘关系，而是被他收养的继子。在电影《回到未来》（*Back to the Future*）中，人可以通过时间旅行回到过去改变现在，产生了一些滑稽的结果，但是，电影中没有使时间旅行者关于未来的记忆消失，对此电影没有解释原因。

在我看来更重要的问题在于，如果你不能改变结果，那么回到过去的价值又在哪里？

正如莎拉·寇娜（Sarah Connor）在一部穿越电影《终结者》（*The Terminator*）中说的那样：“天啊，这些事情想起来简直是让人发疯。”

时间旅行的物理分析假定有固定的时空图标准。事实上，大多数物理学家目前都在采取这种方式演算，这也是物理世界展现给我们的方式。但我们都知道，这并不是我们生活在其中的真实世界。如果将来和过去的一切都已经确定，那么时间旅行的意义何在？标准的时空图无法表示“现在”，而在时间旅行中，我们想要改变的正是“现在”。

虫洞是物理计算中的一个有趣的现象，一经提出，就立即受到了科幻小说（和卡通）爱好者的密切关注。虫洞或许是以一种与超光速等效的方式来实现位置的变换。但如果我们果真想要来一场时间旅行，我们必须首先理解“现在”的意义。

4
物理和实在

第 21 章
超越物理学

对有意义但非实验可测量的知识的探索……

> 偷走我的钱包就像拿走了垃圾——
> 但占用我的时间的人，却浪费了我的生命。
>
> ——戏仿威廉·莎士比亚名言

爱因斯坦对物理学和自己的发现都心怀敬畏。为什么他成功了？他在 1921 年写道：

> 数学是一种独立于经验的人类思想的产物，但它极其适用于现实中的物体，这是如何做到的呢？

其实，数学的适用性没有这么强。没有人能用恰当的方程来描述生命体、思维过程或者人与人之间的经济往来。你可能会说："哦，这不属于有关实在物体的学问（物理学）。"此话不假，可是你要注意你的言辞。

物理学可以说是比较适合数学描述的实在的一个微小子集。难怪物理学会屈服于数学，如果有哪一个方面不那么屈服，我们就可能会给它重新定义为：历史、政治科学、伦理、哲学、诗歌等。在所有的知识中物理学所占的比例是多少？从信息论的角度来看，答案是“非常少”。在你所了解的重要知识中，哪个部分属于物理学？我想，即便是爱因斯坦也会认为比例极小。

科学之局限

我在布朗士科学高中读二年级的时候，一位学长（那时他正与我姐姐交往）给了我一本名为《科学之局限》（*The Limitations of Science*）的平装书，作者是约翰·威廉·纳文·沙利文（John William Navin Sullivan）。直到现在我还留着这本书（1959 年第 9 版），上面写满了笔记。这本书于 1933 年第一次出版，当时标价 50 美分。

我非常讨厌这本书，它摧毁了我的信念。我一直相信科学是获得知识的最终手段、是真理的仲裁者，科学可以让我们清楚地看到未来。但是当时这本书让我万念俱灰，甚至觉得自己可能应该主修英语，而不是物理。不过，我仍然耐心读了书里的每一句话，并标记了几十个令人讨厌却又非常重要的段落。比如在第 70 页有一节我划了重点，是这样说的：

> 不确定性原理基于这样的事实：我们无法在不扰乱自然的情况下观察自然过程。这是量子理论的直接后果。

这是我第一次遇到海森伯不确定原理。沙利文写这本书时，这一原则尚未获得现在的名字。现在，“不扰乱”这一短语更精确地表述为“不破坏波函数”。科学无法做出预测，它只能估计概率。这让我很沮丧。

那时我并没有意识到，困扰我的事情同样也困扰着爱因斯坦。他无法接受这些观念：物理学是不完备的，过去不能完全决定未来，物理学不是对现实的完整描述。

当时爱因斯坦正在努力探索这些问题，而那时最新的一个发现使人感到惊讶，甚至比物理学的局限更令人惊讶。爱因斯坦知道，所有的数学理论也是不完备的。1931 年，爱因斯坦在普林斯顿的朋友库尔特·哥德尔（Kurt Gödel）发现并证明了这一事实。

哥德尔的惊世理论

哥德尔证明了一个数学定理，该定理不仅使数学家和物理学家受挫，也让哲学家和逻辑学家受创。而该理论在沙利文于 1933 年撰写的书中并没有被提到，因为它还不够成熟，很少有人理解它；也许是因为很少有人相信它，许多人希望它会被证明是有缺陷的；或者是因为沙利文认为数学不是科学。在欧洲的大部分地区，数学被认为是像音乐和哲学一样的人文艺术。时过境迁，如今哥德尔定理被认为是非常必要而且重要的，被广泛视为 20 世纪最伟大的数学成就。

哥德尔定理可以用一种貌似简单的方式陈述出来：*一切数学理论都是不完备的*。这意味着，你设计的任何数学系统将存在不能被证明的真理，甚至不能被视为真理。

哥德尔没有证明数学不完备，只是说任何一套定义、公理和定理都必然是不完备的。例如，有些定理可能无法用实数来证明，例如证

明 π^e 是无理数的可能性（此处，π 是圆周率，即圆的周长与直径的比值，e 是自然对数的底）。但是，如果将数字体系扩展为包含虚数，则有可能证明这个定理。（事实上，我们不知道 π^e 是否为无理数；我援引该例只是来说明哥德尔的成果。）但是，一旦你扩展一下数学体系，那么就必然存在且为真，但无法证实的另一个定理。

另一个可能的例子就是德国数学家克里斯蒂安·哥德巴赫（Christian Goldbach）的猜想，即任何偶数都可以写成两个质数之和。这一猜想至今也并未证实，也没有经验方法来确定它是否为真理。在当今的数学理论体系之下，它可能是无法证明的定理。（如果你认为你可以证明它，请把你的想法寄给某位数学教授，而不是寄给我。）但是这个猜想可能有一天会被证明，或者在未来等数学得到进一步扩展之后被证明。

你无法判断定理为真，却能判断其无法证明的原因很简单：如果你能够判断，那就会成为证明它们为真的证据。许多定理都可以被一个反例推翻。对于哥德尔定理，这是不可能的。

因为现代物理学以数学为主要工具，所以任何物理学理论都必然是不完备的。总会有无法证明或无法证明为真的真命题。史蒂芬·霍金对这个事实感到遗憾，但他意识到可以通过发展更完整的理论和增加更多的假设或“原则”，来解决任何未知问题，对此他又感到一丝欣慰。他从哥德尔定理中推理出：迄今为止，我们的所有理论都是不完备的（并且，他肯定也会同意，将来的理论也是这样的）。他幽默地总结说，理论家永远不会失业。

哥德尔定理激发我们思考物理学的完备性——不是针对任一特定的理论，而是物理学本身。除了受不确定性原则影响的那些方面，实在是否还有其他的某些方面超出了物理学的范围？一旦你开始思考这些问题，就会发现，实在的许多方面的问题，不仅目前的物理学无法解决，而且似乎在未来，当物理学产生了进步之后也无法解决。在“某事物看起来是什么样的”这个例子里，这一问题就非常明显。

蓝色看起来是什么样的？

你看得到蓝色，我也看得到蓝色，但是我们看到的是相同的颜色吗？有没有可能当你看到蓝色时，其实看到的是我看到的红色？

我从五年级时就对这一问题纠结不已。我的老师并没有给我一个满意的解答。“我们看到的颜色当然一样了。”这是她当年的回答。但是我一直没有放弃对这个问题的探索。上九年级时，我的科学老师似乎懂得挺多的，所以下课后我问了他这个问题。他告诉我，信号会传到人类大脑的同一个位置，所以我们看到的当然都是一样的。我觉得他也没有真正解答这一问题。从他们那里我也学会了说话的时候要严谨，避免随口就用“当然”这个短语。

我怎样才能把这个问题问得更清楚呢？事实证明这是一件非常难的事。有些人似乎懂我的意思，有些人则认为这是无稽之谈。我现在知道，世界上许多伟大的哲学家都曾为这一问题感到困扰。这一问题可以概括为大脑（进行思考的生理器官）和思维（以大脑为工具的一种精神的更为抽象的概念）之间的区别。大脑-思维的区别属于“二元论”的问题，二元论最起码可以追溯到古希腊。

你可以做一个简单的实验，来彻底说清楚上述关于颜色的问题。保持双眼睁开，注视一个彩色物体，然后用手交替遮住左眼和右眼。两只眼睛看到的颜色是否完全相同？对老年人来说，他们看到的通常不是同一种颜色，这是因为他们眼睛的晶状体变得有些模糊，每只眼睛都有些许不同，这些变化会改变视觉效果，这就如同眼睛透过带有不同色调的镜片看东西。我的眼科医生告诉我，许多人两只眼睛看到的颜色会略有不同。如果你的两只眼睛看到的红色略有不同，那么别人看到的红色会不会与你看到的完全不同？（交换眼球并不能解决这一问题。）

我患有一种叫做“双耳复听症”的疾病。双耳复听是说对于相同的频率（比如，来自音叉的声音），我两只耳朵听到的是不同的音调，不过，这种烦恼对我还是次要的，这种病症主要是给我的孩子带来了烦恼，一直以来，他们都抱怨我五音不全。最后，我终于学会了如何让我的发声能适应两只耳朵听到的音调，唱歌不再跑调。

这些都是小的影响，但也没有理由认为它们不会变成大的影响。也许我看到的蓝色其实是你看到的红色。

1982年，澳大利亚哲学家弗兰克·杰克逊（Frank Jackson）以一种特别清晰的方式阐述了我从小就关注的色彩问题。他编了一个有关玛丽的故事。玛丽是一个优秀的科学家，在一个无色环境中长大，她能看到的事物不外乎黑色、灰色或白色。她看的书没有彩色图片，看的电视也是黑白电视。

旧金山的探索博物馆中，就有个模拟无色环境的房间。该房间采用近乎单色的灯光——单一的频率，只有一种颜色，那是来自低压钠灯的淡黄色。（你可以购买一款这样的灯并在家中亲自尝试，不要使用高压灯，那种会发出一系列的颜色。）探索博物馆的房间里的各种物体——纤维织物、混合画，甚至只是一个软心豆粒糖分发器，假如放到白色光下都会呈现斑斓的色彩。但是，这些颜色都看不见了，全都变成了黄色的不同色调：亮黄色、灰黄色和深黄色。并且，在这个房间里待久了，眼睛对黄色的感觉也会渐渐变得不那么敏锐，就像你有时候，戴了几分钟墨镜后，你会忘记自己正戴着墨镜一样。你的眼睛“习惯了”之后，看到的就只有黑色、灰色和白色了。但是这个房间里有手电筒可用，如果你拿起一个，用它照向一堆糖豆上，你会因瞬间迸发出的各种色彩而感到眼花缭乱。（如果你带孩子去探索博物馆，不要忘记带上一枚 2.5 角的硬币，可以从糖果分发器投币取糖果。）

杰克逊想象中的优秀科学家玛丽在她那只有黑白灰颜色的家中，正常成长，只是看不到其他颜色。她从物理学书上读到了关于颜色的内容。她想知道生活在有色彩的世界里会是什么样子。她发现有关彩虹的理论优雅而美丽（在物理学意义上），但她想知道，彩虹实际上看起来是什么样子的。现实中彩虹的美丽会与物理学书上写的不同吗？

最终，玛丽成为一名“杰出的科学家”，不仅精通物理学，还精通神经生理学、哲学，以及你能想到的其他任何学科。（别忘了，这是一个假想的故事。）她理解眼睛如何工作——不同频率的光如何刺激眼睛中不同的传感器官以及眼睛如何进行一些初始处理，并将信号发送到大脑的不同部位。她知道这一切，但她从未亲身经历过。

然后，有一天，玛丽打开门，走到外面，进入了一个全彩色的世界。当她终于看到彩虹时，会作何反应？（请记住，这是一项想象中的实验，我们不用考虑这些年没有色彩的生活是否会让她视觉衰退。）当她看着天空、草地和落日时，她会说：“噢，这真是我在科学中所研究的东西吗？”又或者她会说：“哇！我根本没有想到！”杰克逊问：“她会认识到什么新东西吗？”如果她确实认识到了什么东西，又会是什么呢？

对杰克逊的问题，我的回答是肯定的，她将会认识到一些东西：她将知道红色、绿色和蓝色看起来是什么样的。但是，如果其他人——比如你？——说她不会认识到任何东西，那我很难说服你，让你觉得自己错了。你可能懂我的意思，但也可能不懂。不管怎样，我都无法用物理或数学或任何其他定量科学来向你解释。同样，你也很难说服我，说我错了。你可能会说我头脑死板，不够客观，主观臆断，不讲科学。但我坚称，我知道我所说的是真的。这不是我的观点，不是我的信念。我知道我说的是什么，而且绝对正确！玛丽只有在自己看到颜色时才会认识到有关颜色的其他知识，她了解了颜色看起来是什么样的。你可能会说，胡说，她什么也没认识到。你我之间的分歧无法调和。

究竟是什么让我们能够看到东西？如果有自由意志，那么是什么使其可以行使作用呢？什么在经历“现在”，并将现在和过去区分开？是隐藏在大脑深处的东西，还是超越大脑的东西？为加深对这个问题的理解，我们可以想一下进取号星舰舰长詹姆斯·柯克的瞬移。

把我传上去，斯科蒂

来自《星际迷航》系列的经典声音片段之一是标志性的短语“把我传上去，斯科蒂。”当柯克舰长一说这话，[1] 他的工程师斯科蒂就会激活传送器，他的身体随之消失（也许是拆分开来？——我们无从知道），然后在另一个地方再次出现。（是重新组装起来了吗？）这是高速便捷的交通方式的终极版，在《星际迷航》中它加快了故事情节的发展。

瞬移是如何实现的？噢，当然，这并没有实现，这只是科幻小说。但是当我看科幻小说时，我总是试图将它们的内容跟物理学契合起来。对这个问题而言，从物理上讲通并不是太困难。把柯克当作一个量子波函数，传送者只需“克隆”这个波函数来创建一个精确的副本。这个副本是用原来的分子复制的吗？这几乎无关紧要，因为在现代物理学中，碳原子都是相同的，同样，所有电子、所有氧原子等都是一样的。想想费曼图（图 20.3 和 20.4），电子受正电子影响偏转时它们都会同时起作用。两个图都记录了散射现象，这就意味着出现的电子同时既是原始电子又是新创电子。考虑粒子是否相同时，另一个挑战

1. 星际迷们知道，其实原本的星际系列中，柯克舰长从未原封不动地说过这句标志性话语，不过柯克确实曾经说过：“斯科蒂，把我传上去。”

是这样的：你现在体内的分子几乎没有几个跟你还是孩子的时候一样，大部分的分子已经更换过了，但你仍感觉自己是同一个人。

事实证明，现代量子物理学中的几个定理表明，原则上，这种克隆是可能的，但是你必须破坏掉原件。其中一个定理为“无传送定理”（no-teleportation theorem），尽管它的名称里含有否定词，但它并不排斥《星际迷航》中的传送方式，它只是说你不能通过将波函数首先转换为一系列经典的测量数据，然后再把这些数据转换回波函数，以此来实现瞬移传送。另一个定理是“无克隆定理”，但并不意味着你不能克隆，它只是说你只有破坏原件才能创建精确的副本。因此，尽管我们可能不知道如何进行《星际迷航》中描述的传送，但目前我们所知的物理学知识并不排除这一可能。

假设我们明白如何沿着《星际迷航》的传送线传送。你会接受自己被这样传送吗？

我不会。

为什么？我担心新出现在传送器末端的人可能不是我。我能接受的前提是，新创造出的人会有我所有的记忆、性格特征、弱点、嗜好和兴趣，并且任何物理手段都不能将我与之区分开。但他会是*我*吗？你明白我为什么这么担心了吗？精准的克隆真的与我完全一样吗？当然，物理学无法区分我们。但是有没有超越物理的实在？用宗教中古老的语言来说，我们怎么知道灵魂会随着身体一同被运送呢？

科幻小说总是充满着这样的奇思妙想：人类的身体连同记忆可以被复制，但这样克隆出的人的确是不同的。在出现这种情节的书中或电影里，大人很难分清克隆人和原来的人，但孩子和宠物可以很容易地看到差异。而且就像希腊传说中无人相信的预言家卡珊德拉（Cassandra）一样，没有人相信他们，即使他们说的都是真的。这样的情节在从 1956 年的《人体异形》到 1986 年的《火星人入侵地球》这类灵魂替代电影中经常出现。克隆人通常试图说服非克隆人克隆是一件美妙的事情。但是看了电影，我们发现并非如此。

当我的量子波函数被克隆时，我是否被传送过去了？这一问题简直是无稽之谈。对吧？

科学是什么？

是什么把科学知识和其他类型的知识加以区分？我认为，科学知识的典型本质是，科学是我们渴望达成普遍认同的知识子集。科学提供了解决争议的方式，它能确定什么是正确的，什么是错误的。可能你和我永远不能就巧克力是好吃还是难以下咽达成共识，但我们知道我们可以就电子质量的大小最终达成一致。我们可能永远无法就什么是政府的最佳形式，什么是最好的经济制度，甚至是正义和道德这些问题达成共识，但我们可以就相对论是否正确，以及是否 $E=mc^2$ 达成一致。

当我看到的是蓝色时，你看到的也是蓝色吗？这不是一个科学问题。但如此一来这个问题就不成立吗？这一问题与大脑和思维之间的差异有关。是否存在超越大脑的东西，存在于大脑的“电路”背后的东西，存在不仅是物理的、机械的原子组合的东西，存在不仅可以看到，还知道颜色看起来什么样的东西？我无法向你证明这种知识是存在的。我只能试图说服你相信。

这个问题类似于$\sqrt{2}$是个无理数这件事，因为它不能写成整数的比。我在附录 3 中给出的证据是基于达成一种矛盾，这种方法无法用之前的数学推导；必须先提出假设；然后必须接受它为公设。这种情况类似于数学归纳，没有证据表明该方法有效。它必须被视为一个单独的假设。并且有一个重要但有点模糊的“选择公理”（axiom of choice），这是数学中的一个关键概念。甚至我们的选择能力也不是不证自明的。而且，事实上，如果我们真的只是由外部力量驱动的机器，也许是受确实投掷骰子的上帝的教唆，那么我们有选择力就可能是错误的。

在讨论什么颜色看起来是什么样时，我们已经脱离了牛顿在物理学研究中暗中遵循的规则。有人会抱怨我们正从科学偏向语义学，或更加糟糕的情况——哲学。我们讨论的不是具有真正意义或有趣内容的问题。你说，请准确界定颜色“看起来是什么样的”是什么意思，然后我们就可以确定它是否通用。

柏拉图在他的对话录《美诺篇》中称，有些知识的确无法通过物理测量来获得。在这些学识中，柏拉图提到了美德——这一概念在今天会被许多科学家轻视，认为其“不具科学性”。他们可能会说，美德是一系列通过任何带来适者生存的行为而优化的行为。柏拉图在展示他自身学识论点时，从没（好吧，很少）让他的主人公苏格拉底说出自己的观点，而是让苏格拉底提出问题，进而引出他说的已经存在于他思想中的知识。想象一下，不去证明$\sqrt{2}$是否为无理数，而是简单地问你问题，通过这种做法，引导你自己发现证据，这就是苏格拉底方法的本质。然后我可以像苏格拉底一样声称，知识已经储存在你的大脑，只待引导说出。

数学是物质实在之外的知识，这是这门学科之所以困扰许多人的地方，也是导致数学恐惧症的主要原因。根据经验，我们只能证明某些数学规则大致正确。勾股定理正确吗？或在边长为 3、4、5 的三角形中最大的角不是 90 度，而是真的只有 89.999999 度？你怎么知道的？不是通过物理学知道的，也不是通过测量得到的。（事实证明，在弯曲的空间中，它不是 90 度。）数学真理的获得不是通过实验测试，而仅仅依靠自身的一致性。你可以假设通过一个点的两条不同的线将永远不会再相交，或者假设可以。第一种假设是欧几里德得几何的部分基础，第二个假设在广义相对论的封闭弯曲时空中是成立的。

根据传说，毕达哥拉斯学派的人对$\sqrt{2}$是无理数这一发现感到非常不安，他们把发现这个无理数的希帕索斯（Hippasus）从船上扔了下去。（现在的说法是“把他扔到了行驶的公共汽车下面”）希帕索斯的证明可能与我在附录 3 中给出的证明类似，但是基于几何知识还有一个很好的证明方法。

根据另一个传说版本，毕达哥拉斯学派的人认为$\sqrt{2}$性质的发现意义深远，甚至成了他们宗教信仰的基础。在那个故事中，他们把希帕索斯扔到水里，是惩罚他向外人泄露了这个巨大的秘密。但是，毕达哥拉斯学派的人在这个定理中揭示了一个事实真理，即确实有存在于物质现实之外的知识，这一真相太过让人讶异，因此他们只告诉给那些宣誓忠于毕达哥拉斯学派的人。希帕索斯发现了非物质实在的真理，这样的真理无法进行物理验证，但确实存在。

第 22 章
我思故我在

“现在”存在于大脑中吗？还是仅存于心灵？

来吧，让我抓住你吧。

抓不住你，但我能目睹你的清容。

你或许只是一把匕首深藏在我心胸，你这虚幻之物，

或源于我发热的头颅？

——麦克白

我们认为这个真理不证自明：如果它无法测量，那么它就不是实在之物。当然，这一“真理”是无法证明的，就像《独立宣言》中所宣称的人所拥有的权利一样。但这不是假设，而且当然也不是理论，它更像是一种学说，一种象征性地钉在物理系大门上的论文，一种教条——只要凭着信念，就将引导你掌握物理世界。哲学家将这种信仰称为物理主义（physicalism）。

请不要误会我的意思。物理学本身不是宗教，而是一门严肃的学科，有着严格的规则，定义了什么已被证明，而什么还未经证实。但是，当人们假定这门学科代表所有的现实时，它就呈现出宗教性的一面。物理学和物理主义之间不仅没有逻辑上的必然性，也没有任何逻辑可以将它们联系起来。认为物理学涵盖所有实在这样的教条想法，

并不比认为圣经涵盖所有真理有更多正当的理由。

物理主义

在第1章中我引用了哲学家鲁道夫·卡尔纳普批判阿尔伯特·爱因斯坦向非物理学思想偏移的一段话，其中对物理主义进行了阐明："由于原则上科学可以说所有可以言说的东西，那就没有不可回答的问题了。"不证自明，对吧？当你读到这一说法时，你是否把它当作一个准确无误的真理接受它？

颜色看起来是什么样的？这不是物理问题，所以物理主义者不会容忍这样的问题。你看到的蓝色是否和我看到的蓝色一样？这个问题是无稽之谈，毫无意义。我们无法设计一个合理的程序去检验答案，因此它也不能评估其是否为真。对物理主义者来说（也许我应该将该术语加粗来强调其类乎宗教的性质），只要问这样一个问题就会使你的判断产生怀疑。只要问一下"颜色看起来是什么样的"，物理主义者就会怀疑你是否在偏离物理学，脱离自己的学科领域，滑向"科学叛教"（背叛科学）的邪路。

物理主义的极端表现，是断言不可量化的观察是幻觉。你我认为我们都知道时间在流逝，但事实并非如此。由于这一点不存在于当前物理学理论中，并且它没有出现在任何时空图上，所以它是不真实的。而且由于当前的物理结构，即使它没有回答所有问题，也是涵盖所有现实实在之物的。

物理学家通常把数学归为科学，因为它有着严谨的学科内涵。并非所有的东西都需要经验来检验；我们也可以检验它引发的结果。我们知道 2 的平方根是无理数，也就是说，它不能写成两个整数的比。但是如果我们发现了比值为 $\sqrt{2}$ 的整数，那么就可以否定这种说法，只不过只能在抽象但自洽的数学领域内进行。

物理学家的确使用了量子振幅和波函数等不可测量的东西，但是他们对此感到尴尬并道歉，并希望有朝一日能够消除它们。与此同时，他们避免去诠释这些东西。物理学虽然有不足之处，但它通过自身创造的奇迹——无线电、激光、核磁共振成像、电视机、计算机、原子弹等，验证了其效力。

无神论本身并不是一种宗教，这是对一种特殊的宗教信仰——有神论——的否定。有神论主张，上帝会通过诸如帮助你的足球队或军队获胜、治愈你的癌症等来奖励敬神者。无神论只是一种拒绝，它不会成为宗教，除非它结合积极的信仰，例如物理主义，后者相信所有实在都是由物理学和数学定义的，其他一切都是幻觉。

值得注意的是，你经常会遇到“科学表明……”这样的表述，来支持实际上并没有科学基础的观点。这往往是改头换面的物理主义。“科学表明我们没有自由意志。”一派胡言。这种说法是受了物理学的启发，但是物理学根本没有证实这一点。我们无法预测原子什么时候会解体，而目前存在的物理定律表明，这种“无能”是根本性的。如果我们无法预测这种简单的物理现象，那么我们怎么能想象有一天我们能够证明人类的行为是完全确定的？是的，通常情况下，我们知道放射性碳原子会在数千年内衰变，另外我们期望人类会做出让他们生育更多后代的决定，但即使你接受了这种小小的科学结论，它也会留下很多基于道德和同理心的价值观的决策空间。科学并没有“表明”我们能够在不考虑人类自由意志的情况下理解人类做出的决定。

根据天体物理学家、科普作家兼宇宙学明星尼尔·德格拉斯·泰森（Neil deGrasse Tyson）的说法，《上帝的错觉》（*The God Delusion*）的作者理查德·道金斯（Richard Dawkins）是“世界上最重要的无神论者”。我喜欢道金斯写的科学及科普书，他恰当且有效地抨击了许多宗教派别的反事实主张。他对有组织的宗教的批评通常是有效的，但由于非物理学知识带来了许多邪恶，因此他似乎认为一切非物理学知识都是胡言乱语。道金斯在他未明说但隐含的假设中犯了一个根本性的错误，即逻辑要求我们忽略非物理学的实在。这一认识导致一个推论，即错误地认为掌握物理学与信奉上帝互不相容。我在附录 6 中给出了一些反例，包含了有史以来最伟大的物理学家们所作的具有深刻宗教意义的言论。

道金斯在他 2006 年出版的《上帝的错觉》一书中说：“我很高兴活在人类正在朝知识的极限迈进的时代。更美妙的是，我们可能最终会发现，知识不存在极限。”道金斯希望科学的能力确实没有极限，但在我看来，这不仅仅是希望，而是已成为他的信仰。这是他的宗教的基础。这一信仰基于科学在解释很多问题上的成功，他因此相信，科学最终将解释一切。他的乐观主义让我想起古希腊的乐观主义者，他们曾期望所有的数字都可以写成整数的比例。他会失望的。物理知识的局限性非常严重，且显而易见。我已经给出的几个例子让我清楚地认识到物理学是不完备的，无法描述所有的现实。

此外，道金斯对逻辑至上的信仰忽视了库尔特 · 哥德尔发现的明显的局限性。如前所述，哥德尔表明，所有的数学体系都有无法证明的公理，这些公理无法用逻辑得以解决或检验。所以，即使在清晰简洁的数学领域内，道金斯只接受逻辑上可证明的真理这种面对现实的方法也显然是错误的。

同理心

你有没有尝试想象自己变成另外一个人 —— 朋友、配偶或名人，比如圣女贞德、阿尔伯特 · 爱因斯坦或保罗 · 麦卡特尼 —— 会是什么样？当你这样想象时，你是否认为你忘记了所有自己的记忆，只做想象中的人，并通过那个人的眼睛看世界？这种思维能力被认为是同理心的源泉，无法做到这一点是反社会者的根本功能障碍。当你想象成为别人时，你想象的是什么？你的哪一部分转变了？不是你自己的感受、记忆或知识，你正试图去用另一个人观察世界的方式去观察。那是什么意思？

由于缺乏更好的术语，让我们把你想象中转移到另一个人身上的东西称为你的*灵魂* —— 也就是当你被斯科蒂传送时，可能不会一起传送过去的那一种东西。对于是否使用*灵魂*这个词我是有顾虑的，因为它在宗教中有很多意思：永生和独立于身体的记忆（你死了之后，能认出你父母的灵魂吗？），以及当你有了罪恶时会被惩罚的东西。所以我想把它称为你的“第五元素”（这个词已经被宇宙学理论给占用了），或者你的“阿尼玛”（anima，这与催眠术密切相关），或者你的“精神”（与对体育的热情相关），或者法语单词 esprit（精神）；但为了简单起见，还是坚持用*灵魂*一词吧。它存在吗？它是真实的吗？

尽管人们已经在大脑的生理机能中尝试寻找它，但灵魂似乎无法用物理学的方法来检测。它常常与“意识”混为一谈，可能是因为“意识”与物理主义的观点更相配。灵魂和意识的差异与思维和大脑的差异相似。

我记得在五年级时，我的老师说她将教我们怎样看东西（也就是我后来向其咨询颜色问题的同一个老师），我很激动。这是我内心非常想知道，并竭力想理解的东西。那天下午，她的讲授开始了，她在黑板上挂了一张眼睛的图片。我曾在布朗克斯公共图书馆莫特黑文分馆借来的科学书籍中看到过这张图片（你不能对着书问问题）。老师的挂图没有什么新东西。她指导我们看一下光线的路径。是的，这我也知道。光透过眼睛的晶状体，聚焦在视网膜上，然后变成电脉冲。这些我都读过。脉冲进入大脑。大脑知道每个信号来自哪里，因此它可以重建图像。视网膜成像都是颠倒的，但大脑会将其倒置过来。好的，这时候是关键！这是我的问题得到解答的时刻！我开始加倍注意（是的，我说的是实事儿，我真的是既兴奋又紧张）。但她并没有继续给出解释，而是说，“现在让我们谈谈耳朵以及我们如何听到东西。”

我的求知过程戛然而止！

我非常失望地在座位上坐稳了。我读过一些科学书籍，但它们总是在我脑子里留下疑问。我想知道我是如何看到的，信号是如何超越我的大脑，到达那个我能看到蓝色看起来像什么的地方。正如我之前所提到的，我去找我的老师，然后问她，她似乎不明白我的问题是什么。信号传递到大脑，仅此而已。

这一切与“现在”的神秘之处有什么关系？只要我们认为我们只是一台花哨的多任务计算机指挥的机器，关于“现在”的问题就无关紧要了。除非“现在”这一问题被看作大脑中的信号，并被看到蓝色的那个同样的东西（灵魂？）看到，否则它就没有任何意义。但这并不意味着“现在”没有物理学起源。我认为是有的。

身体处理信号，但真正去执行“看”这一动作的东西是我所说的灵魂（对此我找不到一个更好的术语）。我知道我有灵魂，你无法说服我不信这一点。这是超越物理的东西，超越了身体，超越了大脑，看到了东西和颜色看起来“是什么样的”。我不懂灵魂。我猜我的灵魂是不朽的——但自从有了儿子和孙子，我每天都越来越觉得我通过他们实现了一种不朽。他们也有灵魂吗？是的，这对我来说很明显，但我无法解释我怎样知道的。我觉得对另一个人灵魂的清晰认识是同理心的本质，是爱的本质。当你意识到别人的灵魂的存在时，你怎么可能伤害他呢？

然而，我知道，那些反社会者的行为表明好像他们并不持有这种看法，他们把他人视为机器。对他们而言，伤害他人无非就像丢弃一辆自行车。他们缺乏同理心，而同理心能够让人换位思考，认识到他人也有灵魂。令我欣慰的是，心理学家已将这些人归为异类，不属于人类主流。

书籍和媒体经常谈起没有同理心的人。在1956年的电影《天外魔花》（*Invasion of the Body Snatchers*）中，当年轻的吉米说："她不是我的母亲！"时，他可能感觉到，这位看起来像妈妈以及做事像妈妈的人，是缺乏同理心的。在1998年的电影《移魂都市》（*Dark City*）中，外星人建造了一个完整的星球来运行实验，仅仅是为了弄清楚人类的本质是什么。在高潮时刻，主角约翰·默多克（John Murdoch）首先指向他的大脑，然后指向心脏，并宣称他们找错了地方。人的本质不存在于大脑的逻辑思维中，而是存在于心所代表的同理心中。

在美国选举中，我有时会觉得选民最感兴趣的是候选人对选民、穷人或所有人是否具有同理心，而政策问题是第二位的。美国选民不想选出反社会者。

如果你告诉我，我没有灵魂，灵魂是一种幻觉，或者说你可以教一个计算机程序运行起来就好像它也有灵魂一样，我会下结论说你不知道我在谈论什么，就像我五年级的老师一样。我的灵魂对我来说是显而易见的，尽管我很难表达清楚我这么说是什么意思。用奥古斯丁（Augustine）的话（他说这话时谈的是时间的流动）来说，就是"无人问时我知晓，欲求答案却茫然"。无论何时，我每每想到它，都会感到惊奇。这是我从宗教上获得的主要启示。我怀疑，当爱因斯坦说"人只有在超越自我的时候才真正开始生活"时，心里有着同样的体验。

我们仍有许多悬而未决的问题。动物有灵魂吗？我不知道。事实上，多年来我所认识的所有的狗主人都相信狗有灵魂。我曾经在卢旺达距离两个野生山地大猩猩家族几英尺的地方待了两个小时（分别在两天里），离开时，我相信它们有灵魂。它们似乎是充满野性、高大强壮、毛发旺盛的人类。

我思故我在

1637 年，笛卡尔写道，“我思故我在”——这一简洁的警句是对生命是一种幻觉的驳斥，也是对我们自身甚至都不存在的说法的驳斥。笛卡尔的观点自说出之后，不断被人讨论，并引起争论和反驳。当然，如果你坚持按照所有术语的严格定义去理解，那他的说法要么明显是正确的，要么明显是错误的。但为什么笛卡尔会滔滔不绝地讲一些琐事呢？为什么他的这句话让我们念念不忘呢？

我认为他的这一名言可以解释为对物理主义的绝佳反驳。他的原话是用法语写的，而不是用英语或拉丁语，非常简洁：“Je pense, donc je suis.”古典哲学家将思考（pense）解释为思维的物理行为，是在大脑中移动的信号，这种经典的解释同样适用于现代的计算机。但是当我把“思考”解释为思维、精神的行为，解释为看到颜色看起来像什么、听到音乐听起来像什么的行为，解释为触发同理心的行为，而非解释为大脑的行为，我发现这时笛卡尔的观点特别有力。科学可以将存在描述为抽象的东西，认为实在中存在幻觉，但笛卡尔知道事实并非如此。虽然笛卡尔是在 17 世纪初写下的这句话，但这一问题至今仍然是大家所关心的。在物理学中，它与“全息原理”间接相关，该原理是对实在的重新解释，是如今许多弦理论家的最喜欢的内容。

物理学家有一个客观存在的理由，想要否认非物理学知识。一旦你允许这种事发生，你就打开了唯心论、伪科学和宗教的闸门，你会完全失控。只要与观察没有矛盾，任何人都可以发表任何观点。数学可能是非物理学的，仅存在于思想中，但至少数学有严格的原则、定理和程序，以及证伪错误命题的方法。然而，任何关于灵魂的言论都会带来一些特殊的“真理”，这些“真理”不要求自洽，无法检验，因此是可疑的，可能是浪费时间，分散注意力，起误导作用，甚至可能很危险。

1996 年，人们就一只克隆羊进行了一场道德辩论。它的完整基因组被用来繁殖第二只绵羊多莉（Dolly），它与捐赠者的身体构成相同，就像两个一模一样的双胞胎。接下来，人们担心有钱人可能会制造自己的克隆人。

这又怎样呢？有什么可怕的？其实，很多人是对他们所看到的这种做法在道德上蕴含的后果感到不安。与许多其他科学领域的新问题一样，从接种疫苗到控制生育，实施者都会受到“扮演上帝的角色”的指控。这里牵涉的一个问题是克隆的个体是否会有灵魂。如果他们没有，那么是否可以奴役他们，就像我们如今奴役马匹、狗、汽车和电脑一样？

人们说，我们需要在允许科学继续下一步之前，彻底讨论克隆的伦理内涵。你觉得这需要多长时间？出于某种原因，克隆人与同卵双胞胎（每个人都认为他们有独立的灵魂）的比较很少被人提起（邪恶双生子的概念可以追溯到查拉图斯特拉）。我提到克隆，因为它也表明灵魂的感觉很普遍。许多无神论者接受灵魂这一概念，他们只是否认赐予恩惠的上帝的存在。拒绝灵魂的实在性的人主要是物理学家。

第 23 章
自由意志

一个重要的部分还没有到位。它处于谜题的量子物理部分的边缘，我们将证明，它是赋予“现在”其特殊意义的关键之处……

宇宙的基本规律是熵的不断增加，而生命的基本规律则是越来越高度结构化，并且与熵抗衡。

——瓦茨拉夫·哈维尔（Vaclav Havel）

你有自由意志吗？

我想我有，但我不完全确定。至少我的某些自由意志可能是幻觉。1980 年，我产生了第一个怀疑。1978 年时，我和妻子有了第一个孩子。给她起什么名字呢？我们觉得这是生活中最重大的决定之一。我们想要一个不太普通但又不太稀奇的名字，一个对个人有意义但又不太个人化的名字。这将是她的名字，而不是我们的名字。我们从书上找了上百个名字，查询了解其含义，然后丢下书籍，考虑了一下我们不喜欢的以及某些名字无法避免的昵称，然后突然发现伊丽莎白·安（Elizabeth Ann）符合我们的选择。

我确信，这一方面是受了伊丽莎白女王的影响，我们对坚强有力且政绩卓越的英国女王伊丽莎白一世心存景仰之情。我的妻子曾跟随休·里士满（Hugh Richmond）教授学习莎士比亚的课程，并且每次课我都旁听。但是她的名字第二部分为什么叫“安”呢？只是听起来顺耳。几十年后，我才注意到伊丽莎白·安（Elizabeth Ann）与“伊丽莎白女王一世时代”（Elizabethan）这个词相似。怪不得听起来顺耳呢。我们是不是用女王或是她的时代给女儿起的名字？我们也喜欢这个名字引申出来的昵称。就连儿歌中也唱道，“伊丽莎白、莉斯（Liz）、贝琪（Betsy）和贝丝（Bess），她们一起去看鸟巢……”，这是一个非常个人的选择。

至少我们是这么想的。两年后，在 1980 年，我在一本杂志上读到了一篇关于流行名字的文章。1978 年，在加利福尼亚州北部，最受欢迎的女孩名字恰好是伊丽莎白（Elizabeth）。

什么是自由意志？是选择不受影响地做一些事情的能力吗？为什么我会想在不受外界影响的情况下做事？但如果我的行为由外部力量决定——那些恰好是我父母、老师、朋友和同事的人，那些我碰巧读过的书，我碰巧遇到的经历——这些外部力量会把我变成仅仅是一团物理粒子，受其他粒子推动，对外力做出反应，就像行星对太阳引力做出反应，在预定的轨道上运行吗？而与此同时，我自己仅仅是带着我在自主行动的错觉？我是否只是一块夹在复杂机器中的木片，随着齿轮的转动而摆动，把我的快速动作与重要性混杂在一起？

当经典物理学在 19 世纪末期达到顶峰时，似乎物理学很快就能解释一切。确实，当时还存在一些问题，比如测量地球的绝对速度，以及热辐射的一些方面等，暂时还无法解释。事实证明，这些当时未能解释的小问题结果并非微不足道，它们最终分别带来了相对论和量子物理学。

经典物理学，甚至包括相对论，都是决定论的。整个宇宙符合因果律。过去决定了未来，而且是完全决定。这表明，即使是行为，原则上也是由以前的事件决定的。后来混沌理论的发展表明，我们可能永远无法充分了解过去，从而预测未来，但这并没有改变决定论的论点。一切行动，包括人类的行动，都是命中注定的，加尔文主义者是对的。哲学家很难不同意物理学家的发现。物理学的迅速发展为物理主义的哲学（抑或是宗教？）提供了依据。事实上，物理主义对自由意志的否定可能强化了一种日益增长的信念，即罪犯是他们成长过程中的受害者，由此，因为他们的行为而惩罚他们是不公平的。对所有的错误行为负有责任的是社会，而不是个人。这是一个奇怪的结论，使该理论否认罪犯有自由意志，却把自由意志赋予了社会（以应对不当行为）。

但事实证明，这一哲学结论所依据的前提是错误的。我们推翻这一论点所要做的一切——即物理学已经表现出自由意志是一种幻觉的论点——是证明物理学不是严格的基于因果论的，粒子的未来行为不仅取决于过去的经验。我在自己的实验室里已经证明了这一点。

说说我的实验室……

从牛顿时代到海森伯时代，初始条件将决定物理体系的未来，这是一种隐含的假设。然而，我们现在知道两个完全相同的物体可以有迥异的表现。两个相同的放射性原子在不同的时间衰减，它们的未来不是由它们的过去或它们所处的条件，或它们的量子物理波函数决定。相同的条件不会导致相同的未来。因果关系影响一般的物理行为，但不影响特定的物理行为。

请允许我以我认为最令人信服的方式来说明这个问题——通过我自己做的实验和测量。在 20 世纪 60 年代后期，我从事基本粒子物理学实验研究，每天我和我的同事通过劳伦斯伯克利实验室的质子加速器用质子撞击另外的质子。[1] 许多这种碰撞产生了两个或多个称为 π 介子的粒子。这里有一个关键的事实：我可以从实验上确定，一次碰撞中产生的所有介子，如果它们有相同的电荷，它们是相同的。我的意思是它们*真的*相同，一直到它们最深处的量子核心都是相同的。这些粒子具有相同的量子波函数。它们在这一意义上也是相同的，即费曼图中的入射电子与输出电子相同。

我怎么肯定这些粒子真的相同呢？我从菲尔 · 道贝尔（Phil Dauber）那里得知（就是那位告诉我时间反演破坏的 95% 置信度还不够高的物理学家），相同的粒子有相互干扰的波。在某些方向上，其波会相互加强；在其他方向，它们相互抵消。这种干扰可以在碰撞中出现的粒子中看到（它们"最终状态的相互作用"的一部分），并且在我们的数据中也很容易观察到。不同结构的颗粒不会相互干扰，π 介子不会干扰电子。一个电子可能会干扰另一个电子，但前提是其隐藏的内部

1. 当时，这个实验室被称为"伯克利分校劳伦斯辐射实验室"。它后来改名为"劳伦斯伯克利实验室"。现在它叫作"欧内斯特 · 奥兰多 · 劳伦斯 · 伯克利国家实验室"，简称"伯克利实验室"。我觉得，人们之所以给它起这么长的名字，是希望大多数人都只使用简短的昵称，而"劳伦斯"这个名字与炸弹联系在了一起。高功率质子回旋加速器（Bevatron）得名于它是第一台将粒子加速到十亿电子伏特的机器。

自旋方向相同。干涉即表明粒子是相同的，甚至它们所有可能隐藏的内部结构都是相同的——在量子物理学的全部范围内都是相同的。

在我的气泡室照片中，我可以看到两个相同的π介子，但它们在不同时间分解。我仍觉得这很奇怪。如果同时点燃两根有相同引线的炸药棒，它们会同时爆炸，然而我的两个相同的粒子却不会。两个π介子之间必须存在差异。它们不可能有相同的波函数，然而它们互相干涉表明它们有相同的波函数。

对于大多数放射性原子，你无法确定这一点，即使弗里德曼-克劳泽的实验反对隐变量的预测。我对明显相同的粒子的不同行为的观察结果消除了这一可能的反对意见。当然，我不是第一个这样做的人。我是从道贝尔那里学到的方法。我现在所做的一切只是提醒你注意粒子物理学中众所周知的一种观察结果——一种与有关物理主义的讨论和过去决定未来的程度相关的观察。

我可能没有自由意志，但这些π介子似乎有。

不，我不是说它们真的有。说π介子有自由意志，有点轻率和拟人化。但是，这个例子表明，物理主义者声称的世界是确定性的，这一观点已经被物理观察证伪了。相同的粒子，却有不相同的表现。因此，在完全了解过去的情况下，即使准确性足以打败混乱，也无法预测未来某些重要的方面（例如可能影响薛定谔的猫是死是活的方面）。反对自由意志的最有力的历史论证，即促使经典物理学成功的论证——物理学是确定性的论证，本身就是幻觉。

古典自由意志

什么是自由意志？在 19 世纪后期，在经典物理学的高潮时期，科学在解释一切方面取得了巨大进步。以下引文来自开尔文勋爵（Lord Kelvin）：

> 目前，物理学中没有任何新的事物有待发现。剩下的一切是越来越精确的测量……物理科学的未来真理将在第六位小数上寻找。

这句话（无论开尔文是否真的说过）都反映了许多科学家当时的感受。一切东西，如力学、引力、热力学、电力和磁力——一切似乎都已在掌控之中。不久，甚至生物行为也会简化为跳跃的粒子和电信号。要想认为自由意志将保持不变，就必须成为科学的悲观主义者，甚至可能是科学的否定者。

哲学家们不厌其详地分析自由意志并得出不同的结论。叔本华没有把他 1839 年的论文“论意志自由”提交给哲学家会议，而是提交给了挪威皇家科学学会。他认为人类除了自由意志的幻觉之外不拥有任何东西：

> 你可以做你想做的事，但在你生命的任何特定时刻，你只能想做一件特定的事，除了那件事之外别无其他。

在《超越善恶》（*Beyond Good and Evil*，1886）中，弗里德里希·尼

采（Friedrich Nietzsche）称自由意志是一种“蠢物”，它来自人类过度的骄傲自大，是“愚蠢至极”的。

哲学家伊曼努尔·康德（Immanuel Kant，1724—1804）同时也是一位杰出的科学家，是第一个认识到潮汐会减缓地球自转的人，还正确地假设我们的太阳系由原始的气态星云形成。康德对牛顿物理学有深刻的理解，并且对牛顿理论引申出的或许即使生命本身也是确定性的这一可能性也有深刻的理解。然而尽管当时物理学取得了巨大成功，他得出的结论是，他拥有自由意志仅仅是因为（他辩论说），如果没有自由意志，道德和不道德行为之间就没有区别。他说，既然有区别，那么一定存在自由意志。

这是相当缺乏证据的推断性结论——如今的任何律师都会这么认为，但我认为康德的陈述有更深刻的解释。他觉得自己对伦理、道德和美德拥有非物理学知识、真正的知识。鉴于他对这种知识的存在确定无疑，自由意志一定真的存在，因为在没有选择的情况下，这些概念不可能具有真正的意义。但是要想看到物理学和康德关于自由意志的思想之间的真正相容，需要物理学的进步，特别是在理解量子理论方面。

现代科学家兼哲学家弗朗西斯·克里克（Francis Crick）不同意这一观点，他是 DNA 双螺旋结构的共同发现者。他提出：

> “你”，你的悲欢、你的记忆、你的抱负、你的个人认同感和自由意志，实际上只不过是一大堆神经细胞及其相关分子的行为。

克里克将这个说法称为“惊人的假说”，尽管在我看来，他只是在摒弃众多哲学家的观点，这些哲学家将他们的结论要么建立在无所不能、无所不知的上帝身上，要么建立在经典物理学取得的巨大成功上。强烈的观点并不总是有令人信服的理由支持。值得赞扬的是，克里克称之为“假说”，而不是他可以单单从科学中获得的结论。实际上，他的结论和叔本华的结论是不可证伪的。

重申一下，关于我在本节对 π 介子的观察得出的结论，并不是说 π 介子有自由意志，或者说人们有自由意志，而是要说明，哲学家关于过去完全决定未来的关键假设在现代物理学中是未得到支持的。他们认为自由意志不存在的论点是基于错误的前提。我们不能断定自由意志存在，但我们可以得出结论，科学中没有任何东西排除它存在的可能性。

尽管现代物理学允许存在自由意志，但是任何行使自由意志的行为必须与熵的增加相容，这一定律说的是可能事件比不可能事件发生的概率要大。熵是绝对的约束。自由意志可以克服熵的绝对约束之暴政吗？

定向熵

非物理学知识能被用来影响未来，使其朝着一个不那么可能的方向发展吗？针对“现在”的意义，一旦我们找到物理起源，那么这一答案在确定为什么这一时刻对我们来说具有特殊的意义时，将非常重要。

我认为答案显然是肯定的。即使我们不能减少宇宙的熵，我们也可以通过控制它的增长，指导它的产生，来达到目标。我们可以通过选择可以触及的未来来行使我们的自由意志；我们可以选择在哪儿放茶杯——在桌子中央或桌子边缘；我们可以选择是否打破气体容器和真空容器之间的屏障。然后，熵将把我们带到最可能的状态，但我们这种状态是自己选择的。我们是指挥，熵是我们的管弦乐队。

木头可以腐烂——并增加它的熵——或者我们可以划着一根火柴，用同样的一块木头，来烧制陶器，制作茶杯，或推动活塞，驱动拖拉机去建造一座城市。熵仍然在增加，但大部分的增量可以废弃的热辐射的形式排放到太空中。我们可以通过引导，减少局部的熵、城市里的熵、我们环境的熵、我们文明的熵。这些地方熵的减少是因为我们希望它这样。我所说的这些内容不是新鲜的东西，而是埃尔温·薛定谔在其 1944 年出版的《生命是什么》中描述过的。

自由意志的存在是一种可以证伪的假设吗？对人进行实验要比对 π 介子进行实验困难得多，但至少我们可以讨论一下，从原则上讲，是否可以进行检验，以及我们所说的自由意志是什么意思。以下是我的想法：

> 如果人总是遵循概率论，那么自由意志就不存在了。如果人经常做不可能的事情——那些基于外部影响无法预测的事情，那么这种行为就构成了自由意志。

这一观点与叔本华的主张直接形成了鲜明的对比，他的主张在前面引用过，但值得在此重复一下：你可以做你想做的事，但在你生命的任何特定时刻，你只能想做一件特定的事，除了那件事之外别无其他。叔本华的主张建立在物理主义者信仰的基础上，这种信仰在经典物理学时代似乎合理，但现在已经不可信了。尽管他将自己的论文提交给了一个科学论坛，但叔本华从未提出过证伪他的理论的方法。

我无法提出一种证明自由意志的实在性的物理主义的证据。简单地说，我认为没有有效证据证明自由意志不存在，甚至连强有力的论证都没有，此外，非物理学知识，以及认识到不是所有熵增加的途径都可以获得，提供了物理主义者心理幻觉解释的替代方案。

我们坚信这些真理不证自明

在经典科学的鼎盛时期，从牛顿到爱因斯坦，由于物理学家一直表明物理学决定未来，哲学因此存在困惑。由于物理学侵蚀了对于无所不能且活跃的上帝的信念，美德的来源（如果有的话）是什么呢？随着上帝的影响力减弱，欧洲的启蒙运动可以说是为了恢复人类善良的基础的一次尝试，这种基础曾经受上帝支配。道德行为的基础是什么？什么决定了道德、公平和正义的标准？政治统治怎么样？如果政府不是由上帝建立的（君权神授），那么它从何处获得权力呢？这种力量的适当限制是什么？

在启蒙运动中，善与恶的分界通过一种伪科学的方式得到解释。物理学是那个时代的时尚。它设定了使用理性的标准，以获得合理的解释。道德源于理性，美德因其创造的价值而得到证明。在18世纪，大卫·休谟（David Hume）发展了经验主义（empiricism），他称之为“人类科学”，是一种即使在一个确定性的世界中也可以容许道德责任存在的方法。（决定论来自物理学还是来自上帝并不重要。）道德不再基于由上帝传承的抽象规则，而是基于自身利益和我们通过帮助他人获得的快乐。休谟提出了一些深刻的见解，现在仍被视作是成立的，而且他被认为是认知科学领域的创始人。

启蒙运动和后启蒙运动哲学内涵丰富，远非几本书所能涵盖，更别说短短几个段落了，所以请原谅我在这里的阐述过于简略。但我认为在哲学上，这一时期是试图用与权力减弱的上帝同样强大的概念和理想来取代宗教，并且可以带来治理社会的原则。哲学家们在逻辑、理性和物理学方面苦苦挣扎，试图解释为什么道德行为继续有意义，以及为什么他们对于政府的新的观念是充满正义的。约翰·洛克（John Locke）认为，人类的理性使人们认识到权利是与生俱来的，后来托马斯·杰斐逊（Thomas Jefferson）详尽地阐述了这些权利。然而，我觉得洛克赋予理性这样的角色是牵强的。

使你认为权利与生俱来，不证自明的不是*理性*，而是同理心。卢梭（Rousseau）写过一个幻想中的原始人类社会，该社会从根本上是平和安静的。托马斯·霍布斯（Thomas Hobbes）牵强附会地编造了一个政府起源的故事，并解释说这是统治者与被统治者之间的社会契约。哲学家和物理学家伊曼努尔·康德试图建立一种用理性主义解释道德的方法。杰里米·边沁（Jeremy Bentham）用幸福衡量效用。

这些思想家谈论的是理想的形式，即乌托邦。他们创造了伪科学方程式，例如约翰·斯图亚特·密尔（John Stuart Mill）为最大多数人实现最大利益的目标——这一概念暗示了一种计算文明行为价值的能力。[1] 当时启蒙哲学家都在为正义行为寻求科学上的正当理由。

既然我已经把启蒙运动说得平凡无奇，那我们现在身处何处呢？

在我看来，哲学家如今是在正确的轨道上。他们的错误在于，过去他们认为对其理论的辩护必须建立在某个科学结构中，如建立在理性、逻辑和科学的基础上。从其终极状态看，世界不是确定性的，至少文明的发展不是。未来不仅取决于过去的力和运动，取决于可测量的物理学，还取决于对非物理学实在和通过自由意志行使的人类行为的看法。这是不可量化的实在，不能简化为理性和逻辑。

自由意志和量子纠缠

自由意志有波函数基础吗？是的，这当然是可能的。让我用一些哲学或物理推测来说明这一点。我将给出一个方法，这不是一个有效的物理理论，因为它是不可证伪的，但是思考起来仍然很有趣。

想象一下，除了物质世界，还有精神世界，这是灵魂所在的世界。在这里，同理心可以起作用并影响决策。想象一下，精神世界与物质世界以某种方式纠缠在一起。精神世界中的行动可以影响现实世界中

---

1. 密尔的概念在数学上是有缺陷的。通常，你不能同时最大化两个变量（善和数字）的结果，而只能最大化一个。

的波函数，物质世界同样可以影响精神世界。

在普通的量子纠缠中，在物理世界中的两个粒子之间，探测一个处于纠缠态的粒子会影响另一个粒子的波函数。然而，如果你只能在物理上观察一个粒子，则无法检测或测量这种纠缠态。如果你可以观察这两个粒子，那么你可以看到它们之间的相关性，但只有一个粒子的话，它的行为似乎毫无规律。

当我试图了解自己的灵魂时，这种图景有一定的道理。存在一个与现实世界分离的精神世界。来自两个世界的波函数纠缠到一起，但由于精神世界不适合物理测量，因此这种纠缠就无法检测。精神会影响身体行为——我可以选择制作或摔碎茶杯；我可以选择发动战争或寻求和平——通过我们所说的自由意志来实现。这种推测不是可证伪的，但这并不意味着它不是真的。正如哥德尔教导我们的那样，总会有无法检验的真理。

自私的基因

我们对同理心和同情的运用，以及我们对公平感和正义感的运用，在原则上，可能是由达尔文描述的进化期间发展的本能所带来的。这是物理主义的观点，该观点相信如果有事情是不可测量的，那么它就不是真实的。它导致了相对主义，使一些人感到不适。以前，在人们有着强烈的宗教信仰的时代，美德是一种绝对的东西，但是现在，它仅仅是我们文化进化的结果。我们不应该为我们的道德信仰感到傲慢，因为它们是暂时的，是依赖文化的，将来回头再看，我们可能会认为我们的美德标准是严重扭曲的。毕竟，不久前我们还监禁甚至杀害同性恋者，而在更早之前，奴隶制还被广泛接受。

我们所有的道德目标都可以被解释为具有达尔文主义的生存价值，这个价值如果不是对于个体的，那么就是对于基因的。道金斯在他引人入胜的《自私的基因》一书中详尽地阐述了这一理论。道金斯认为，甚至是利他主义都基于达尔文所描述的进化。如果牺牲自己意味着我们和家人、近亲、家族或群体共享的基因能更好地生存下去，那么我们将很乐意做这样的牺牲。这个理论虽然很诱人，但它正确吗？这的确很难确定。

同理心确实对基因有积极的生存价值，但它也有消极的生存价值。哪一个占主导地位呢？你不希望你的战士对你想杀死的敌人有过多的同理心。对外人的同理心显然并不是自私基因的结果。道金斯可能会说积极的生存价值占主导地位，但他这样说，是因为这是他通过分析得出的，还是因为它能够引向他的结论？在做出任意的假设的时候，比如说美德是进化的结果，物理学家需要谨慎行事。这一点并不是显而易见的，也可能不正确。它完全符合科学可以解释所有事物的信念，但我们知道科学其实做不到。同样，请参阅附录 6，了解一些不是物理主义者的著名物理学家的观点。

对于美德起源的另一种“解释”是它来自我们真实的，但不可测量的非物理学信息。同情心和同理心来源于我们知道其他人有深层的内在本质、灵魂（这一认知是信仰还是猜测？），正如你知道自己拥有这两者一样。当你认识到（相信？）其他人和你一样真实时，这可能被视作一种宗教启示。爱的起源是同理心，而不是性——尽管你的自私基因可能会影响你对性伴侣的选择。通过同理心，你会感到（或说相信？知道？）正确的行为方式就是“己所不欲，勿施于人”。那么大多数美德都可以来自这个简单的黄金法则。

理查德·道金斯自豪地宣称他是无神论者——也就是说，他不是有神论者。他声称他的无神论基于逻辑，但他认为忽视观察的理性是不合逻辑的。他的宗教是物理主义。

许多无神论者说他们没有宗教信仰，对其中一些人来说，可能是这样的。但是，任何人如果声称，“如果无法测量，无法量化，那就不真实”，则他们并非没有宗教信仰。这些人通常（根据我的经验）认为他们的方法是显而易见的，因此他们称之为合乎逻辑。他们坚称这些真理不证自明。值得注意的是，直到不久前，基督教的基本原则还被认为是不证自明的，至少大多数欧洲人这样认为。艾萨克·牛顿曾写过宗教小册子，描述了他对基督教圣经的刻板的信仰。

至于理解实在，是时候认识到物理学是不完备的了。物理主义一直是强大的宗教，它通过对物理学的关注来有效推进文明，但我们不应该用它来排斥无法量化的真理。世界上存在超越物理学和数学的现实实在，伦理学家和道德家不应仅仅因为没有科学依据而放弃一些方法。其他学科需要减少对物理学夸大的嫉妒，并认识到并非所有的真理都建立在数学模型中。

5
现在

第 24 章
4D 大爆炸

宇宙大爆炸创造了新的空间，也创造了新的时间……

新的时间对理解“现在”而言至关重要。

上帝，想想这一切，你会发疯的……

——莎拉·蔻娜，《终结者》

虽然时间一去不复返，

让我们为飞逝的时间欢歌。

——少女合唱团，《潘赞斯的海盗》

就我们对于时间的理解而言，爱因斯坦所取得的进步是巨大的。后来，费曼发现了时间反向旅行的意义，我认为从那时起，对时间的理解几乎没再取得进展。

在组装拼图时，我们有时很难找到缺失的部分，但真正的障碍是某些拼图已经放到错误的位置。用熵来解释时间之箭就是其中一块放错位置的拼图。在熵局部减少而非增加的情况下，文明形成了。当然，有关破碎茶杯的影片是熵增加的一个很好的例子，因为反向播放完全令人难以信服。但是，制作茶杯的影片如果反向播放，看起来也是有问题的。

地球的熵随岩心冷却而减少。熵的局部减少是生命和文明传播的特征。将时间与熵的减少相联系的理论具有一个明显优势，这个理论中最重要的是熵的局部变化，而非某个遥远黑洞的变化。事实上，对于我们所谓的生命而言，熵的减少归根结底是一个必不可少的部分：从土壤和空气中获取无序的营养物，将它们排列到食物中（通过植物生产），再到达身体（通过进食和消化），之后是成长和学习。身体的熵最终会显著增加，我们称这种现象为死亡。

时间的前沿

宇宙大爆炸本身是造成时间的流动的原因吗？许多理论家会说："是的，当然了。"但他们不得不用熵的机制来解释宇宙扩张和时间前进之间的关系。大爆炸使得早期宇宙进入低熵状态，这为熵的增加提供了空间。用熵来解释就表明结果尚未得到观测，例如时间的速率和熵之间的局部相关性。但是为什么要这样做呢？让我们着眼于大爆炸本身。我们不需要用熵来做辅助，只需看看如何用大爆炸直接解释时间的流动和"现在"的含义。

在现代宇宙学图景中，即按照勒梅特的解释，星系是不运动的——至少运动得不显著；除了小的"固有运动"（比如我们向仙女座星系的局部加速），它们静止在固定的坐标上。哈勃膨胀代表的不是星系的运动，而是新空间的创造。这种新空间的创造并不神秘，广义相对论赋予了空间灵活性和弹性。空间很容易膨胀，但一旦膨胀，这种膨胀的未来就会受到广义相对论方程的支配。广义相对论方程指出，空间的几何形状是由它的能量-质量密度决定的，该方程非常优雅简洁：$G = kT$.

大爆炸是三维空间的爆炸吗？是的，但是一个是更合理的假设，一个更接近时空统一精神的假设，是将大爆炸看作 4D 时空的爆炸。正如空间是由哈勃膨胀所产生的一样，时间也是由该膨胀所创造的。持续不断的新时间的创造既设定了时间之箭，也设定了它的速度。每时每刻，宇宙都会变得更大一点，时间也会多一点，而我们将时间的前缘称作“现在”。

虽然许多人发现空间的持续创造是违反直觉的，但时间的持续创造却恰好符合我们对现实的感觉。这正是我们所经历的。每时每刻，新的时间都在出现。新的时间正在*此刻*被创造。

时间的流动不是由宇宙的熵决定的，而是由大爆炸本身决定的。未来尚不存在（尽管它包含在标准时空图中）；它正在被创造。“现在”处于边界，冲击前沿，是无中生有的新时间，是时间的前沿。

所有的“现在”是同时的吗？

你的“现在”和我的“现在”一样吗？让我们首先在宇宙学的通常参考系中来考虑这个问题，这个参考系是由乔治·勒梅特描述的。他让所有的星系都处于静止状态，而它们之间的空间不断扩大。可以认为每个星系都有一个时钟。根据宇宙学原理（已经建立在勒梅特的模型中），所有的星系看起来都是一样的；自从大爆炸以来，它们都经历了同样的时间，所有的时钟都是一样的。这意味着它们将同时经历“现在”。

但是在狭义相对论中，同时性的概念可以依赖于参考系。考虑一个以银河系为中心的参考系。在这个参考系中，所有的星系都在远离我们，时间在这些星系中膨胀，它逐渐变慢，并且现在不再同步。在这个坐标系中，大爆炸所过去的时间，对我们来说比对于其他星系要久。现在的概念在整个宇宙中不再是同步的。我们的“现在”最早出现。

就像在狭义相对论中那样，这种同时性的行为并不矛盾，这是广义相对论的特征。

对“现在”的感知

为什么你觉得自己活在当下？其实，你也存在于过去，而且你很清楚这一点。在时间中，你的存在可以倒流，直到你出生的那一刻（或孕育的那一刻，取决于你对生命的定义）。你对现在的关注很大程度上来自于这样一个事实：跟过去不同，现在受制于你的自由意志。根据物理学，正如我们目前所理解的那样，过去并不完全决定未来，至少有一些随机元素起源于量子物理学。这种随机元素的存在意味着物理学是*不完整*的，未来不是由过去单独决定的，非物理学的实在可以在决定将要发生什么方面发挥作用。物理学是不完整的这一事实为我们提供了可能性，即我们也可以利用自由意志来影响未来。

我不能证明自由意志的存在，但当物理学包含量子不确定性时，它就无法再否认自由意志可能存在。如果你有自由意志，那么你可以运用你的非物理学知识来打开或关闭熵增加的可能路径，从而影响正在发生的事情和将要发生的事情。你可以打碎一个茶杯，也可以重新做一个茶杯，概率和熵与你的决定无关。用约翰 · 德莱顿的话来说，“过去的已经过去了。对于过去，上天也无力改变。”而且 —— 这对科幻迷来说是坏消息 —— 你也无力改变。任何通过虫洞的循环都无法改变这一点。

物理学在研究和教学中广泛使用时空图，有效地避免了时间流动的问题。时间轴被视为（大部分情况下）另一个空间轴，在这种时间轴上，时间递进的特性是完全缺失的。“现在”只是这个轴上的另一个点，仿佛未来已经存在，只是还没有经历。时间旅行包括改变那个“现在”，沿着轴向前或向后移动。但是“现在”是不可移动的，“现在”是 4D 大爆炸的前沿，“现在”是刚刚创建的时刻。真实时空图的时间轴不会延伸到无限远，时间到“现在”这一刻为止。

未来会影响“现在”吗？那么正电子呢？正电子在时间上向后移动，来自未来，参与“现在”的相互作用？是的，这是目前物理学使用的方法，在这种物理学中忽视了“现在”，它是基于无限时空图的。现行的方法在计算电子磁力强度方面如此成功，可以精确到小数点后 10 位，是否意味着它的所有假设都是正确的？许多物理学家认为是的，至少在我们找到替代方案之前是这样。

也许是某种不确定性原理在起作用。未来对“现在”的影响只能达到一定程度，即未来的一部分已经被确定，因此是蕴含在“现在”

之中的。霍金就持有这样的观点。他写道，只有在微观尺度上，时间反向旅行才有可能。他大概不会接受安德森拍摄的正电子是粒子在时间上反向移动的说法。

然而，我要说的是，遥远的未来并不存在，目前还不存在，不像现在和过去那样存在。过去已经确定，过去的已经过去，而未来仍然不存在，因为我们知道它是不可预测的，不受当前物理定律的影响，它是无法预测一个放射性原子在未来是否会衰变。宗教决定论者认为未来已经被他们全能的上帝的完美和远见所设定。有一段时间，我们认为我们不需要这样的上帝就能拥有决定论，物理学本身就可以做到这一点。但现在我们有了新的认识。

狄拉克的方程预言了反物质的存在，费曼通过认识到反物质的解可以被理解为负能量粒子在时间上的反向运动，从而有效地给予它们正能量，消除了狄拉克解释中的荒谬之处，即把负能量粒子解释为充满负能量状态的无垠海洋。这都成了历史。费曼认识到，反向负能量状态与正向正能量状态是不可区分的。但是，我们不能过于认真地对待时间反向运动的解释。正电子确实存在，它们有正能量，它们确实在时间上前进，而不是后退。

过去的已经过去了。如果狄拉克方程通过一系列复杂的解释来预测了正电子的存在，那很好。这里有一个历史上的类比。尼尔斯 · 玻尔第一个提出了正确解释氢光谱的模型，在 1913 年，这个模型极大地推动了量子物理学这个新兴领域的发展。我们现在知道玻尔的理论是错误的，它做出了确切的预测（例如，关于轨道上能量最低的电子的角动量)，但这些预测是错误的，所以证伪了该理论。没关系。13 年后，海森伯和薛定谔都提出了更好的理论，他们在很大程度上受到玻尔的启发，这些理论推导出了完全相同的氢的光谱，但是不会做出错误的预测。

我们仍然尊崇玻尔为量子物理学的奠基人之一。面向大学新生，我们仍然教授玻尔模型，这是介绍量子行为研究的一种简单而令人信服的方式(很少有教授指出该模型做出了被证伪的预测；他们不想让学生们知道直观而简单的玻尔模型是错误的，至少是不希望他们在学习更高级的内容之前知晓)。总有一天，我们会对狄拉克和费曼以及他们那些牵强的反物质理论产生同样的感觉。

证伪时间的宇宙起源，第一部分

时间之箭的宇宙起源——包括大爆炸创造的新时间、时间的流动以及“现在”的意义——是一个可证伪的理论吗?一种可能的检验方法是发现宇宙的膨胀正在加速，宇宙正在以越来越快的速度增长。时间与空间是相连的，它是时空的第四维，所以很自然地，时间的速度也在加快。这意味着今天的时钟运行速度比昨天快，它们表现出一种*宇宙时间加速度*。时间的加速能被探测和测量吗?

原则上来说，答案是*肯定的*，通过观察一个遥远的时钟可以检测出宇宙时间的变化率。

回想一下，在庞德-瑞贝卡落差-伽马射线实验(Pound- Rebka

falling-gamma-ray experiment)[1] 中发现了时钟率的一个小差异，在这个实验中首次观察到了引力引起的时间膨胀。在哈菲勒–基廷的飞机实验中也发现了这种现象，在这个实验中，人们观察到高海拔的时钟比留在地面上的时钟走得快，而速度效应使它们走得慢。这种差异每天都可以在 GPS 上看到，GPS 也必须修正这些时间效应。当我们测量白矮星表面的光谱线时，可以观察到引力对时间的影响，由于强引力场减慢了它们表面的时间，它们表现出了时间膨胀造成的频移。

原则上，这些实验中的任何一个都可以检测到加速运行的时间。信号在某个时间发射，穿过空间，然后被接收。观测到的效应大部分来自引力势和多普勒频移，但也有一小部分来自宇宙时间加速度。这种效应与方向无关，它总是呈现出红移。也就是说，从过去观察到的速率总是比当前时钟的速率慢。庞德–瑞贝卡实验显示下降的伽马射线频率增加，而且据估计会显示上升的伽马射线频率下降，宇宙时间加速度会使两者的频率都降低。

我们也可以寻找遥远星系的异常红移。我们对加速度测量到的最精确的值，是大约 80 亿年前发出了光的星系。它们的速度与哈勃膨胀速度相比，之间的差异已经被观测到大约是 4%。这些星系离我们 80 亿光年远，正在以 40% 的光速后退（距离增加）。在这个速度中由时间加速度引起的部分大约是光速的 2%。

1. 庞德–瑞贝卡实验：在该实验中，从塔顶发出伽马射线，由塔底的接收器测量。这个实验的目的是通过表明光子在向一个引力源（地球）运动时会获得能量来检验爱因斯坦的广义相对论。—— 译者注当然，所有遥远的星系都显示出红移，但我们认为这是由于空间的膨胀造成的，即我们到这些星系的距离正在迅速增加，这是哈勃定律。我们如何区分由宇宙空间膨胀引起的红移和由宇宙时间膨胀引起的红移？一种方法是单独测量距离变化，这一测量不依赖于速度红移。如果我们知道距离变化率，那么我们就能知道红移中有多少是由空间膨胀引起的，还有多少是宇宙时间膨胀引起的。

在我们找到测量的方法（也就是说，在我有生之年可能完成的方法）之前，让我们先考虑一下，原则上这个实验是否可以完成——也就是说，在我们有无限的资源和无限的耐心的前提下。假设我们有 10 亿年的时间来做这个实验。不依赖于速度红移，我们能不能测量出星系后退的速度？我们可以试着在星系中找到一个“标准尺子”，也许是一种已知恒星的大小，然后观察尺子的表面大小是如何随时间变化的——从而得到一个独立的退行速度的估计值。或许我们可以探测到从星系反射回来的光（微波辐射）。目标是将依赖于退行速度的红移与同时还依赖于固有时间膨胀的红移区分开。

这里有一个陷阱，我们现在的距离概念依赖于时间的度量。我们目前定义的一米的长度是光在真空中 1/299792458 秒所传播的距离。这个定义意味着光，或任何真正无质量的粒子，会以 299792458 米/秒的速度穿过真空。所以没有任何实验测量可以更精确地确定光速！用这种方式定义长度并不是我们懒惰，实际上，对“米”进行定义非常困难，这是我们已经能找到的最好的定义。它取代了旧的依靠储存在巴黎保险库里的米尺来确定该标准的方法。但是，如果在那个遥远的星系中（与我们的时钟相比），时钟的速度较慢，那么在那个星系中某颗行星上的尺子（标准米尺）就会变大，因为光每秒钟会走得更远。这意味着距离的度量，即采用标准尺寸的测量，将是不同的。宇宙时间膨胀可能与空间膨胀率的变化相混淆。

事实上，看一看勒梅特模型的方程，就会发现这个问题可能是无解的，至少在宇宙学原理（完全均匀的宇宙）是精确的范围内是如此。可能没有办法区分空间的膨胀和时间的膨胀。当然，宇宙不是完全均匀的；宇宙学原理只是一个近似值，它使我们能够进行计算，用一个简单的（对物理学家来说）数学表达式找到答案。也许我们可以利用空间的不均匀性来探测时间的加速。也许这种加速可以在局部检测到；庞德-瑞贝卡实验（从塔上投下伽马射线）成功地观察到了频率的变化，该变化只有千万亿分之一（10^{-15}）。迄今为止，我还没有什么实际的建议。当狄拉克提出他的正电子时，他相信在可预见的将来是无法探测到它的。基于这段历史，我对未来设计出可行的测量方法仍抱有希望。

证伪时间的宇宙起源，第二部分

另一种证伪宇宙时间起源的可能方法取决于膨胀理论的真实性，该理论指出，在最初的百万分之一秒内，宇宙以大大超过光速的速度膨胀。这个加速期是我们当前加速期的前兆，如果对时间的四维解释是正确的，那么不仅是空间，还有时间，都应该发生了暴涨。我们能观测到大爆炸后的第一个百万分之一秒吗？

值得注意的是，答案是“有可能”。目前，我们对宇宙最早的探测是宇宙的微波分布模式，它检测的是大爆炸后 50 万年时的情形。但是一个潜在的信号，在大爆炸后百万分之一秒内就发出了：引力辐射。我们有希望很快就能探测到这些原始的引力波，而且对这些引力波的探测的优势在于，我们可以更近距离地探测到宇宙形成的时刻，甚至是观测到发生暴涨的阶段之内。观察引力波的方法是观察引力波在宇宙微波辐射中所产生的图样模式，特别是在其极化上。

有一段时间，一些物理学家认为这样的模式已经被观察到了。2014 年 3 月，一个名为 BICEP2 的项目对此类引力波的发现进行了初步报道，BICEP2 是“宇宙星系极化的背景影像 2”（Background Imaging of Cosmic Extragalactic Polarization 2）的缩写。这个项目测量来自南极的一个站的微波，那里的极度寒冷除去了大气中的水蒸气，不然的话，水蒸气会干扰地面测量。可惜，这个结果被证明是一个错误警报，很可能是宇宙尘埃释放的干扰的结果。

新的和精度更高的测量正在计划中，我们有现实的希望很快就能看到来自极早期宇宙的引力波，来自暴涨时期的引力波，并且有可能区分空间暴涨和同时涉及空间和时间的暴涨。

物理学的未来

有时我希望柏拉图是对的，希望这些问题都可以通过对话和纯粹的思想来解决，希望思想是真理的最终仲裁者。但物理学史认为柏拉图错了。我们需要与现实世界保持联系，就像安泰俄斯必须脚踏实地一样。

量子纠缠将继续存在。远距离的鬼魅作用不再是一种推测，而是弗里德曼和克劳泽以及后来的许多实验所证明的实验结果。即使我们不能以比光速更快的速度传递物质或信息，瞬时波函数坍塌也是一个恼人的问题，这意味着另一种方法可能会产生新的见解。我希望有人能在抛弃振幅的情况下重新构建量子物理学。当我还是个学生的时候，伯克利分校的理论家杰弗里·周（Geoffrey Chew）试图用一种被他称为“S 矩阵理论”的方法来解决这个问题，但是，尽管它在一些重要的方面导致了现代标准模型的出现，它最终未能实现消除量子振幅和波函数的目标。与此同时，由于基本粒子“标准模型”的巨大成功，寻找全新方法的努力被搁置。标准模型是物理学史上产生的最好的理论，因为它能够做出精确的预测，然后通过实验加以验证。

既然量子物理理论如此有效，为什么还要做出改变呢？尽管标准模型取得了成功，但我认为未来它会被改写。当这件事发生时，振幅将不再以超光速坍缩，而且（我猜）正电子将不再是无限负能量粒子海洋中的空穴，也不再是在时间上向后移动的电子。目前的解释是在时空图的背景下观察它们的一种简便的方法，其实在时空图中，时间的流动，时间的进展，是完全不存在的。

量子物理学中最亟需去做的一步是对测量的理解。很少有物理学家相信进行测量时需要人类的意识。薛定谔用他的猫有力地证明了这一点。但什么是测量呢？罗杰·彭罗斯认为，存在一种微观机制，那是大自然的一部分，可以进行许多测量。我们在大爆炸中看到的导致这种结构的量子态，无须等到彭齐亚斯和威尔逊发现宇宙微波辐射才会出现，而银河系在我的团队推断出它的速度之前，在宇宙中也不是处于静止状态。（当时仪器测量各向异性的时候，或者我看数据的时候，它是静止的吗？）在爱因斯坦看月球之前，月球就已经存在了。早在人类（或动物）出现之前，某种自然的东西就已经使波函数——无数可能的宇宙的叠加——坍缩了。

图 24.1　杰里米和皮尔斯思索时间的流逝。选自漫画《Zits》。

技术的进步使测量理论的实验研究更加容易进行。你不再需要钙原子束来产生纠缠光子，而是可以用激光束照射一种特殊的晶体，比如 BBO（偏硼酸钡）或 KTP（钛氧磷酸钾）来产生它们。其结果是，探索量子测量的实验已经取得了显著的进展。

其中一个更有趣的结果是对“延迟选择”的研究，在该研究中，收集所有的方向的极化的测量数据进行分析。这些实验探讨了进行测量时人类决策是否必须参与的问题，结果表明答案是否定的。好吧，这并不奇怪，但真正的突破会通过某个意外出现，就像迈克耳孙-莫雷实验一样。

新的激光方法使在远比弗里德曼和克劳泽所尝试的更大的距离上测试纠缠成为可能。2015 年 10 月 22 日，《纽约时报》头版头条宣布："对不起，爱因斯坦，但'远距鬼魅作用'似乎是真实的。"荷兰代尔夫特理工大学（Delft University of Technology）的一个研究小组证实了两个电子之间的超光速纠缠效应。量子力学的哥本哈根诠释借着发现的这个比光速还快的作用，再次宣告了胜利。

2015年LIGO（激光干涉仪引力波天文台）观测到的引力波（参见www.ligo.caltech.edu）提出了对"现在"时间创造理论的第三次检验。当两个黑洞碰撞时，新的时间应该在局部产生，并且是作为在预测的信号和观测到的信号之间存在的增大的延迟而可以被观察到。到目前为止所观察到的一个引力波精度还不足以验证这个预测，但是如果看到了许多事件，或者看到了一个更接近的、信号更强的事件，那么这种滞后的存在或不存在可以证实或证伪这一"现在"理论。

第 25 章
“现在”的意义

拼图的拼板都已经摆好了。这幅画是什么样子的？

> 对于过去，上天也无力改变。
>
> 过去的已经过去了，我的时辰到了。
>
> —— 约翰·德莱顿（1685）

当爱因斯坦意识到空间和时间是灵活可变之后，他在探索“现在”的意义上迈出了伟大的第一步。勒梅特将爱因斯坦的方程应用于整个宇宙，并建立了一个非凡的模型，在该模型中宇宙空间正在膨胀。几年后，当哈勃发现宇宙确实在膨胀时，由弗里德曼、罗伯逊和沃克独立发展的勒梅特模型成为标准模型，成了所有宇宙学家目前解释大爆炸的方式。

拼图开始拼合起来，但尚存几个障碍——有的拼图片卡放在了错误的地方，其中之一是爱丁顿将时间之箭归因于熵的增加。1928 年，当爱丁顿提出这一观点时，他并不知道熵的主要来源是不变的微波辐射和遥远的黑洞表面以及遥远的可观测宇宙的边缘。正如薛定谔所指出的，文明依赖于局部熵的减少，但在爱丁顿的方法中，局部熵的减少对于时间的熵箭头没有起任何作用。

另一件摆放错误的图块是对时空图的误读。它没有显示出流动，没有显示出“现在”这一时刻，所以它提供了一个现成的借口来规避这些问题。一些理论家甚至把这种缺失解释为一种迹象，表明它们是没有意义的概念，是在现实中不起作用的幻觉。这种观点的错误之处在于将计算工具解释为深奥的真理。这本质上是物理主义的错误：*如果某事物是不可量化的，它就不是真实的*。事实上，它是基于物理主义的极端原教旨主义版本：*如果某事物不在我们当前的理论中，它就不是真实的*。

第三个错误与物理主义的另一个方面有关：爱因斯坦和其他人做出的假设，即过去能够，而且必须能够，完全决定未来。这背后的哲学驱动力是物理学应该是*完备的*这一原则。如果量子物理学不允许预测放射性衰变的时间，那么这就是量子物理学的一个需要纠正的错误。这个假设过去常常被人用来否定自由意志，即选择的能力。

把放错地方的图块拿出来，其中有些甚至不是这幅拼图的一部分，其余的就会以自然的方式拼在一起。随着空间膨胀，时间也膨胀。量子物理学已经在其中运作的时间元素，通过一个我们还不了解的神秘测量过程，就是我们所说的过去。就像我们活在“现在”一样，我们也活在过去，但我们无法改变过去。“现在”是刚刚在四维宇宙的膨胀中创造的特殊时刻，是持续的四维大爆炸的一部分。所谓时间的*流*，是指在不断地创造新的“现在”的过程中，不断地增加新的时刻，这些时刻使我们感到时间在向前移动。

“现在”是我们能够施加影响的唯一时刻，是我们能够引导熵的增加远离我们自己，从而协调局部熵减少的唯一时刻。这种局部的减少是生命和文明扩张的源泉。要以这种方式引导熵，我们必须有自由意志——物理学家称之为幻觉的能力，即使当前的量子物理理论在本质上有类似的行为。

如果我们发现比光速还快的速子，自由意志的存在就可以被证伪，这些粒子在某些参考系中意味着结果先于原因。也许我们会发现，通过研究纠缠作为方向的函数（平行于和垂直于银河系的固有运动），因果关系有一个特殊的参照系。最可能的是勒梅特框架，这是唯一一种宇宙中所有的“现在”都是同时被创建的框架。如果这被证明是正确的，那么我们必须修正相对论。

可以想象，不确定原理有一天会被证明是错误的，它只是我们当前物理理论中的一个不确定度，而不会出现在将取代它的更完整的版本中。但弗里德曼-克劳泽的实验显示了纠缠的实在性，表明远距离的鬼魅作用不会消失。不是某一个物理理论不完备，是整个物理学本身不完备。这一点显而易见，因为物理学本身无法发现，更不用说证明，$\sqrt{2}$是个无理数。其之所以显而易见，还基于一个事实，即容易理解的明确的概念，处于我们的现实经验的核心的概念——如蓝色看起来像什么？——不处在物理学研究的范围之内。

把所有的利他行为都归结为生存本能、最适生物或最适基因的努力，应该被视为一种假说性质的，基于物理主义教条（即一切都可以通过科学解释）为美德做出伪科学解释的投机性尝试。这是一个基于轶事证据的未经证实的假设，不属于达尔文进化论（其背后有大量的数据支撑)，也不是基于令人信服的科学证据(如相对论和量子理论)得出的结论。物理主义可以作为物理职业的有效的工作原则，就像相信资本主义可以帮助你运行一个经济体一样，但是大家不应该犯这样的错误，即认为既然物理主义或资本主义能成功地改善我们的生活水准，或是帮助我们取得战争的胜利，就因此认为它们代表了全部真相。

抛弃了物理主义之后，我们就会思考同理心的来源。我们爱我们的子孙，仅仅是因为他们携带着与我们相同的基因，还是因为一种更深刻的东西，一种不仅仅是认识到，而是实际上感知到那些与我们亲近的人的灵魂的实际存在?伦理、道德、美德、公平和同情的观念，善与恶的区别，可能都与基本的同理心感知有关——它超越了基因和物理学。

自由意志是利用非物理学知识来做决定的能力。自由意志不过是在可触及的未来选项中做出选择。它不能阻止熵的增加，但它可以控制可达到的状态，这就让熵有了方向。自由意志可以用来打碎一个茶杯，也可以用来做一个新的茶杯。它可以用来发动战争，也可以用来寻求和平。

通常，难度最大的挑战是提出正确的问题。我们很难知道下一个物理学的启示会出现在哪里。爱因斯坦告诉我们，时间是一个适于物理学去研究的课题。我认为他无法解释“现在”的含义，原因很简单，他拒绝接受物理学是不完备的理念。

我们可能无法很快就能理解相对论和量子物理学之间的相互作用，或是测量的意义，但这些问题值得进一步探讨。在我看来，如果诉诸复杂的数学或神秘的哲学，不太可能获得进步。不管谁破解了这些问题，他都可能是用一些非常简单的例子来解决，或许只用代数就可以了，或许是通过参考手表的指针指向哪里这样的常见现象。也可能是当一些简单的实验得出一个意想不到的结果时，就推动了科学的进步。当下一个突破发生的时候，我预测它将会带我们回归到童年时代，一种看待现实的方式，这种方式使我们专注于我们甚至尚未意识到我们假设是正确的物理的东西之上，并把它彻底颠倒过来。这个新的爱因斯坦会是谁？你吗？

附录

附录 1
有关相对论的数学运算

这个附录是为那些想要看一看在本书中讨论的相对论结果背后的数学的读者准备的。

在狭义相对论中，一个事件用位置 x 和时间 t 来标记。为了简单起见，我们将其他位置坐标 y 和 z 设为 0。我们将把在第二个坐标系中以速度 v 移动的位置和时间的事件标记为大写字母的 X 和 T。爱因斯坦通过洛伦兹变换确定了 x、t，以及 X 和 T 的正确关系：

$$X=\gamma(x-vt)$$

$$T=\gamma(t-xv/c^2)$$

其中 c 为光速，时间膨胀因子用希腊字母 γ 表示，由 $\gamma=1/\sqrt{1-\beta^2}$ 给出，其中希腊字母 β 为光速（以光速表示的速度：$\beta=c$）。在这些方程中有一个隐含的约定，即特殊事件（0,0）在两个参考系中有相同的坐标。

亨德里克·洛伦兹是第一个写出这些方程的人，他证明了麦克斯韦的电磁方程也满足这些方程。但是爱因斯坦认识到，它们实际代表了时空行为的真正变化，并利用它们推导出新的物理方程。麦克斯韦方程组不需要变，但牛顿的方程需要变，另外爱因斯坦得出结论说，运动物体的质量增加（我在这里说的是动力学质量，由 γm 给出），并且 $E = mc^2$。

洛伦兹变换方程的一个显著特征是，对 x 和 t 求出的方程除了速度符号外，其他看起来都是一样的。（这个代数有点复杂，而且你必须使用上面提供的 γ 的定义，但是不妨尝试一下。）答案是

$$x = \gamma (X + vT)$$

$$t = \gamma (T + Xv/c^2)$$

与前面的方程相比，你会预计到有符号的变化（从 − 到 +），因为相对于第二个参考系，第一个参考系的速度是 $-v$。然而，方程的形式是一样的，这一点让我很惊讶。我没想到会发生这种事。事实上，它确实是相对论奇迹的一部分，所有的参考系对于这些物理方程都是等效的。

时间膨胀

现在我们来看看时间膨胀的问题。我们将使用与第 4 章中讨论双胞胎悖论例子时相同的术语来进行讨论。回想一下，玛丽前往一颗遥远的星球旅行，而约翰待在家里。我们把第一个参考系叫做约翰的参

考系，第二个参考系叫做玛丽的参考系，且第二个参考系以相对速度 v 移动（这些是他们的固有参考系）。大家考虑以下两个事件：玛丽的生日派对 1 和玛丽的生日派对 2。在约翰的参考系中，我们把这两个派对的位置和时间，分别标记为 x_1，t_1，以及 x_2, t_2。玛丽参考系中的位置和时间就是 X_1，T_1，以及 X_2，T_2。

现在我们把这些值代入洛伦兹方程。我们将使用第二组方程：

$$t_2 = \gamma (T_2 + X_2 v/c^2)$$

$$t_1 = \gamma (T_1 + X_1 v/c^2)$$

通过把这两个方程相减，我们得到

$$t_2 - t_1 = \gamma [T_2 - T_1 + (X_2 - X_1) v/c^2]$$

在玛丽的参考系中，测得玛丽的年龄是 $T_2 - T_1$。在这个坐标系中，玛丽没有移动，所以 $X_2 = X_1$，因此 $X_2 - X_1 = 0$。所以方程化简为：

$$t_2 - t_1 = \gamma (T_2 - T_1)$$

我们可以用 $\Delta t = t_2 - t_1$ 和 $\Delta T = T_2 - T_1$ 来简化这个方程。（Δ 是希腊字母“delta”，常被用来表示差值。）用这种标记法，方程就变成了

$$\Delta t = \gamma \Delta T$$

这就是时间膨胀。在约翰的参考系中，两个事件之间的时间是玛丽的参考系中相同事件之间的时间的 γ 倍。在第 4 章所说的双胞胎悖论的例子中，γ 是 2，所以玛丽花了 16 年（在约翰的参考系中）长了 8 岁。

长度收缩

现在我们再来看一下长度收缩。为了在任意一个参考系中测量距离，我们记录下同一时间事件的位置并拿它们相减。在约翰的固有坐标系中，两个同时发生的事件（$t_2 = t_1$）之间的距离为 $x_2 - x_1$。我们将第一组洛伦兹方程应用于这两个事件：

$$X_2 = \gamma(x_2 - vt_2)$$

$$X_1 = \gamma(x_1 - vt_1)$$

这两个方程相减得到

$$X_2 - X_1 = \gamma[x_2 - x_1 - v(t_2 - t_1)]$$

在这个例子中，因为两个事件在约翰的参考系中是同时发生的，所以我们得到 $t_2 = t_1$，所以这一项 $(t_2 - t_1) = 0$。把这个项代入，方程化简为

$$X_2 - X_1 = \gamma(x_2 - x_1)$$

两个事件之间的距离，在约翰的固有参考系中，是 $x_2 - x_1$，我们称它为 Δx。该距离在玛丽的固有参考系（在里面它是静止的）中的长度是 $X_2 - X_1$，我们称它为 ΔX。然后得出方程

$$\Delta x = \Delta X / \gamma$$

这就是长度收缩方程。如果一个物体的固有长度是 ΔX，那么，在另一个坐标系中测量，它的长度为 $1/\gamma$ 倍（注意 γ 总是大于1）。

同时性

两个事件之间的时间差是 $t_2 - t_1 = \Delta t$。在不同的参考系中，事件发生的时间为 T_2 和 T_1，该参考系中的时间间隔为 $T_2 - T_1 = \Delta T$。我们也把约翰坐标系中两个事件的位置之差称作 Δx，玛丽坐标系中两个事件的距离为 ΔX。利用洛伦兹时间变换方程，我们得到

$$T_2 = \gamma (t_2 - x_2 v/c^2)$$

$$T_1 = \gamma (t_1 - x_1 v/c^2)$$

我们将其相减，代入 Δt，ΔT 和 Δx 得到

$$\Delta T = \gamma (\Delta t - \Delta x v/c^2)$$

在特殊情况下，当两个事件在约翰的参考系中是同时的（即 $\Delta t = 0$

时),方程简化为

$$\Delta T=-\gamma\Delta xv/c^2$$

很明显,ΔT 不一定为零;也就是说,在玛丽的固有参考系内事件不一定同时发生,即使它们在约翰的固有参考系内是同时发生的。如果我指定两个事件之间的距离为 $\Delta x=-D$(符号可以是正的,也可以是负的,取决于 x_1 和 x_2 的位置),那么方程就变成了

$$\Delta T=\gamma Dv/c^2$$

如果 v 和 D 都不是零,那么 ΔT 就不是零,这意味着这两个事件在玛丽的参考系中不是同时发生的。这就是从一个参照系转换到另一个参照系时发生在一个遥远事件上的"时间跳跃"。当 $D=0$ 时,即当两个事件位于同一位置时(如约翰和玛丽团聚时),不会发生时间跳跃。ΔT 可以是正的,也可以是负的,这取决于 D 和 v。

速度和光速

我将在这里说明一下为什么光的速度在所有的参考系中都是一样的。

如果某个物体在移动,我们可以将其在 t_1 时的位置设为 x_1,在 t_2 时的位置设为 x_2。把这当作两个事件。物体的速度是 $v=(x_2-x_1)/(t_2-t_1)=\Delta x/\Delta t$。在另一个参考参考系中,它的速度是 $V=(X_2-X_1)/$

$(T_2 - T_1) = \Delta X/\Delta T$。我们可以用洛伦兹变换来比较两个事件。让我们用符号 u 来表示两个参考系的相对速度，这样我们就可以用 v 和 V 来表示两个不同个参考系内部物体的速度。把两个事件的洛伦兹变换写下来，然后相减：

$$\Delta X = X_2 - X_1 = \gamma[(x_2 - x_1) - u(t_2 - t_1)] = \gamma[\Delta x - u\Delta t]$$

$$\Delta T = T_2 - T_1 = \gamma[(t_2 - t_1) - u(x_2 - x_1)/c^2] = \gamma[\Delta t - u\Delta x/c^2]$$

现在把两个方程式相除，去除掉 γ 项：

$$V = \frac{\Delta X}{\Delta T} = \frac{\Delta x - u\Delta t}{\Delta t - \Delta x \dfrac{u}{c^2}} = \frac{\dfrac{\Delta x}{\Delta t} - u}{1 - \dfrac{\Delta x u}{\Delta t c^2}} = \frac{v - u}{1 - \dfrac{vu}{c^2}}$$

这就是速度转换的方程式。它由第一个参考系中的速度 v，给出了第二个参考系中的速度 V。

假设 $v = c$；即，一个物体（例如，一个光子），在第一个参考系中以光速运动。在第二个参考系，它的速度是

$$V = \frac{v - u}{1 - \dfrac{vu}{c^2}} = \frac{c - u}{1 - \dfrac{u}{c}} = \frac{c\left(1 - \dfrac{u}{c}\right)}{1 - \dfrac{u}{c}} = c$$

不管两个参考系的相对速度 u 是多少。如果 $v=c$，那么 $V=c$。物体如果在一个参考系中以光速移动，那么在所有个参考系中都以光的速度移动。试着代入 $v=-c$，看看你得到了什么结果。是不是很惊讶？

类似的推导表明，即使光的方向是任意的，c 也不会改变。[1]

这一结果可以揭示为什么 1887 年迈克耳孙 - 莫雷实验会失败，该实验未能探测到在两个方向上光速不同：第一个方向光线平行于地球运动的方向；第二个方向光线垂直于它。

翻转时间

如果两个分离的事件在时间上很接近，就会发生非常有趣的事情。我们将使用差分方程（基于以上同时性的讨论）：

$$\begin{aligned}\Delta T &= \gamma(\Delta t - v\Delta x/c^2)\\ &= \gamma\Delta t[1-(\Delta x/\Delta t)(v/c^2)]\end{aligned}$$

设 $\Delta x/\Delta t = V_E$。这就是“连接”两个事件的拟速度。这并不意味着有任何东西实际上在两者之间移动；这是在两个事件中同时存在的东西要达到的速度。V_E 可能大于 c 吗？是的，当然了。任何两个同时发生的独立事件都有无限大的 V_E，这不是物理速度。使用 V_E 的新术

1. 对于任意方向的光，你需要使用爱因斯坦额外的转换方程 $Y=y$ 和 $Z=z$。我们从 $v_x^2+v_y^2+v_z^2=c^2$ 开始，计算 V_x、V_y 和 V_z。你会发现 $V_x^2+V_y^2+V_z^2=c^2$，但是光的方向发生变化。直接的变化被称为光行差（aberration of starlight），很容易就能观察到，这是从移动的地球上观察恒星的时候恒星视向的变化。

语，我们可以这样写

$$\Delta T=\gamma\Delta t(1-V_E v/c^2)$$

我们先看一个 Δt 是正的例子。这个方程表明 ΔT 可以是负的。ΔT 要想为负，只需括号里的负项大于 1。这意味着事件发生的顺序在新参考系中可能是反的。这个结果对因果关系有各种各样的暗示。

对于 $V_E v/c^2$ 大于 1，V_E/c 必须大于 c/v。记住，v 是连接两个参考系的速度；它必须总是小于 c。这意味着 c/v 总是大于 1。这个方程意味着，如果 V_E/c 大于 c/v（因此也使它大于 1），则两个参考系中事件的顺序是相反的。再次注意，V_E 的大小没有限制，因为它是一个拟速度，是“连接”两个事件所需的速度，对于两个同时发生的大范围分离的事件，V_E 将是无穷大的。

数学悖论：谷仓里的杆子

参见第 4 章中的图表（图 4.1）。在谷仓的参考系里，杆子从门里进去，一直延伸到后面的墙。让我们定义 $t_1=0$ 为杆子的前端撞击后面墙壁的时刻，并设置我们的坐标，使该位置 $x_1=0$。由于洛伦兹收缩，在谷仓的参考系内，杆子的后端同时进入大门，在 $t_2=0$ 时刻，在 $x_2=-20$ 英尺（约 6.10 米）处。

现在我们来计算一下在杆子的固有坐标系中会发生什么。在时间 T_1，杆撞到墙的前面的谷仓，由洛伦兹变换方程给出：

$$T_1 = \gamma(t_1 - x_1 v/c^2)$$
$$= 2(0 - 0v/c^2) = 0$$

这根杆子的后端进入门的时刻是

$$T_2 = \gamma(t_2 - x_2 v/c^2)$$
$$= 2(0 + 20v/c^2)$$

由 $\gamma = 2$ 计算 v/c，得到 $p = v/c = 0.866$。所以，

$$T_2 = 2(0 + 17.32/c) = 34.64/c$$

利用光速 $c = 10^9$ 英尺 / 秒，我们发现杆子将在 $T_2 = 34.6/10^9$ 秒 = 34.64×10^{-9} 秒时进入大门。所以当杆的前端撞到墙上时，杆的后端还没有进入门，它是 34.64 纳秒（十亿分之一秒）后进来的。

我们计算一下，在杆子的参考系中，当杆的前端撞到墙上时，杆子的后端在哪儿。我们用这个方程

$$x_2 = \gamma(X_2 + vT_2)$$

求出 X_2，v 代入 $0.866c$，x_2 代入 -20 英尺，T_2 代入 $34.6/c$，得到

$$X_2 = x_2/\gamma - vT_2$$
$$= -20/2 - 30 = -40 \text{（英尺）}$$

这个答案与我们的期望相符。在杆子的参考系中，当杆的前端撞到墙上时，杆的后端在 -40 英尺处。它距离谷仓后墙 40 英尺——在这个参考系中，杆子是 40 英尺长，与这一点是相符的。

这一悖论的解，是在谷仓的固有参考系中，杆子的两端同时在谷仓中，但在杆子的固有参考系中，虽然两端都进入了谷仓，但是杆子前端碰到谷仓的后墙与后端进入谷仓的时间不同。一旦杆子进入了谷仓，如果杆子的运动突然停止（两端在谷仓参考系内同时停止），它就会失去空间收缩性质，突然膨胀到 40 英尺长，撞穿墙壁的任何一边或两边。

双胞胎悖论

因为玛丽的时间膨胀是 $\gamma = 2$，我们可以计算出她的光速是 $\beta = 0.866$。双胞胎悖论的例子有几个重要的参考系：约翰的（我们称之为）*地球参考系*，玛丽的*外出坐标系*（她外出时的固有坐标系，以速度 $v = 0.866c$ 运动）和玛丽的*返回坐标系*（她回来时的固有坐标系，以 $-0.866c$ 的速度运动）。当玛丽从一个洛伦兹参考系加速到另一个洛伦兹参考系时，她的*固有坐标系*就是这些的组合。

在地球参考系中，我们可以计算出到恒星的距离，因为玛丽以 $0.866c$ 的速度飞行，需要 8 年能到达那里；距离为 $0.866 \times c \times 8 = 6.92c$，即 6.92 光年。在玛丽的外出和返回参考系中，距离是 $6.92c$ 除以洛伦兹收缩因子 γ，所以距离是 $3.46c$。在玛丽的坐标系中，到达恒星的时间是距离 $3.46c$，除以速度 $0.866c$，等于 4 年。所以在地球的参考系和玛丽外出的参考系中，她到达恒星的时候是 4 岁。同样的，在返程中，她又会变老 4 岁，而当她到家时，她已经 8 岁了。

在地球的参考系里，约翰没有动。玛丽外出花了 8 年，回来又花了 8 年的时间。玛丽回来时，约翰将比出发前大了 16 岁。

现在让我们从玛丽的固有参考系中研究同样的事件。这是一个加速参考系，我们分三个阶段进行计算。首先我们用她的外出参考系，以速度 $+v$ 相对于地球参考系运动。然后她到达遥远的星球上，停下来；这时候，她的固有参考系与约翰的参考系变得完全相同。最后，她加速回来，她的固有坐标系是一个以速度 $-v$ 相对于地球参考系做运动。

结果如图 A.1 所示。在第一阶段，从地球到远处的恒星，在她的固有参考系内，玛丽是静止的。约翰的移动速度是 $-v$，变老的速度是 $1/\gamma$。玛丽花了 4 年的时间到达远处的恒星（当然，在那个坐标系中，是恒星到达她那里，她是静止的）。在这段时间里，约翰只长大了 $4/\gamma = 2$ 岁。

然后玛丽停在这颗恒星上（应该是在其附近的行星上，而不是恒星本身）。现在她的固有参考系和地球的完全一样了，所以尽管她大了 4 岁，约翰（这个参考系中）也同样是 8 岁。这是第一次时间跳跃。约翰并没有突然变老；而是玛丽改变了洛伦兹参考系，在她新的固有参考系中，在旧参考系中同时发生的事件在新参考系中不再是同时发生。玛丽知道，在外出的参考系中（她不再是静止的）中，约翰仍然

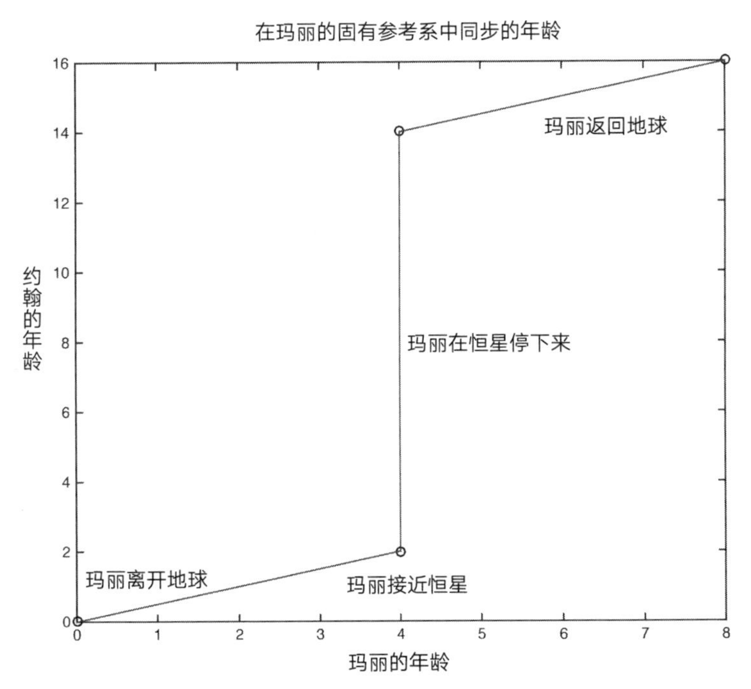

图 A.1　双生子佯谬，表明了在玛丽加速的固有参考系中约翰的年龄。当玛丽的参考系改变速度时，约翰的年龄就会发生跳跃。

比她年轻。但是在行星参考系中，那里和地球参考系一样，约翰更老。约翰和玛丽都会同意这些事实。

从图表中可以看出，约翰的年龄跳跃是6岁（从2岁到8岁）。这与之前给出的时间跳跃方程有关：

$$\Delta t=\gamma(\Delta T-\Delta Xv/c^2)$$

这里的 Δt 是约翰年龄的跳跃（他在地球参考系中的年龄等于在

地球参考系中的时间）。

现在玛丽的固有参考系做了第二次改变；她加速返回。我们代入 $\Delta X=-3.46c$（返回参考系中的距离），$\Delta T=0$（事件同时发生），$\gamma=2$，$v/c=-0.866$，得到

$$\Delta t=2(0+3.46\times0.866)=6(\text{年})$$

这是约翰年龄的第二次跳跃，将他在玛丽回到宇宙飞船前在参考系中的年龄，与他在返回参考系中的年龄进行比较，两者都与玛丽的 4 岁生日同时发生。约翰同时的年龄，在玛丽加速的固有参考系内，从 8 岁变成了 14 岁。当玛丽回来时，约翰又变老了 2 岁，当玛丽最终回到地球时，他总共老了 16 岁。

因此，在约翰的固有参考系（不加速）和玛丽的固有参考系（加速）中计算，当他们团聚时，约翰长了 16 岁，玛丽长了 8 岁。

一般来说，如果可以避免的话，你绝对不想用加速参考系来做计算。同时性的跳跃非常反直觉，很难处理。你要相信，只要坚持使用任何非加速的坐标系，跟用更难的方法相比，你会得到相同的答案。

快子谋杀

让我们把事件 1 看作是快子炮发射，事件 2 看作是受害者死亡。$\Delta t=t_2-t_1=+10$ 纳秒，并且 $\Delta x=x_2-x_1=40$ 英尺（约 12.19 米）。

这意味着快子的移动速度是 40/10 = 4 英尺/纳秒，大约是 $4c$。正号表示在我开枪之后受害者才死亡，因为死亡的时间值大于扣动扳机的时间值。

现在让我们考虑在以 $v = 1/2c$ 移动的参考系中的两个事件。所以 $\beta = 0.5$，$\gamma = 1/\sqrt{1-\beta^2} = 1.55$。我们使用时间跳跃方程：

$$\begin{aligned}\Delta T &= \gamma(\Delta t - \Delta x v/c^2) \\ &= \gamma\Delta t[1-(\Delta x/\Delta t)(v/c^2)]\end{aligned}$$

代入 $\gamma = 1.55$，$\Delta t = 10$ 纳秒，$v/c = 0.5$，而且 $\Delta x/\Delta t = 4c$，并消去 c 因子，得到

$$\begin{aligned}\Delta T &= (1.55)(10\text{ 纳秒})[1-(0.5)(4)] \\ &= -15.5\text{ 纳秒}\end{aligned}$$

时间间隔为负值，意味着事件的顺序颠倒了。受害者在时间 T_2 遭到枪击，但是由于 $T_2 - T_1 < 0$，所以 T_1 是一个更大的数字。因此，发射子弹的时间 T_1 发生在一个更大——也就是更晚——的时间。

还要注意，如果 $\Delta x/\Delta t = V_E$ 小于光速 c——也就是说，如果子弹的速度低于光速——这种逆转是不可能的。要想出现逆转，V_E/c 必须大于 c/v，而 c/v 总是大于 1。因此，对于任何两个可以由比光速慢的信号连接起来的事件，它们发生的顺序对于所有有效参考系都是一样的——也就是说，对于所有 v 小于 c 的参考系。我们称这样的事件

为类时事件。类空事件是指事件距离太远，就连光速也不足以将它们联系起来。

引力时间效应的数学计算

爱因斯坦假设引力场中的时间行为可以通过假设它等价于某个加速参考系来计算。我们就来做一下。

假设我们有一个高度为 h 的火箭，它在一个没有引力的空间区域。火箭以地球重力加速度向上加速，即 $g = 32$ 英尺 / 秒 ^{2}。我们假设火箭的顶部和底部在最初火箭的参考系内同时加速。在时间 Δt 之后，其固有参考系相对于其先前的固有参考系以速度 $v = g\Delta t$ 运动。

我们用超光速快子谋杀的方程来计算火箭顶部的时间间隔：

$$\Delta T = \gamma(\Delta t - \Delta x v/c^2)$$

代入 $\Delta x = h$ 和 $v = g\Delta t$，并作出 $\gamma = 1$ 的非相对论速度近似值

$$\Delta T = \Delta t - hg\Delta t/c^2$$

除以 Δt，给出

$$\Delta T/\Delta t = 1 - gh/c^2$$

这表明在高度 h 处，顶部的时间间隔 ΔT 小于底部的时间间隔 Δt。海拔更高的时钟走得更快。该方程通常写成

$$\Delta T/\Delta t = 1 - ø/c^2$$

其中 ø 为引力势差。例如，地球表面的引力势与无穷大相比是 $ø = GM/R$，其中 M 是地球的质量，R 是地球的半径。

许多教科书使用一种完全不同的方法推导出这个公式，即观察光从盒子顶部到底部的红移。我更喜欢我刚才描述的方法，因为它明确地使用了构成爱因斯坦广义相对论基础的等效原理，而且它表明，这种效应来自洛伦兹方程中的 xv/c^2 项，正是这一项导致了同时性的丧失。

附录 2
时间和能量[1]

对物理学家来说，对能量最吸引人、最精确、最实用的定义也是最抽象的定义——抽象得甚至在大学物理课上最初几年都无法讨论。它是基于这样的观察，即真正的物理方程，如 $E=mc^2$，明天将和今天一样是正确的。这是一个大多数人认为理所当然的假设，尽管有些人在不断检验它；如果能发现偏差，那将是科学史上最深刻的发现之一。

在物理学术语中，方程不变的事实称为时不变性。这并不意味着物理中的东西不会改变；当一个物体运动时，它的位置随时间而变化，它的速度随时间而变化，物理世界中的许多东西都随时间而变化，但描述这种运动的方程却不变。明年我在教学的时候仍然会说 $E=mc^2$，因为它仍然会是正确的。

时间不变性听起来微不足道，但用数学来表达它可以得出一个惊人的结论：能量守恒的证明。这一证明是由埃米·诺特发现的，和爱因斯坦一样，她当年也是逃离了纳粹德国来到美国生活。

1. 改编自《未来总统的能源课》(湖南科学技术出版社，2015)。

按照诺特提出的方法，从物理方程开始，我们总能找到一些变量的组合（位置、速度等），它们不随着时间而变化。当我们把这个方法应用于简单的情况（有力、质量和加速度的经典物理学），不随时间变化的量变成了动能和势能的总和——换句话说，系统的经典能量。

有什么大不了的。我们已经知道能量是守恒的。

但是，现在出现了一个有趣的哲学上的联系。能量守恒是有原因的，这是因为时间不变性！

还有一个更重要的结果：即使我们把这个方法应用到更复杂的现代物理方程上，这个过程仍然有效。想象一下这个问题：在相对论中，什么是守恒的？是能量，还是能量加上质能？还是别的？那么化学能呢？潜在的能量呢？我们如何计算电场的能量？量子场呢，比如那些把原子核连在一起的量子场？它们应该包括在内吗？一个问题接着一个问题，没有透过直觉能够一眼看出的答案。

今天，当这样的问题出现时，物理学家们就会运用诺特提出的方法，得到明确的答案。把这个方法应用到爱因斯坦的相对论运动方程中，你就会得到包含质能的新能量，mc^2。当我们把诺特方法应用到量子物理学上时，我们得到了描述量子能量的项。

这是否意味着"旧能量"并不守恒？是的，如果我们改进了方程，那么不仅预测的粒子的运动不同，而且我们以前认为守恒的东西也不守恒。经典能量不再是常数；我们必须再加上质能和量子场能。根据传统，我们把守恒量称为系统的“能量”。所以尽管能量本身不随时间变化，当我们挖掘和揭示更深层的物理方程时，我们对能量的定义确实随时间变化。

想想这个问题：在纽约成立的物理方程，在伯克利也同样成立吗？当然是的。实际上，这个观察并不是微不足道的，它有着极其重要的后果。我们说方程是不依赖于位置的。我们可能有不同的质量，或不同的电流，但这些是变量。关键问题是描述物体和场的物理行为的方程在不同的地方是否不同。

我们今天在物理学中得到的方程——所有这些都是标准物理学的一部分，那些已经被实验验证过的方程——具有这样的性质：它们在任何地方都适用。有些人认为这太让人惊讶了，并且花费毕生精力去寻找例外情形。他们观察非常遥远的东西，比如遥远的星系或类星体，希望发现物理定律能出现些许的不同。到目前为止，他们一直不走运。

现在来看看了不起的结果。对于不随时间变化的方程，诺特提出的同样的数学方法也适用于不随位置变化的方程。如果我们使用诺特的方法，我们可以找到不随位置改变的变量（质量、位置、速度、力）的组合。当我们把这个过程应用到牛顿发明的经典物理学中，我们得到了一个等于质量乘以速度的量；也就是说，我们得到了经典动量。动量是守恒的，现在我们知道为什么了。这是因为物理方程在空间中是不变的。

同样的过程可以用在相对论和量子物理学中，也可以用在*相对论量子力学*中。不随时间变化的组合有点不同，但我们仍然称它为动量。它包含相对论的项——以及电场、磁场和量子效应，但根据传统，我们仍然称它为动量。

时间和能量之间的紧密联系延续到了量子物理学及其不确定性原理中。根据量子物理学，即使我们可以定义它们，一个系统的某部分的能量和动量往往是不确定的。我们也许无法确定一个特定的电子或质子的能量，但是这个原理并不造成一个系统的总能量有类似的不确定性。整个集合可以在各个部分之间转移能量，但总能量是固定的；能量是守恒的。

在量子物理中，波函数的时间行为有一个项是 e^{iEt}，其中 $i = \sqrt{-1}$，E 是能量，t 是时间。当狄拉克解出他的电子方程式时，他发现它包含负能量，基于这个原因，他判断宇宙充满了负能量电子的无垠海洋。费曼对此找到了一个不同的解释。他认为并非 E 是负数，而是产生的值中的 t 是负的。不是说有负能量，而是电子在逆向运动。这就是他所说的正电子。

在相对论中，物理学家认为空间和时间是深深交织在一起的，这种结合被称为*时空*。物理学在时间上的不变性导致了能量守恒。物理学在空间中的不变性导致了动量守恒。如果我们把两者放在一起，物理学在时空中的不变性导致了一个叫做*能量-动量*（energy-momentum）的量的守恒。物理学家认为能量和动量是同一事物的两个方面。从这个角度看，物理学家会告诉你能量是四维能量-动量矢量的第四个分量。如果动量的三个分量分别标记为 p_x、p_y 和 p_z，则能量-动量向量为（p_x, p_y, p_z, E）。不同的物理学家对这四个分量的排序不同。有些人认为能量很重要，所以他们喜欢把它放在第一位。所以，他们称能量为矢量的第 0 个分量（E, p_x, p_y, p_z），而不是第 4 个分量。

电场和磁场也被用相对论统一起来，但方式更为复杂。电场的三维向量（E_x, E_y, E_z）和磁场的三维向量（B_x, B_y, B_z），在相对论中，它们变成了一个称为 F 的四维张量的分量，代表场，写成这样：

$$F=\begin{bmatrix} 0 & -E_x & -E_y & -E_z \\ E_x & 0 & -B_z & B_y \\ E_y & B_z & 0 & -B_x \\ E_z & -B_y & B_x & 0 \end{bmatrix}$$

这看起来相当的复杂，每个分量出现两次，但它的优点是，在不同的参考系中，我们通过应用与位置和时间相同的相对论方程得到新的 F。此外，我们没有把电场和磁场分别包含在我们的方程中，我们只把 F 包含进去，这使得方程看起来更简单。将电场和磁场统一起来——也就是说，使它们看起来像是一个更大的对象——场张量的一部分，而不是独立的实体。

附录3
证明 $\sqrt{2}$ 是无理数

如果我们假设$\sqrt{2}$是有理数——也就是说，它可以写成I/J，其中I和J都是整数，我们将得到一个矛盾，这将证明这个假设是错误的。

如果I和J都是偶数，那么我们可以约掉公因数2，必要时重复进行这项计算，直到其中至少有一个整数是奇数。这意味着如果我们可以写出$\sqrt{2}=I/J$，我们也可以写出$\sqrt{2}=M/N$，那么M或N中至少有一个是奇数，也许两个都是。

令$M/N=\sqrt{2}$。我们求这个等式的平方，并交叉相乘得到$M^2=2N^2$。由于M^2是2的倍数，所以M^2是偶数。这意味着M是偶数，因为奇数的平方总是奇数。现在我将证明N也是偶数。

由于M是偶数，我们可以写成$M=2K$，其中K是另一个整数。将这个方程求平方，得到$M^2=4K^2$。我们之前证明了$M^2=2N^2$，所以$2N^2=4K^2$。我们除以2得到$N^2=2K^2$。这意味着N^2是偶数，这意味着N也是偶数。

这样我们就推翻了我们的结论，即 M 或 N 中至少有一个数字是奇数。唯一可能的原因（因为我们一直都在遵循数学规则）是我们最初的假设是错误的，即 $\sqrt{2}$ 可以写成 I/J。这样就证明了 $\sqrt{2}$ 是无理数。

这个结果的迷人之处就在于，它永远不可能通过物理学发现。没有任何测量可以证明 $\sqrt{2}$ 是无理数。$\sqrt{2}$ 是无理数的这一事实超出了物理测量的范围，它只存在于人类的头脑中。它是非物理学知识。

如果你感兴趣，现在可以尝试使用相同的方法来证明 $\sqrt{4}$ 是无理数。当然了，它不是无理数，因为 $\sqrt{4} = 2/1$。尝试应用我们上面所使用的方法，看看究竟哪里不对。

附录 4
造物[1]

太初
没有地球，没有太阳，
没有空间，没有时间，
什么都没有

时间开始
真空爆炸了，
从无到有，到处都是火
炽热明亮。

空间像光一样迅速扩张，
炽热的风暴逐渐减弱。
第一种物质
结晶成小块。
奇异物质的脆弱的碎片
宇宙的十亿分之一

1. 此前收录在《未来总统的物理课》（普林斯顿大学出版社，2010）一书中。

它们在毫无意义的动荡中不知所措，
似乎在等待着
暴力平息下来。

宇宙冷却了，结晶体一次又一次地被击碎
直到它们无法再碎裂。
电子、胶子、夸克的碎片，
彼此紧紧地聚在一起，
但又被蓝白色的高温烧得四分五裂，
在这种高温下，
原子仍无法存在。

空间扩大了，火焰从白色变为红色，
变为红外线，
直到变成黑暗。
一百万年的大屠杀过去了。
粒子在寒冷中挤作一团，
并结合成原子——氢、氦，
其他一切
都将由这些简单的原子构成。

在引力的作用下，原子聚集
并分裂形成大大小小的恒星、星系、星系团。
空间中第一次出现了
空无一物的区域。

在一个小的恒星云中，一团冷物质
压缩并加热
最后点燃
于是，再一次有了光。

在恒星内部深处，原子核
是燃料和食物，在燃烧烹饪
数十亿年来，它们一直在融合
形成碳、氧、铁，这些是生命的物质
智慧的物质，慢慢地诞生，慢慢地埋葬
困在
一颗恒星的深处。

燃烧着，压缩着，一颗巨星的内核
崩坍，抽搐。一道闪电。在几秒钟内
来自引力的能量，被抛出
过热，爆炸，喷射出
恒星的外壳，超新星！越来越亮
超过了一千颗恒星。超过了
一百万颗恒星，十亿颗恒星，
超过了整个星系的恒星。
碳、氧、铁的碎屑
被送入太空
逃逸出来
无拘无束！它们冷却硬化

变成尘埃，恒星的灰烬
成为生命的物质。

在室女座
（在它形成 50 亿年后以一位母亲的名字命名）
星系团边缘的银河系，
尘埃分裂、聚集，并开始形成
一颗新的恒星。附近的一团尘埃开始形成
一颗行星。
年轻的太阳
开始压缩、加热、点燃
温暖了刚出生的地球

附录 5
不确定性的数学

物理学中的不确定性原理仅仅是粒子具有波属性这一事实造成的结果。

人们早就理解了波的基本数学性质，一个著名的定理说，几乎任何脉冲都可以表示为无限但规则的波（正弦和余弦）的和。这门课叫做*傅里叶分析*，它是高等微积分的一部分。老师最喜欢布置给学生的一个问题是，用一系列的正弦和余弦来构造一个方波（看起来像一系列方盒子）。

傅里叶分析有一个非常重要的定理：如果一个波只由一个短脉冲组成，比如它的大部分位于一个小区域 Δx，那么用正弦和余弦来描述它将会有许多不同的波长。在数学中，波长通常用 k 表示。这个数字使得 $k/2\pi$ 是适合 1 米的全波（全周期）的数量。物理学家称 k 为空间频率或*波数*。限制在 Δx 区域内的波必须包含不同的空间频率范围，Δk。傅里叶定理指出这两个范围有如下关系：

$$\Delta x \Delta k \geqslant 1/2$$

这个方程与量子行为无关；它是微积分的一个结果。这个定理先于海森伯的不确定性原理；让-巴普蒂斯·约瑟夫·傅里叶（Jean-Baptiste Joseph Fourier）死于1830年。这只是数学——有关水波、声波、光波、地震波、沿着绳子和钢琴弦的波，等离子体和晶体的波的数学。对这些波来说，其数学都是一样的。

在量子物理学中，波的动量是普朗克常数 h 除以波长。波长为 $2\pi/k$。这意味着我们可以将动量（传统上用字母 p 表示）写成 $p=(h/2\pi)k$。取 p 的两个值的差，这个方程变成 $\Delta p=(h/2\pi)\Delta k$。如果我们把傅里叶分析方程 $\Delta x\Delta k\geqslant 1/2$ 乘以 $h/2\pi$，我们得到

$$(h/2\pi)\Delta x\Delta k\geqslant 1/2(h/2\pi)$$

然后我们替换 $\Delta p=(h/2\pi)\Delta k$ 得到

$$\Delta x\Delta p\geqslant h/4\pi$$

这是著名的海森伯不确定性原理。正是基于这一点，我说，一旦我们接受所有粒子都像波一样运动的观点，不确定性原理就是一个数学结果。

在数学上，这个定理并不是一个真正的不确定性原理，而是描述了在短脉冲中空间频率的范围。但在量子物理学中，频率范围转化为动量的不确定性；脉冲宽度变成了粒子被探测的位置的不确定性。这是由波函数的哥本哈根概率诠释造成的。如果波函数中有不同的动量

（速度）和不同的位置，那么进行测量（比如观察它在磁场中的偏转）就意味着从多个值中选择一个值。正如阿甘所说的，“生活就像一盒巧克力。你永远不知道下一颗是什么味道。”

附录 6
物理学与上帝

物理学不是宗教。如果是的话，我们为研究筹款就容易多了。

——利昂 · 莱德曼（μ 中微子的发现者）

物理主义是对一切无法测量的实在的否定。许多物理学家接受物理主义，这是他们研究的基础，但同时，他们继续接受精神世界的理论，作为现实和他们生活的重要部分，即使不是最重要的部分。有些人错误地认为所有的物理学家都是无神论者，我觉得有必要消除这种观念。对于一个科学家来说，质疑一个宗教是完全合法的，无论是那种宣称宇宙只有四千年历史的教会，还是声称达尔文进化论不成立的教会。但是同样地，对无神论者 / 物理主义者进行批评也是合法的，他们认为逻辑和理性足以否认精神实在的存在。

接下来我将采用一些伟大的科学家在这个问题上所说的话。这份榜单的大部分内容都是依据蒂霍米尔 · 迪米特洛夫（Tihomir Dimitrov）编撰的免费电子书《50 位诺贝尔奖获得者和其他信仰上帝的伟大科学家》所写，这本电子书可在 http://nobelists.net 上找到。以下引文的参考文献可以在那里找到。

查尔斯·汤斯（Charles Townes）（他让所有人，包括他的研究生，都叫他“查理”），激光和微波激射器的发明者，伯克利大学的教授，也是我的朋友，他告诉我，他认为无神论是“愚蠢的”。他觉得这是在否认上帝的“明显”存在。在莎伦·贝格利（Sharon Begley）写的《科学发现上帝》（*Science Finds God*）一书中，他说：

> 基于直觉、观察、逻辑和科学知识，我坚信上帝的存在。

注意，汤斯并没有把“信仰”列入进去。当你能看到某个东西之后再承认它的存在，就不需要信仰了。他写道：

> 作为一个信仰宗教的人，我强烈地感觉到一个远远超出了我自己，但总是在我身边的创造性的存在以及行动……
>
> 事实上，在我看来，所谓的启示，其实就是对人和人与宇宙、与上帝、与他人关系的突然发现。

阿诺·彭齐亚斯（Arno Penzias），宇宙微波辐射的共同发现者，这一发现证实了大爆炸理论。他写道：

> 上帝在所有的事物中都显示了他自己。所有的现实，或多或少地，都揭示了上帝的目的。在人类经验的各个方面都与世界的目的和秩序有某种联系。

伊西多·艾萨克·拉比（Isidor Isaac Rabi），核磁共振发现者（用

于核磁共振成像)和原子能委员会主席,在《今日物理学》上写道:

> 物理学让我充满敬畏,让我接触到了原始的原因。物理学使我更接近上帝。这种感觉伴随着我的整个科学生涯。每当我的一个学生带着一个科学项目来找我时,我只问一个问题:"它会让你更接近上帝吗?"

安东尼·赫维什(Anthony Hewish),脉冲星的共同发现者,在2002年写道:

> 我认为科学和宗教对于理解我们与宇宙的关系都是必要的。原则上,科学告诉我们一切都是如何运作的,尽管还有许多未解之谜,我想总会有答案的。但是科学也提出了一些它永远无法回答的问题。为什么大爆炸最终导致了有意识的生命的产生,回过头来又去追寻生命的目的和宇宙存在的意义?这就是宗教的价值所在……
>
> 宗教有一个最重要的作用,那就是指出生活中有比自私的唯物主义更重要的东西。
>
> 你必须还有别的东西,而不仅仅是科学规律。再多的科学也不能回答我们提出的所有问题。

乔·泰勒(Joe Taylor),他因发现快速旋转的恒星而获得了诺贝尔奖,这些恒星正在发射引力波,他写道:

> 我们相信在每个人身上都有上帝的存在,因此人的生

命是神圣不可侵犯的，我们需要在别人身上寻找其深处的神性，即使是在与你意见相左的人身上。

物理主义可以是一种宗教，但它也可以简单地定义物理研究的工作参数，而不是用来涵盖所有的客观实在。

我本人

其他那些像我一样写科普书的科学家，觉得阐述一下他们自己的精神信仰并无不妥。因此，也许我可以对我的精神信仰作一简短的评论。我不敢将这些想法称之为信仰。人们相信牙仙，相信圣诞老人，相信物理主义。我认为我要说的是基于观察的知识——非物理的精神上的观察，但仍然是观察。

你可以说我是一个反物理主义者。仅仅因为某些观察无法测量，就否定这些观察，这是不合逻辑的。我想我有自由意志，但我认识到其中大部分可能是幻觉。当我饿的时候，我的本能会引导我去寻找食物，这不是自由意志的一部分。但我知道我有一个灵魂，一种超越意识的东西，这让我犹豫是否允许斯科蒂把我传送上去。我每天都祈祷，尽管我不知道是向谁祈祷。一位睿智的朋友，艾伦·琼斯曾给我建议说，只有三种合法的祈祷：哇！，谢谢！和救命！我不确定我是否理解哇！和谢谢！之间的区别。救命！这个祈祷是针对精神的，而不是针对物质的。到目前为止，我每天的祈祷基本上都是谢谢！

为什么会有宇宙大爆炸？有些人援引人存原理去解释，另一些人则援引上帝去解释。我看不出哪个是更好的答案。如果是上帝，这并不能回答造物主上帝是否值得被崇拜这一问题。我们崇敬一个至高无上的存在，仅仅是因为他建立了一些物理方程，点燃了导火索？我不这么想。我敬拜的时候，我敬拜的是关心我，赐给我灵性力量的神。

古代的诺斯替派的教徒也有同样的感受。他们相信世上有两个神：造物主耶和华，以及知道善恶的主。他们只崇拜第二个神。他们相信亚当和夏娃也是这样的。按照诺斯替派的解释，吃下伊甸园的苹果是一种英雄行为。亚当和夏娃因为这“罪”付出了代价，被逐出伊甸园，但他们从未回头。对亚当和夏娃来说，非物理学知识远比免费的果子重要。

致谢

感谢所有看过本书草稿的人，他们有 Jonathan Katz、Marcos Underwood、Bob Rader、Dan Ford、Darrell Long、Jonathan Levine、Andrew Sobel 和我的直系亲属 Rosemary、Elizabeth、Melinda 以及 Virginia。他们提出了改进的意见和全新的想法。

我的编辑 Jack Repcheck 又一次提供了精彩指导和重要帮助，使本书成为一个有意义的整体。在本书即将出版之时，他却不幸辞世。感谢 John Brockman 就语气和风格提出的重要建议，感谢他帮助我把一个想法变成一本可出版的书。Stephanie Hiebert 在文本编辑方面非常出色。我也非常感谢 Lindsey Osteen 为跟进图片版权所做的不懈努力。

我最近与 Shaun Maguire、Robert Rohde、Holger Muller、Marv Cohen、Dima Budker、Jonathan Katz、Jim Peebles、Frank Wilczek、Steve Weinberg、Paul Steinhart 以及其他许多同事和朋友讨论了时间和熵的物理学，从中获益匪浅。

鸣谢

第一部分封面图片：Albrecht Durer/ 维基媒体

图 2.1：Lucien Chavan/ 维基媒体

图 2.2：个人照片，由 Richard A. Muller 提供

第 3 章引文："随着时间的流逝"出自 Herman Hupfeld 拜恩斯托克出版公司，红木音乐有限公司

图 3.1：佚名 / 维基媒体

图 4.1：Joey Manfre

图 5.1：© 2014 加利福尼亚大学学监，劳伦斯伯克利国家实验室

图 6.1："爱因斯坦 1921"出自 F. Schmutzer，由 Adam Cuerden 修复

图 6.2：《卡尔文和霍布斯》© 1992 Watterson 经 UNIVERSAL UCLICK 许可重印，保留版权

图 7.1：Richard A. Muller

图 7.2：Richard A. Muller

第二部分封面图片：© Hayati Kayhan/Shutterstock

图 9.1：Bjoern Schwarz

图 10.1：路德维希·玻尔兹曼（物理学家）之墓，奥地利维也纳中央公墓由 Daderot 拍摄 [http://en.wikipedia.org/wiki/User:Daderot]，2005 年 5 月。

图 11.1：贝恩新闻服务公司 / 国会图书馆

图 12.1：美国航空航天局 / 加州理工学院喷气推进实验室

图 12.2：Richard A. Muller

图 12.3：维基媒体

图 12.4：《卡尔文和霍布斯》© 1989 Watterson 经 UNIVERSAL UCLICK 许可重印，保留版权

图 13.1：美国航空航天局；欧洲航天局；G. Illingworth、D.Magee 和 P. Oesch，加利

福尼亚大学圣克鲁斯校区；R. Bouwens，莱顿大学和哈勃超深空场 09 团队

图 13.2：美国能源部

图 13.3：Richard A. Muller

图 13.4：美国航空航天局 / 威尔金森微波各向异性探测器科学团队

图 14.1：美国能源部

图 14.2：Richard A. Muller

图 15.1：美国能源部

图 15.2：《卡尔文和霍布斯》©1990 Watterson 经 UNIVERSAL UCLICK 许可重印，保留版权

图 16.1：Catwalker/Shutterstock.com

第三部分封面图片：美国航空航天局 / 欧洲航天局 / 哈勃遗产团队（太空望远镜科学研究所 / 奥拉组织）/J. Hester，P. Scowen（美国亚利桑那州）

图 17.1：Christian Schirm

图 17.2：Benjamin Schwartz，《纽约客合集》/ 卡通图库公司

图 18.1：Edmont/ 维基媒体

图 19.1：Richard A. Muller

图 19.2：Richard A. Muller

图 19.3：James Clerk Maxwell

图 20.1：Carl David Anderson；由 Richard A. Muller 修改

图 20.2：诺贝尔基金会 / 维基媒体

图 20.3：Richard A. Muller

图 20.4：Richard A. Muller

图 20.5：Richard A. Muller

第四部分封面图片："旋转的光环"，© Gianni A. Sarcone, www.giannisarcone .com <http://www.giannisarcone.com>. 版权保留

第五部分封面图片：© OGphoto/iStock.com

图 24.1：《青春痘》，《青春痘》连环画合作伙伴国王影像辛迪加和漫画家公司授权允许使用。保留版权

图 A.1：Richard A. Muller

图书在版编目（CIP）数据

现在 /（美）理查德·A. 穆勒著；徐彬译 . — 长沙：湖南科学技术出版社，2022.5
书名原文：*Now The Physics of Time*
ISBN 978-7-5710-1500-8

Ⅰ . ①现… Ⅱ . ①理… ②徐… Ⅲ . ①物理学 - 普及读物 Ⅳ . ① O4-49

中国版本图书馆 CIP 数据核字（2022）第 045544 号

XIANZAI
现在

著者
[美] 理查德·A. 穆勒
译者
徐彬
出版人
潘晓山
策划编辑
吴炜　李蓓　孙桂均
责任编辑
吴炜
营销编辑
周洋
出版发行
湖南科学技术出版社
社址
长沙市芙蓉中路 416 号
泊富国际金融中心 40 楼
http://www.hnstp.com
湖南科学技术出版社
天猫旗舰店网址
http://hnkjcbs.tmall.com

印刷
长沙超峰印刷有限公司
厂址
宁乡市金州新区泉洲北路 100 号
邮编
410600
版次
2022 年 5 月第 1 版
印次
2022 年 5 月第 1 次印刷
开本
880mm × 1230mm　1/32
印张
12.5
字数
300 千字
书号
ISBN 978-7-5710-1500-8
定价
89.00 元